五星红旗迎风飘扬

军事科普丛书

▲

巨鲨猎洋
核 潜 艇

▲

JUSHA LIEYANG HEQIANTING

WUXINGHONGQI
YINGFENG PIAOYANG

杨连新 著

未来出版社

图书在版编目（CIP）数据

巨鲨猎洋：核潜艇/杨连新著.--西安：未来出版社，2015.5（2022.11重印）
（五星红旗迎风飘扬）
ISBN 978-7-5417-5490-6

Ⅰ.①巨… Ⅱ.①杨… Ⅲ.①核潜艇-青少年读物
Ⅳ.①E925.66-49

中国版本图书馆CIP数据核字（2015）第102900号

"五星红旗迎风飘扬"丛书编委会

学术顾问：于俊崇 陈 达 秋穗正

丛书编委：尹秉礼 王 元 王小莉 刘 波 刘进军 刘小莉 李 杰 李树宝
　　　　　陆 军 房 兵 杨连新 周晓玲 姚 磊 高 安 董文辉

五星红旗迎风飘扬

巨鲨猎洋——核潜艇

杨连新 著

策划编辑	尹秉礼 王 元
责任编辑	王小莉
装帧设计	许 歌
排版制作	未来图文工作室
出版发行	未来出版社（西安市登高路1388号）
印　　刷	天津画中画印刷有限公司
开　　本	710 mm×1000 mm　1/16
印　　张	20.75
版　　次	2016年9月第2版
印　　次	2022年11月第4次印刷
书　　号	ISBN 978-7-5417-5490-6
定　　价	41.50元

序

　　回眸20世纪的百年硝烟，我们不能不惊叹于那些尖端高科技武器装备在世界军事史上发挥的前所未有、令人震撼的作用。原子弹、氢弹、导弹、卫星、核潜艇、航空母舰等，这些堪称"撒手锏"的武器装备，极大地改写了"战争"的概念，重塑了国防的版图，刷新了人们对国防理念的认知。

　　中华民族是爱好和平的民族，然而数千年"重文轻武"、"重道轻器"的传统，却使中国军事科技也掉入"李约瑟之谜"中，近代以后国防军事实力远远落后于世界，致使在反侵略战争中吃尽苦头。

　　自1840年中国的大门被英国的"坚船利炮"敲开以来，积贫积弱的旧中国一再被西方列强欺辱，致使中国迅速沦为半殖民地半封建社会。1932年"一·二八"事变后，日本海军的"能登吕"号航母侵入中国上海，航母上的大批舰载机对中国守军狂轰滥炸；14年艰苦的抗战期间，中国海军因没有一艘航母，也几无飞机，迅速丧失了制海权，只落得被动挨打的境地。

　　先进的军事科技从诞生到使用，不断引发军事变革，也不断向国防提出严峻挑战。恩格斯曾预言："一旦技术上的进步可以用于军事目的并且已经用于军事目的，它们便立刻几乎强制地，而且往往是违反作战指挥官的意志而引起军事上的改变甚至变革。"放眼中外国防史，这样的事例举不胜举。

　　"二战"中期，英国皇家海军"威尔士亲王"号战列舰和"Z"舰队的覆灭，宣告"巨舰大炮"时代的终结，而代之以航母夺取制海权时代的到来。对此，美国海军比日本海军的认识要更敏锐，理念也更先进。在中途岛战役后，美国之所以反败为胜，与其高于日本的海权观密不可分。凭借先进的制海权思想和强大的国力，美军航母快速发展，数量迅速跃居世界第一，因而能在太平洋战场重拳出击，气势磅礴地发起海空联合作战，秋风扫落叶般地击碎日本军国主义的海上势力。

　　核武器，在"二战"中诞生，"二战"末首次用于日本广岛、长崎。其可怕的威力，令世人警醒，同时也催生了核战争理论。出于对核战争的恐惧，冷战时期，全世界战战兢兢地笼罩在美国、苏联两国恐怖的"核均势"中。

　　核潜艇，不仅因其可超长潜航，更因可携带核武器，在全世界悄无声息地发射核导弹，这样的"第二次核打击力量"让各大国倾心不已。其跨越洲际的战略投送能力，强化了核报复理论。

　　"二战"后期，德国纳粹发射的"V-1"、"V-2"导弹，未如希特勒所愿拯救垂死的第三帝国，却让西方军界眼睛为之一亮。一种新的超视距作战武器和作战模式就此诞生。到越南战争时期，美军轰炸清化大桥，数百枚炸弹没有完成的任务，仅一两枚导弹即可完成；海湾战争中，美军从波斯湾发射的"战斧"式巡航导弹直入伊拉克国防部通风口，给世人留下了深刻的印象。导弹参战引发了精确作战理论，使得"斩首"行动以及反恐作战"定点清除"战术得以实施。

　　苏联"卫星-1"号升空，将人类探索太空的历史掀开了崭新的一页，从此，一颗又一颗的大国卫星升入太空。卫星不仅成为指挥系统的核心节点，而且使太空成为大国角逐的新空间，"高边疆"战略思想、太空战理论相继诞生。卫星在国防上的作用也不断地刷新着人们的观念。比如，第四次中东战争期间，美国"大鸟"卫星发现大苦湖埃及军队防线有一个缺口，以色列军方据此派沙龙装甲师深入埃及国内，将埃军第三集团军反包围起来，从而反败为胜。

今天，军用卫星对数字化部队、对导航等的影响可谓无所不在，军用卫星演化成为信息化战争核心的战略节点。"冷战"结束后，以海湾战争、伊拉克战争为标志，信息化战争已向我们走来，战争的形态呈现出非线式、非接触、非对称发展的特点。面对信息化战争的挑战，世界各主要国家竞相开展军事变革，国防实力不断攀升。

国无防不安，战胜而能强立。历史告诉我们，近代中国反侵略战争之失，从国防角度看，很大程度上正失之于缺少航母、飞机、坦克等高科技武器装备，以致丧失了制海权、制空权、制陆权。未来信息化条件下，如果我们还缺少世界领先的卫星、导弹、核潜艇、核武器、航母等大国利器的话，我们将丧失制太空权、制电磁权，继而也丧失制海权、制空权、制陆权。

国防的根基深植于科技之中。新中国成立以来，中国的科技工作者以建设强大国防为己任，向世界先进水平奋起直追，独立自主、自力更生、集智攻关、无私奉献。在研发导弹、原子弹、人造卫星、神舟飞船、核潜艇等工程中塑造了"两弹一星"精神、航天精神和核潜艇精神，取得了世界瞩目的辉煌成就：世界一定不会忘记，中国从"东方红-1"号卫星的成功发射到"神舟七"号航天员翟志刚高举五星红旗在太空行走；世界一定不会忘记，1974年，"长征-1"号核潜艇试航成功，1986年中国核潜艇完成连续两万余海里航行；世界也一定不会忘记，中国军队地空导弹部队击落了入侵领空的RB-57D高空侦察机，并多次击落来犯的美式"U-2"飞机，创下了世界上首次用地空导弹击落高空侦察机的纪录；世界也一定不会忘记，中国在1959年成立第一支地地战术导弹部队，1964年成功爆破了第一颗原子弹，1966年成立了第二炮兵部队，2015年的最后一天改为火箭军，形成了一支令敌人望而却步的战略威慑力量……

今天的中国国防力量正向信息化军事变革阔步迈进，从"九三"大阅兵中，世人已然看到，今日长城更加巍峨雄壮！中国军队已是一支强大的国防军。但毋庸讳言，与世界强军的先进水平相比，仍有相当大的差距。

最好的防御是进攻，最好的盾牌乃是利剑。正如约里奥·居里转告毛泽东的话："中国要反对核武器，自己就应该先拥有核武器。"我们爱好和平，我们愿化剑为犁，但国际社会的现实情况不允许我们这样做，世界仍不太平，除传统的弱肉强食的冷战式威胁外，又加上了非传统的恐怖主义等威胁。今天中国已是世界第二大经济体，中国的成就令世界瞩目，随着我国经济的迅速发展，国家利益已扩展到太空、远洋和电子空间，这些领域的捍卫，必须有相应的利器予以保障。

少年智则中国智，少年强则中国强。共和国大国利器的锻造，需要广大青少年以史为鉴，从小树立爱国情怀，以科技为本，爱军习武。有鉴于此，我们策划了这套介绍各类高技术武器知识的科普丛书"五星红旗迎风飘扬"，通过讲述一系列生动的军事历史故事和各国研发高科技武器并不断更新换代的过程，潜移默化地传递先进的国防理念，以期让青少年了解国防知识，洞悉国防机理，辩证分析国际军事形势，激发青少年的爱国热情，进而积极投身于国防科技创新与未来国防建设中去。

为激发青少年的科学精神，本丛书还着重介绍了中国科学家在艰难困苦的环境下，探索研发的艰辛曲折过程，讲述了以"两弹一星"元勋为代表的前辈科学家献身科学的精彩故事，积极弘扬"热爱祖国、无私奉献、自力更生、艰苦奋斗、大力协同、勇于登攀"的"两弹一星"精神，以期这一精神能够在青少年身上薪火相传，发扬光大，让五星红旗永远高高飘扬。

这套丛书共分5册，书名分别为《太空作战——军事卫星》《大国重器——核武器》《海空霸主——航空母舰》《巨鲨猎洋——核潜艇》《霹雳神箭——导弹》。

目录

五星红旗迎风飘扬 WUXINGHONGQI YINGFENG PIAOYANG
巨鲨猎洋 核潜艇

JUSHA LIEYANG ★ HEQIANTING

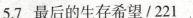

前言

　　18世纪，当第一艘原始作战潜艇"海龟"号问世后，打破了海底世界的宁静与美丽；20世纪中叶，水下新式现代化武器——核潜艇的出现，使本来就危机四伏的黑暗海洋，更加险象环生、深不可测。核潜艇不但改变了海洋战场的作战模式，而且可能对战争全局产生巨大影响。

　　美国于1954年建成世界第一艘核潜艇"鹦鹉螺"号，时至今日，美国、苏联/俄罗斯、英国、法国和中国共建造核潜艇500多艘，目前仍在服役的超过150艘。尽管世界第一艘核潜艇早在60多年前就已经出现了，但是对于绝大多数人来说，核潜艇仍然是一个神秘的未解之谜。为什么长期以来人们对核潜艇知之甚少呢？这是因为体现国家军事实力和国家安全的核潜艇，一向被视为国家核心机密。所以，拥有或计划拥有核潜艇的国家，对核潜艇都是严加保密的；另外，核潜艇是一种藏匿于海洋深处的特殊作战武器，它们像幽灵一样忽隐忽现，神出鬼没，这本身就增添了它们的神秘色彩。

　　神秘——令人神往，神秘——使人恐惧，神秘——产生神话。也正是由于核潜艇的保密性更强，行踪更加诡秘，因而具

有特别的吸引力和威慑力；也给了人们无限的好奇和想象空间。本书将带读者走进核潜艇的世界，一起了解它不为人知的秘密。

本书主要从三个方面介绍核潜艇：

一是核潜艇的基本构造、原理和优越性。笔者根据所学的核潜艇专业知识和几十年来的实践经验，从不同角度诠释了核潜艇的特殊之处，试图用通俗的语言打开核潜艇的神奥之门。

二是核潜艇的发展历程。比较全面地介绍了各国核潜艇的基本情况，特别是笔者作为亲历者对中国核潜艇的创业与发展之路进行了客观真实的描写。

三是核潜艇的事故分析。笔者在数十年的跟踪研究基础上，首次对60多年来国外核潜艇发生的主要事故进行了系统的整理分类和研究分析，有理有据地分析了各种事故的内在规律和危害程度。

笔者希望通过对核潜艇客观的、较全面的论述，使读者对核潜艇有一个正确、完整的了解，进而增强人们的海洋意识、国防观念和核安全文化思想；同时希望能激发青少年读者热爱国防投身国防的理想和抱负，为祖国的国防科学发展做出自己的贡献。

全书图文并茂，内容丰富，信息量大，通俗易懂，可作为青少年的课外科普读物。

杨连新

2016年5月于北京

第 1 章　核潜艇，客从哪里来

1.1 潜艇的前世今生

海洋——辽阔、深邃、富饶、神秘。

清晰的地球太空照

从太空看，由于海洋的存在，我们居住的这颗星球呈漂亮的蓝色。海洋的总面积约为 3.6 亿平方千米，占地球表面积的 70% 以上，大陆不过是海洋中的"大岛屿"。

海洋平均深度为 3 800 米。世界上几乎有一半的海洋深度超过 3 000 米；地球上的水，只有不足 3% 的是淡水，其余 97% 的水，都是咸水，且主要存在于海洋。

海洋是一座动物园，一座植物园，一座美术馆，一座地质博物馆，是隐藏在水下的巨大宝库。科学家们认为，海洋是所有生命的摇篮，万物之灵的人

辽阔的海洋

多姿多彩的热带海底世界

类也来自海洋；同时，海洋对全球气候模式、温度变化、生物分布等也会造成巨大的影响。

海洋与人类的关系极为密切，它赋予我们的是无穷无尽的财富。至今，只有5%的海洋被探测过，人类对海洋的认识还远远不够，还有许许多多的未知之谜没有破解，还有丰富至极的海洋资源未被开发，海洋与太空一样，充满了梦幻般的神秘。人们渴望探知海洋，遐想着像鱼儿一样在浩瀚的海洋里任意遨游，重返海洋的欲望和冲动也与日俱增。

产生于公元4世纪的中国古籍《拾遗记》中就记载了一种"沉行海底"的"螺舟"，这是世界上关于海中潜水装备的最早记载之一。

在中国，《西游记》是一部家喻户晓的小说，故事中的孙悟空使用避水法潜入东海龙宫，从东海龙王那里弄来了神奇的金箍棒。孙悟空就是凭着这根威力无穷的金箍棒，消灭了无数的妖魔鬼怪，最终保护唐僧取到了真经。

国外也有很多探秘海洋的传奇故事。两千多年前，有个叫马其顿的海边王国，国王是一个酷爱游乐的人，他去过许许多多的地方，唯独没有到海底看过，他便让人做了一个晶莹透亮的玻璃桶，自己横卧在其中，如醉如痴地在海底饱览了几天后，才怀着异常留恋的心情回到了他的王宫之中。这个故事让我们看到了人类征服大海的不屈愿望。

千百年来，有关幽暗海底的一个个神奇传说和幻想故事不断涌现，海底世界一直吸引着人们去探求、去冒险。然而，要实现这些愿望，需要突破难以想象的技术难关，更需要无数怀揣激情和创造力的人们锲而不舍的精神。

潜艇沉浮理论——阿基米德定律

人一旦进入水中，不能靠正常呼吸获取氧气，也承受不了强大的海水压力和寒冷的水温，所以难以维持生命，必须依赖特殊的设备把人和水分开；人还必须在水中具有浮力，即可以游动而不沉底。

两千多年前，古希腊学者阿基米德首先提出这样一个定律：物体在液体中受到的浮力，等于该物体排出液体的重量。这就是著名的"阿基米德定律"。人们根据这一理论，经历了十分曲折漫长的研发道路，努力试验制作各种能够在水中安全航行的特殊设备。但是在16世纪之前，人们还仅仅停留在幻想阶段，几乎没有什么进展。后来，随着科学的进步，才相继出现了深入水下的各种设备。

人们潜入水下的理想和创造发明，长期以来基本上是遵循着以下两条途径发展：一是像海洋动物一样直接浸入水中；二是进入壳体容器内潜入水下，身体与水隔开。第一个途径主要是各种潜水服的发展方向，只有第二个途径才是潜艇的发展之路。

最早设想潜艇的人

最早的潜艇理论是谁提出的呢？已知的有两个人。

据说在十五六世纪，著名的意大利艺术家、科学家和军事工程师达·芬奇曾经设想出一种潜水装置。但是他从来没有透露过他的设计，他说："由于一些人具有邪恶的本性，他们在海底会利用我的东西进行暗杀。"他暗示人们，海洋有可能成为未来争霸的战场。

达·芬奇还是潜艇声呐的奠基人。他在1490年的科学日记里写道："如果使船停止航行，将一根长管的头儿伸入水中，将耳朵贴近长管的末端，就能听到远处航船的声音。"当时还没有机动轮船，只不过是桨船、帆船和明轮船，达·芬奇设计的这种声管竟然能听到行船的拨水声，说明这种声管在水中的优良听声性能。而在这之前，人们还不知道水也能传播声音。直到达·芬奇去世后300多年，人们才发现声音在水中比在空气中的传播速度快得多。

还有一位潜艇理论家是英国人威廉·伯恩。1578年，他在出版的一本书中对潜艇首次做了确切的说明：要建造一艘能潜入水中并能随意浮出水面的艇，那就应该保证艇的排水量能够变化。他写道："在水中的任何大小的物体，如果其重量不变而其体积可大可小，那么，你要它浮它就浮，你要它沉它就沉。"他还提出可以用螺旋装置进行推进。但他的理论没有机会付诸实施。

"潜艇之父"——德雷布尔

1620年，荷兰物理学家科尼利斯·德雷布尔根据前人的理论，在英国建造了一个奇形怪状的物体，仿佛一支放大的雪茄烟，这就是最初的潜艇。这艘潜艇的艇体是由一个木框、外面包上涂了油的牛皮构成的，下潜深度在3米多。里面有12名划桨手，木桨通过牛皮孔伸到水里，船前由一人掌舵，桨手划动木桨使小艇按照一定的方向前进。如何使艇下沉或上浮呢？德雷布尔在艇内安置了一个大羊皮口袋，皮口袋吸足水，艇的重量大于艇所受的浮力，艇就潜入水中；从皮口袋里放出一些水，使艇的重量和艇所受的浮力相等，艇就可以在一定的深度航行；把皮口袋里的水挤出得更多一些，艇的重量小于艇所受的浮力，艇就浮上水面。这是阿基米德定律在潜艇上的具体应用，也与现今潜艇的上浮下潜原理基本相似。据说这艘艇从伦敦起航，到泰晤士河下游多次航行，能在水下 5 米深处航行几个小时。尽管德雷布尔的潜艇没有保留下来，但是他当时在伦敦举办潜艇展览会时的大量资料留了下来。他制造了人类第一艘能够潜入水下行进的船，使前人的理论成为现实，因此人们推认他为"潜艇之父"。

实用性太差导致德雷布尔潜艇迅速销声匿迹了！这种潜艇既做不了游艇（没有舷窗），运货也不行，更没法在水下攻击敌方。因此，从未参加过实战。

第一艘军用潜艇——"海龟"号

第一艘军用潜艇诞生于二百多年前。那时美国还是英国的殖民地，美国人民不断反抗，并于 1775 年组织了自己的军队，乔治·华盛顿为大陆军总司令。

美国人民的革命行动使英王大为恼火，命令殖民军进攻美国的纽约城，并派战舰封锁了三面环水的纽约城港。当时美国军队不如英国军队强大，华盛顿率军保卫纽约，但是兵力单薄，武器低劣。

美国大学生大卫·布什内尔，富于创造精神，非常憧憬美丽的水下世界，对水下旅行十分着迷。当英国舰队封锁纽约港时，他整天冥思苦想，怎样才能把英国军舰赶出去？他的脑海里终于浮现出神奇的画面：他要设计一种潜艇，把炸药包从水下运到英舰底下，并炸毁它们。

1776 年，在华盛顿的鼓励和支持下，布什内尔终于制成了一艘由人操纵的潜艇，取名"海龟"号。

"海龟"号是世界上第一艘作战潜艇，采用橡木和铁打造，高 7.5 英尺（约合 2.3 米），宽 6 英尺（约合 1.8 米）。"海龟"号的前进后退完全依赖水平和垂直方向上人力驱动的螺旋桨；通过脚踏阀门向水舱注水，可使艇潜至水下 6 米，能在水下停留约 30 分钟。艇上装有两个手摇曲柄螺旋桨，使艇获得 3 节左右的速度并能操纵艇的升降。艇内有手操压力水泵，排出水舱内的水，使艇上浮。

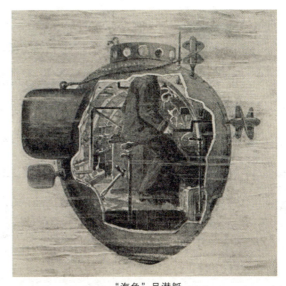

"海龟"号潜艇

这艘外形酷似由两片乌龟壳拼成的小艇，上部装有 2 根通气管，上浮时可打开，下潜时将其关闭，艇内空气仅够驾驶员呼吸半小时。为了有效地控制潜艇的上浮和下沉，艇内设有压载水舱；为了应付紧急情况，艇内还有一块 90 千克重的铁块，危急时抛掉，潜艇就可以迅速上浮。

最初的"海龟"号就是一个能沉浮的"水下火药桶"，艇外携一个近 70 千克的黑火药炸药包，可在艇内操纵系放于敌舰底部。发动攻击时，驾驶员在敌方船只上钻出一个小洞，放入与火药相连的定时导火索，并由艇内的定时起爆装置引爆。

作为秘密武器的"海龟"号，给美国大陆军带来了极大的希望，他们都认为可以用它来一举摧毁

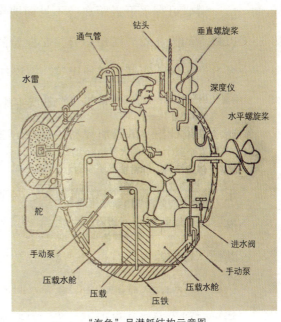

"海龟"号潜艇结构示意图

停泊在纽约港的英国战舰。

"海龟"号的第一个攻击目标是英国战舰"鹰"号。1776年9月7日晚，由军中的志愿者中士埃兹拉·李驾驶潜艇去袭击。然而，潜艇未能钻透目标舰的船身。或许是木质船身太坚硬无法钻透，或是仪器碰到了螺钉或其他金属支撑物，再或许是操作者因为在密闭的环境中缺氧无力去旋紧火药桶，最终被迫放弃。李中士只好迅速上浮返回，不料，却被英国巡逻艇发现。李中士实在太累了，拼命摇动螺旋桨，还是眼看就要被追上。李中士急中生智，迅速投掉炸药包，同时启动了定时爆炸装置。不一会儿，只见水柱冲天，一声巨响，英艇几乎被掀翻。

这次爆炸使英国军队以为美国发明了一种神奇而威力巨大的武器，迫使英军把战舰停泊在远离港口的地方。华盛顿乘机进行了战略转移。

这次尽管没有直接炸毁敌舰，但揭开了潜艇实战的序幕，创造了潜艇史上首次使用潜艇携带炸药包进行作战的战例，使人类第一次拥有了水中兵器，"海龟"号因此赢得了世界上第一艘军用潜艇的美名。

潜艇可在水下近距离、不见面地作战，彻底改变了过去的海战模式。以现在的眼光看"海龟"号，是原始的，但是它的通气管、沉浮装置、应急升浮压铁、武器配置使用等，对潜艇的发展却产生了很大影响。

1796年，爱尔兰裔的美国人罗伯特·富尔顿对"海龟"号进行了改进，成功地设计出一艘潜艇模型。1801年建造完成，命名为"鹦鹉螺"号。它的壳板是铜的，框架是铁的，艇长6.89米，形如雪茄，水面航行用风帆推进，水下航行用人力转动螺旋桨推动，只要将海水注入压载水柜，潜艇就会下潜。"鹦鹉螺"号主要的武器是水雷，作战方式与"海龟"号一样。由于"鹦鹉螺"号的速度只有每小时2海里，所以没有取得像样的战绩。但是无论从艇体材料、武器，还是设备等方面，它都比"海龟"号有了较大的改进，甚至向现代潜艇又靠近了一步。"鹦鹉螺"号是首次使用水平舵的潜艇，水平舵能操纵潜艇在水中上下起伏，保持或改变潜艇的深度。同时，"鹦鹉螺"号还首次使用了风帆这种水面船只的推进方式，使其成为世界上最早使用风帆推进的潜艇。

"鹦鹉螺"号潜艇

威廉·鲍尔和他的"煽动者"号

1850年，德国炮兵部队的威廉·鲍尔经过反复实践，为德国海军设计建造了"煽动者"号潜艇。潜艇可乘坐3名艇员，长8.07米，宽2.02米，高2.63米，排水量31.5吨；手摇螺旋桨推进；速度3节，大约5.6千米/时；潜水深度9.5米。"煽动者"号艏部有观察口和方向机，潜艇艉部有螺旋桨和方向舵。由于当时没有合适的机械动力可用，两名水手就用手使劲扳动一个大轮子，大轮子再带动叶桨，推动潜艇前进。第三位艇员是船长，处于潜艇艏部，掌控方向、角度和深度。

"煽动者"号潜艇

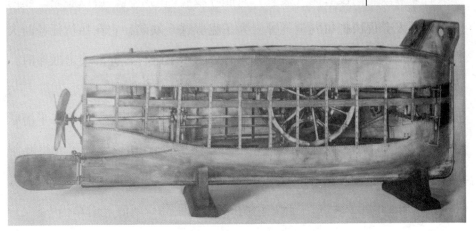

在鲍尔未来得及进一步对潜艇性能进行改进时，军方下令"煽动者"号公开表演。而这次表演以灾难的方式结束——潜艇沉没了。之后，鲍尔立即开始制订建造更大潜艇的计划。1855年，鲍尔从第一艘潜艇的沉没中吸取教训，新发明了救援设备——潜水室（在潜艇的顶部，像一个气闸舱，艇员可以从潜水室自由进入和离开潜艇），并建造了他的第二艘潜艇"海妖"号。

"海妖"号在4个月内，成功潜水133次，但在第134次潜水过程中，被困在海底的泥沙里。全体船员得救了，但潜艇沉没到了海底。

之后的潜艇先驱都从鲍尔的设计中获得了灵感和启示。

第一艘击毁敌舰的潜艇——"亨利"号

第一艘成功击毁敌舰的潜艇是"亨利"号。美国南北战争期间，南军的军事家们想从水下偷袭北军的战舰，打破北军的封锁，扭转不利的战局。当时南军中有位上校军官霍勒斯·亨利，带领几名工程师研制出一艘潜艇，并以设计者的名字命名为"亨利"号。

这艘潜艇是用一个破旧的铁锅炉改装的，长约18米，形似一支细长的香烟。它的尾部有个三叶螺旋桨，连在一根弯弯曲曲的长轴上，由艇内的8名水手像摇辘轳似地摇动曲柄长轴，带动螺旋桨转动。这种潜艇的航速只有4节。艇内没有储气装置，只能呼吸艇内的空气。可以想象，艇内的9个男人会很快把氧气消耗掉。为了克服这个缺陷，它在执行任务时大部分时间都要把上面的舱口打开，只有进入水下进行短促的突击战斗时，才关闭舱盖。

"亨利"号的另一个重大缺点是它的长宽不对称，这就使艇在半潜状态下航行时难于操纵，稍有不平衡就会引起纵倾。所以，为了获得新鲜的空气而在海面开舱盖航行是很危险的，海水很容易涌进艇内。果不其然，"亨利"号因此沉了4次，导致亨利和多名水手葬身海底。南军仍不甘心，把"亨利"号打捞上来修好，并在前部安装了长杆水雷——从潜艇向外伸出一根长杆，杆端固定着炸药包。1864年春天，试航终于成功了，南军的将领们决定让"亨利"号冒一次险。

1864年2月17日晚上，"亨利"号的艇长乔治·戴克森上尉命令艇员进入艇内，并点上一根蜡烛。水手们手握曲柄同心协力地摇起来。"亨利"号划破海面，在夜幕的掩护下悄然向北军的查尔斯顿港湾驶去。当时，北军士兵根本没有想到会有什么潜艇来袭击他们。"亨利"号顺利地进入港外北军的锚泊地。夜里9点左右，潜入水下的"亨利"号向北军的"豪萨托尼克"号蒸汽炮舰逼近。当离"豪萨托尼克"号只有十几米远的时候，"亨利"号引爆了水雷，一声巨响，把"豪萨托尼克"号军舰的船身撕开一道大口子，海水涌进舱内使其迅速沉没，230名官兵除5人逃生外，都葬身海底。这是第一艘在战斗中被潜艇击沉的舰船。

但是，"亨利"号却没有回去。数年后，美国南北战争结束了。一天，潜水员发现"亨利"号竟然静静地

"亨利"号与"豪萨托尼克"号相撞想象图

2000年8月8日打捞出水的"亨利"号潜艇

躺在"豪萨托尼克"号残骸的旁边，里面还有 8 名艇员的尸骨，他们仍然并排坐在手摇曲柄的旁边。人们分析，可能是当时"豪萨托尼克"号沉没时形成的强大旋涡水流或爆炸的冲击波将弱小的"亨利"号拖入了水底。

尽管"亨利"号先后让 35 名自己人丧生海底，但是它毕竟开创了潜艇击沉水面舰船的先例。

双推进潜艇——"霍兰"级

现代的潜艇一般都有两套推进系统：在水面用柴油机带动螺旋桨推动潜艇前进；在水下由蓄电池提供能源驱动潜艇。这种双推进系统的形成，凝结着潜艇发明家约翰·菲利普·霍兰一生的辛酸。

霍兰的祖籍是爱尔兰，但他出生时爱尔兰已经并入英国的版图。英国人的横行在他心灵深处埋下了仇恨的种子，他想发明一种水下航行的战舰，去打击英国军舰。从此，他一面教学一面研究潜艇。1873 年，他辞职带着自己设计的潜艇图纸到了美国，一直坚持着设计潜艇的工作，并使设计日臻完善。

"霍兰 -1"型

1875 年，霍兰满怀希望地把自己的潜艇建造设计计划转到了美国海军部，不料竟然遭到无情的讥讽。而流亡美国的一些爱尔兰革命组织对霍兰的潜艇设计倒是非常感兴趣，他们也想用这种新式武器来打击英国人。

在爱尔兰革命组织的支持和资助下，经过 3 年的努力，1878 年，一艘由单人驾驶的"霍兰－1"型潜艇终于下水试航了。这艘潜艇长约 5 米，上装内燃机，能以每小时 3.5 海里的速度航行，能潜入水下 2 米深，但航行时间较短。

1881 年，经过霍兰改进，"霍兰－2"型潜艇下水了。这艘潜艇长 10 米，排水量 19 吨，装有一台 15 马力的内燃机，并首次在潜艇上安装了升降舵，使潜艇能够在前进中下潜，保持潜艇的纵向稳定；另外，霍兰还在潜艇上安装了一门加农炮，能在水下发射约 2.7 米长的鱼雷——这是潜艇和鱼雷的第一次有机结合，被认为是潜艇史上的一个极为重要的里程碑。

以后，他又设计了一艘由电动机推动的潜艇；还设

"霍兰－6"型

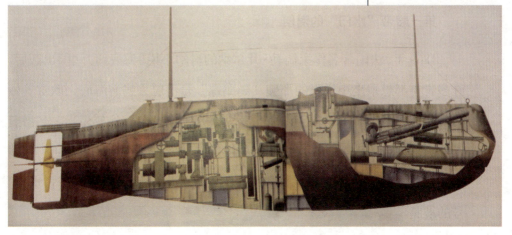

计了他的第 5 艘潜艇"潜水者"号，它长达 26 米多，拥有水面航行的推进装置——蒸汽机动力装置和水下潜航的推进装置——电动机。"潜水者"号由此成为潜艇双推进系统的鼻祖。

1897 年，在霍兰 56 岁的时候，他设计了人生最后一艘潜艇"霍兰 – 6"型。这艘艇长约 15 米，装有 45 马力的汽油发动机，能使潜艇在水面以每小时 7 海里的速度航行 1 000 海里。艇内还装了以蓄电池为能源的电动机，使潜艇在水下能以每小时 5 海里的速度航行 50 海里。这艘艇可以容纳 5 名艇员，可发射鱼雷，具有一定的战斗力。这艘潜艇是潜艇史上的巨大成就。

1914 年，这位天才的潜艇发明家与世长辞，终年 73 岁。由于他的发明比较接近现代潜艇，所以他被称为"现代潜艇之父"。

从德雷布尔的牛皮潜艇到霍兰的双推进系统潜艇，其间经历了近 280 年的时间。有许许多多的科学家、发明家为潜艇的发展贡献出毕生的精力，付出过高昂的代价，甚至献出了宝贵的生命。如果没有这些潜艇专家的智慧和发明，今天各国就不可能拥有更先进的潜艇。

潜艇基本是为战争而发展起来的，但早期手操推进潜艇往往造成对自己艇员的危险远大于敌人。后来使用机器推进，有了双推进系统，改进了稳定性，才使潜艇航行比较安全了。但潜艇在茫茫的海洋里总像瞎子一样，幸亏后来装上了声呐，才真正变得"耳聪目明"起来。

第一艘带"水门"的潜艇

1869 年，法国著名作家儒勒·凡尔纳的科幻小说《海底两万里》出版后，许多青年都想乘坐小说里的那艘"鹦鹉螺"号潜艇去畅游海底，欣赏美妙的海底世界奇观。美国青年西蒙·莱克就是其中一个。他梦想当一名潜艇发明家，制造一艘可以在水下旅行的潜艇。他发奋学习，刻苦钻研，借钱研究，终于在《海底两万里》出版 25 年后，制成了一艘名为"小亚尔古水手"号的潜艇。

这艘潜艇看上去像个横放的大木柜子，长 4.2 米，高 1.5 米。壳体是用两层松木做的，为了防水，两层之间加了一层帆布衬里。艇上面有个舱口盖，艇底部安装着 3 个木头轮子，可以在海底"行走"。

但是，如何使潜艇上浮或下潜呢？它没有能够注排水的羊皮口袋或水泵、水箱，而是采取了一种新颖的办法，即在水面上往里装填了足够重量的固体压载物，使潜艇一直沉入海底；如果要上升到水面，只要把压载物抛到海底就行了。

"小亚尔古水手"号潜艇能沉到海底，并能在海底行走，在潜艇上装备的探照灯灯光照射下，潜艇内的人能看到光怪陆离的水下"龙宫"。但西蒙·莱克并不满足，他还要走出潜艇去触摸那千姿百态的海底世界，采集难得的海洋标本。因此，他首次在潜艇里安装了空气压缩机，设置了一个空气闸舱，打开闸门，人穿着潜水服可以从潜艇里钻出去，而海水却进不到舱内。这是因为空气压缩机把舱内的压力提高了，并大于艇外的海水压力。这个空气闸门俗称"水门"。

"小亚尔古水手"号潜艇有一个缺点，就是在水面航行时摇摆不定，老有翻沉的危险。后来西蒙·莱克发现半瓶葡萄酒的酒瓶在水中比较稳定，总是瓶口在上，说明只要容器上部的浮力足够，就可以达到稳定的目的。于是，他对"小亚尔古水手"号潜艇进行了改装。1897 年，又建成了 10 米长的"亚尔古英雄"号潜艇。

"亚尔古英雄"号潜艇是用 15 马力的汽油发动机来推进的。由于汽油发动机工作时需要空气，所以在艇上装有可以伸出水面的吸气管和排气管。为了沉浮，西蒙·莱克不再用固体压载物，而是装上了压载水箱。为了稳定，他给吸排气管四周围装上了一层类似于现代潜艇指挥塔围壳的外壳。

潜艇的发展总是与海上战争分不开。西蒙·莱克也曾经想把"亚尔古英雄"号潜艇用于水下作战，进行布雷和扫雷等，但最终没有实现。

现在看来，他的潜艇虽然是落后的，但是已经具备了现代潜艇的许多特点，比如：有提高潜艇稳性的指挥台，有压载水箱和吸气管，特别是有空气闸舱构成的"水门"。

第一次世界大战之前潜艇发展简表

项目	发明人	国籍	发明年代	特点	备注
潜水装置设想	达·芬奇	意大利	十五六世纪	首次提出潜水装备设想	未公开
潜水设备构想	威廉·伯恩	英国	1578年	首次公开描述潜水装置	
牛皮潜水装置	德雷布尔	荷兰	1620年	首次建造出潜水船实物	德雷布尔被称为"潜艇之父"
"海龟"号	布什内尔	美国	1776年	第一艘军用潜艇（橡木、铁外壳）	
"鹦鹉螺"号	富尔顿	美国（爱尔兰裔）	1801年	首次使用铜船体、水平舵和风帆	
"海妖"号	威廉·鲍尔	德国	1855年	增加救援设备（潜水室）	
"亨利"号	霍勒斯·亨利	美国	1864年	第一艘击毁敌舰的潜艇	
"霍兰"级（共6艘）	约翰·菲利普·霍兰	英国（爱尔兰籍）	1878~1897年	首次用双推进（蒸汽机和电动机；汽油机和电动机；升降舵、加农炮、鱼雷（发射管1具）等	霍兰被称为"现代潜艇之父"
"小亚尔古水手"号	西蒙·莱克	美国	1894年	首次使用空气闸门（"水门"）	
"亚尔古英雄"号			1897年	首次使用压载水箱、空气管和指挥台围壳	

世界各国早期的潜艇梦

在 19 世纪末，潜艇已经成为一种具有潜在威慑力的武器。特别是1898 年法国的"古斯塔夫·齐德"号潜艇用鱼雷攻击了英国的战列舰"马琴他"号，随着鱼雷的一声巨响，"马琴他"号沉入了海底。这一声巨响使强大的英国海军以至俄国、德国醒悟了过来。于是，一股建造潜艇的热潮很快便从欧洲传到世界各地。在第一次世界大战前的几年时间里，各国大力发展潜艇，并且有着前所未有的速度。但是，潜艇仍然开不快，行不远，潜航时间短，携带的鱼雷也很少，只能用来保护本国的海岸，担负基地附近的巡逻任务。

法国在潜艇的研制领域一直处于领先地位，自从 1888 年建成了排水量为 30 吨、没有武器装备的"电鳗"号潜艇后，到 1904 年，法国已经建造了多种型号的潜艇 42 艘，其中排水量最大的 300 吨；到 1906 年，共拥有潜艇 90 余艘，型号多达 18 种之多。

俄国是在法国之后开始发展潜艇的，并于 1901 年建造了一艘水面排水量为 60 吨的"彼得堡"号潜艇，该艇装有 2 枚鱼雷。1903 年第一艘"海豚"型潜艇下水，以后又建造了 6 艘改进型潜艇。日俄战争爆发后，俄国从德国购买了一艘"日耳曼"号潜艇，后来又从美国购买"霍兰"级和"莱克"级等潜艇，并用于实战。俄国先后提出过多个潜艇设计方案，其中不少型号达到了高度的实用化，包括第一艘以鱼雷作武器的潜艇、第一艘全电力的潜艇、第一艘双壳体潜艇、第一艘专门布雷的潜艇等。早期俄国潜艇的吨位都比较小，动力系统可靠性较差，试航性差，鱼雷等武器的实战效果不尽如人意。在第一次世界大战中，俄国潜艇部队的表现比较平庸。

在两次世界大战中，德国海军以使用潜艇而闻名于世。但是在 19 世纪以前，潜艇在德国是没有市场的，直到德国海军 1906 年建成了第一艘"日耳曼"改进型潜艇，也就是著名的"U"型潜艇。德国潜艇后来居上，从

1913 年开始，他们有了专用于潜艇的柴油机，并建成了又大又长的柴油机—电动机动力潜艇。这一装置直至今日，大多数常规潜艇还在沿用。第一次世界大战爆发时，德国的作战潜艇仅有 28 艘，但他们用排水量仅 1 000 吨的 "U-9" 号潜艇，在一个小时内击沉了英国 3 艘排水量为 1 万多吨的装甲巡洋舰，证实潜艇非常适合执行海上作战任务，因此投入大批量生产。第一次世界大战期间，德国投入战争的潜艇总共达到 372 艘，这充分展示了德国在潜艇设计和建造方面的惊人潜力。在第一次世界大战中，仅德国潜艇就击沉了英国等协约国的 5 800 余艘运输船、190 余艘战舰。

美国是世界上最早研制和建造军用潜艇的国家之一。美国很早就预见到潜艇在军事上的潜在作用，自从 1900 年 4 月美国海军购置了 "霍兰 - 9" 型潜艇以来，已拥有 100 多年的历史。但是在第一次世界大战中，由于没有充分运用潜艇的战术技术性能，因此战果平平。以后美国海军总结经验，在两次世界大战期间，建造了 "S" 级潜艇，成为潜艇部队的骨干。"冷战" 时期，潜艇进入快速发展期，美苏两国的深海争霸更是把潜艇的发展推向了高峰，潜艇的性能大幅度提高，以至于后来美国率先研制出核动力潜艇，成为潜艇动力的一次重大革命。

德国 "U-9" 号潜艇

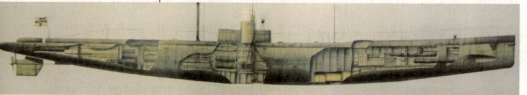

英国是在法国之后开始发展潜艇的。开始，他们认为潜艇是弱小国家的兵器而不予重视，失败的教训使他们改变了对潜艇的看法。1900 年，英国海军从美国订购了 5 艘"霍兰"级后，于 1901 年开始组建潜艇部队，并计划自行建造 13 艘"A"级潜艇和 11 艘"B"级潜艇。1905 年，英国已经拥有大约 40 艘潜艇。1905～1910 年期间，英国还建成服役了 38 艘"C"级潜艇。

英国早期的"B"级、"C"级潜艇仍属于"霍兰"级近海潜艇，1906 年开始研制的"D"级潜艇却标志着一个巨大的进步。这些潜艇的排水量将近 500 吨，为双层壳体结构；1912 年又参考打捞上来的德国"UC-2"型潜艇，研制出 700 吨的"E"级潜艇，该艇装有 4 具 450 毫米口径的鱼雷发射管（前后各两个），潜艇水面航速 16 节，水下航速 10 节。这些"D"级和"E"级潜艇算得上是第一流的远洋战舰，特别是"E"级潜艇在第一次世界大战中起到了主要作用。

英国"E"级潜艇甲板上的炮手准备发射炮弹

日本海军发展潜艇较晚，但是他们善于吸取别国经验和技术，经历了购买、仿制和自行研制三个阶段，潜艇建造的水平一跃进入世界前列。早期日本潜艇的发展策略主要是购买国外技术，他们于 1904 年向美国电力船舶公司购买了 5 艘"霍兰"级潜艇的零部件，次年建成后组成第一潜艇队；1907 年又从英国购入"C"级潜艇。此后，日本又从其他国家购买了潜艇；1910 年，日本参照美国的"霍兰"级和英国的"C"级潜艇开始设计自己的潜艇,从而使日本的潜艇得到飞速发展,一度成为世人瞩目的焦点。

第一次世界大战之前,潜艇已经越造越大,越造越好,越造越多。

在1914年爆发的第一次世界大战中,各主要强国的潜艇部队都参加了这次战争,并在实战中证明了潜艇是一种赢得战争的潜在武器,并推动了世界海战革命的发展。

令人类悲哀的是:从此,广袤、深邃的黑暗海洋,开始变成危机四伏之地,成为人类互相残杀的又一战场。

20世纪,柴油内燃机和蓄电池成为潜艇的主要动力装置,鱼雷成为潜艇的主要武器,第一次世界大战时潜艇开始崭露头角。两次大战之间,各国注重建造续航力更大的远洋潜艇。到第二次世界大战时,潜艇被用于破袭海上交通线和袭击大中型战舰,取得显著战绩。各国潜艇兵力共击沉运输船5 000余艘,还击沉了包括17艘航空母舰在内的战舰390余艘。第二次世界大战后期,随着反潜技术的不断发展,潜艇受到的威胁不断加大,一些新型潜艇装备、技术也应运而生。潜艇的发展使其突击威力更大、隐蔽性更好、机动能力更强,影响了各国的军事战略和海军战略。

"冷战"时期,潜艇进入快速发展期,世界上许多沿海国家开始研制或购买潜艇,并组建自己的潜艇部队。美国和苏联两国更是不断更新换代潜艇,潜艇的下潜深度、水下航速、静音效果、续航能力、居住条件等都达到一个前所未有的水平。

"冷战"结束并不意味着潜艇的发展停滞不前。随着科学技术的发展,潜艇的隐蔽性被更加重视,鱼雷和导弹等武器性能又上一个台阶,瑞典、德国等国家建造的不依赖空气的推进装置更是大大提高了常规潜艇的水下航行时间。

潜艇的发展之旅是艰难的、曲折的。船体经历了牛皮—铜铁—钢—钛;

潜艇动力系统大致经历了手摇螺旋桨—蒸汽发动机—蓄电池—压缩空气发动机—内燃机—电动机—核动力—不依赖空气的推进装置等；潜艇的排水量由几吨、几十吨，逐步发展到几百吨、上千吨乃至上万吨；水下航速由几节逐步发展到十几节、几十节；潜艇续航力由几十海里发展到几百海里、上千海里甚至上万海里；潜艇下潜深度从只有几米，到几百米甚至千米；潜艇使用的武器由炸药包、水雷、水面鱼雷、火炮逐渐发展到水下隐蔽鱼雷、巡航导弹、对空高射火力、原子弹、氢弹等。

后来，潜艇的发展达到了惊人的地步，特别是核潜艇的出现，更使潜艇从战术战役兵器一下跃入战略威慑和战略反击武器的行列。

1939 年夏天，美国海军研究实验室的技术顾问罗斯·冈恩向海军部递交了一份关于研制核动力潜艇的报告，详细论述分析了这种新潜艇的巨大优势——他奏响了用核能推进潜艇的狂想曲。但当时希特勒研制原子弹的确切情报，迫使研制原子弹的著名"曼哈顿工程"紧急上马，冈恩的报告只能被搁置。

1945 年 12 月 13 日，冈恩在一次公开听证会上宣称，原子能的主要作用将是"转动世界的车轮和推进世界的船舶"。由于潜艇在"二战"海战中所起的巨大作用，加之冈恩等人的奔走相告，这回立即引起了上层的高度重视。

1946 年春，美国海军部开始认真考虑核动力推进应用可行性的研讨。之后不久，海军部决定成立一个原子能研究机构推进这项工作。这时，日后被称为"核潜艇之父"的里科弗出场了。

1.2 "核潜艇之父" 里科弗

只要提起核潜艇，人们就应该记住这个传奇式的人物，他就是核潜艇的奠基人、为核潜艇的诞生和发展做出卓越贡献的美国海军上将——海曼·乔治·里科弗（Hyman . G . Rickover）。里科弗长期主持美国核动力的研制工作，为了把优越无比的核能技术移植到海军舰船上，以不达目的誓不罢休的决心，力排干扰，冲破阻力，最终使传统舰船动力发生了史无前例的变革，也使美国核动力的实际应用在世界上遥遥领先。到里科弗退休为止，他推动美国海军建造了包括核潜艇、核动力航空母舰、核动力巡洋舰在内的130多艘核舰船、160多台核反应堆；发展了5代鱼雷攻击型核潜艇、4代弹道导弹核潜艇；建造了美国第一座民用核电站……其辉煌的业绩使他当之无愧地成为"核潜艇之父"。

里科弗是美籍犹太人，1900年出生于波兰，1906年随家人移居美国，以其父开的一间服装店勉强维持生存。由于经济拮据，里科弗一直就读于半工半读中学，曾当过邮递员和送货员。

1918年，里科弗高中毕业后进入美国最著名的公费海军军官学校——安纳波利斯海军学院，从此与海军结下了不解之缘。

毕业后，分到"内华达"号战舰任少尉机电军官5年，后被派往"加利福尼亚"号战舰任机电军官。

1930年进入新伦敦潜艇学校，毕业后分到"S-48"号老式常规潜艇服役，从此跨进潜艇的门槛。后任潜艇副艇长，逐渐对潜艇产生一种难以割舍的情愫和钟爱。

1934年，里科弗调"新墨西哥"号战列舰任轮机长（兼工程师），后任"芬奇"号扫雷舰舰长等。丰富的水下水上实际操作经历使他不但很快成为一名可熟练驾驭海上"钢铁烈马"的里手，而且对它们的性能和缺陷也有了透彻的了解，为他以后提出一系列舰船重大改进措施不无帮助。此时的他已不再满足于驾驶落后的舰船，而是跃跃欲试，要在提高舰船的战术技术性能上一展身手。

1939 年秋至 1945 年，里科弗被派往华盛顿海军舰船局电气科任助理主任、主任。在此期间，他设计的反德国磁电水雷的扫雷武器，拯救了很多盟国舰只；他还设计了美海军秘密仪器——海底电视；亲自就地部署整修了在珍珠港事件时被炸坏的两艘战舰，省去了拖回美国修理的大笔经费，更赢得了太平洋海上战机。到 1945 年，里科弗已把他领导的电气科搞成了舰船局里最有创造性、最有成效、技术能力最强的一个部门。期间，他由中尉逐步晋升为上校，并获得第一枚金星功勋章。

"核潜艇之父"里科弗

1945 年 8 月 6 日，美国在日本广岛投下了第一颗原子弹，核能第一次用于实战便突显出其巨大的能量和杀伤破坏能力，一些科学家们开始憧憬利用核能推动潜艇。然而战后的美国海军因珍珠港事件而声望下降，大批舰艇缩编、军人减员、经费压缩，加上对核科学知之甚少的保守势力的抵制，使发展核动力的阻力很大。

1946 年 6 月，里科弗怀着对核动力的幻想和冲动，第一次向海军作战部正式提出建造核潜艇的建议。

不久，海军决定加入研究核反应堆工程的行列，以少量的经费先开展预备研究工作，并着手培训相关人才。里科弗作为第一批海军小组五人成员之一及核动力的积极倡导者，被派往美国著名的核研究中心——田纳西州橡树岭的柯林敦实验所参与"丹尼尔斯陆上反应堆工程"

的设计和研究实验工作。海军船舶局还派他到马萨诸塞工程学院学习核物理课程，这就为里科弗打开了进入核技术领域的大门，也成为他如痴如醉地推动舰船核动力革命的开始。

里科弗在潜艇反应堆的压力容器里

1948年1月20日，已经是核工程专家的里科弗，又经过广泛而深入的调研后，认定核动力是海军舰船的必然发展方向，于是多次给海军、原子能委员会和国防部写信，建议尽快发展核动力舰船，并认为海军必须有自己独立的核工程研究机构，另外，着手建造一座核潜艇动力厂也刻不容缓。但他的建议受到了海军内外种种势力的抵制，反对或怀疑之声接踵而来。里科弗并不为所动，而是四处游说，大造舆论，争取支持者。

1948年5月1日，在他的艰苦努力下，美国原子能委员会与海军联合秘密宣布，决定建造第一艘以核能作为动力的潜艇；之后不久，美国原子能委员会核反应堆发展部成立了海军核反应堆处，里科弗任处长、总工程师。

1950年，里科弗建议并说服国会批准建造世界上第一艘核潜艇。

1952年6月14日，在他的技术指导下，第一艘鱼雷攻击型核潜艇"鹦鹉螺"号在康涅狄格州格罗顿船厂开工，举行铺设龙骨仪式。一个月后，里科弗获得第二枚金星功勋章，以表彰他从1949年3月到1952年7月为美国政府做出的独特贡献。然而，这位已经被人们称为"核潜艇之父"的赫赫名人，因得罪过不少持不同意见者，却在第二天的授衔会议上未被提名晋升少将。

1953年6月30日这一天，已53岁的里科弗如不能晋升为少将，按照美国海军的军官服役制度，必须退出现役；7月1日，在社会舆论和国会议员的强烈要求下，海军晋升委员会不得不打破惯例，做出了里科弗晋升海军少将的决定。

1953年9月，当第二艘鱼雷攻击型核潜艇"海狼"号开工之际，美国原子能委员会又决定由里科弗负责开辟新的核领域——建造第一艘核动力航空母舰。

1954年1月21日早晨，"鹦鹉螺"号在格罗顿建成下水。此时此刻，最为激动不已的人当属里科弗将军。当艾森豪威尔总统夫人将香槟酒瓶抛向舰体并爆裂出四射的酒花时，里科弗的心醉了。他那瘦小的身躯虽然被淹没在欢跃如潮的人海之中，但他的英名与世界第一艘核潜艇的名字一起永载史册，并闪耀着常人无法企及的独有光环。

世界第一艘核动力潜艇"鹦鹉螺"号下水

1955年1月至1957年2月，"鹦鹉螺"号核潜艇完成了62 562海里航程后，在朴茨茅斯海军造船厂第一次更换核燃料；1958年华盛顿时间8月3日23点15分，"鹦鹉螺"号从冰层下悄然驶达北极点，创造了人类航海史上的奇迹。这些足以震惊世界的记录，证实了核潜艇的质量和性能在当时来说无可挑剔。如此辉煌的业绩自然与里科弗的名字紧密相连，不久，美国国会通过一项专案，再一次表彰里科弗推动潜艇动力革命的功绩，授予他一枚史无前例的国会勋章。

1957 年底，里科弗作为民用核动力工程的具体组织者，完成了美国第一座民用核电站——希平港核电站的建设，开辟了和平利用原子能的远大前景。1959 年 12 月，美国第一艘可携带弹道导弹的核潜艇"华盛顿"号驶向深海；1960 年，"海神"号核潜艇完成环绕地球航行……里科弗对这一切来说功不可没，他的声望也与日俱增。

1961 年 2 月，肯尼迪总统发布命令，决定里科弗继续服役到 1964 年 2 月 1 日。同年，美国第一艘核动力航空母舰"企业"号服役。鉴于里科弗无人能及的骄人业绩，后来美国国会多次通过特别法案，一再延长他在军队的服役期，直至不再受任何限制。

1980 年 3 月 30 日，世界第一艘核潜艇"鹦鹉螺"号完成了历史使命。在悲壮的气氛中退役，里科弗亲自送走了他一手培养起来的第一个"孩子"。

1986 年 7 月 8 日，里科弗在弗吉尼亚州阿林顿的家中去世，享年 86 岁。一颗巨星划破天际，带着世人瞩目的耀眼光环陨落而去。

里科弗在美国核海军乃至美国民用核电站发展中的地位和作用是空前绝后的，里科弗的不朽勋业使美国海军发生了划时代的变化，他不仅是无可置疑的"核潜艇之父"，也是当之无愧的"核海军之父"。

为了让人们永远记住里科弗，美国政府在他退休之际专门以他的名字命名开工了一艘"里科弗"号核潜艇（舰号"709"）。

美国"里科弗"号核潜艇艇徽

这艘核潜艇 1983 年建成下水，至今仍在海洋驰骋。耐人寻味的是，这艘核潜艇的艇徽图案是一艘正从"709"的"0"中穿行的核潜艇，背景为原子结构图，寓意里科弗实现了核潜艇"零"的突破。

1.3 "鹦鹉螺"的号角吹醒世界

在美国康涅狄格州格罗顿的泰晤士河畔，有一座潜艇博物馆，这里静静地陈列着已经退役的世界第一艘核潜艇——"鹦鹉螺"号。自从这艘核潜艇于 20 世纪 50 年代"闪亮登场"后，即引来了世界的关注，无论是从造船史、能源史，还是战争史的角度衡量，它都是一个革命性、开拓性的里程碑式的代表。因此可以说，无论是过去、现在，还是将来，它一生的辉煌永远都不会泯灭。

1950 年 8 月，时任美国总统的杜鲁门签署了建造世界第一艘核潜艇的文件，并将这艘艇命名为"鹦鹉螺"号（舷号为"SSN–571"）。

在科幻小说《海底两万里》中，那艘虚构的"有无限大的能量"、"功率绝顶的潜水艇"就叫作"鹦鹉螺"，这是第一

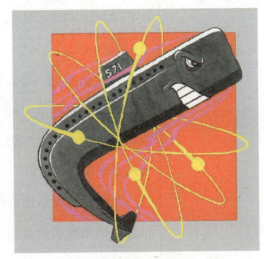

"鹦鹉螺"号艇徽

次在文学作品中描述潜艇。那艘想象出来的"鹦鹉螺"号潜艇，其尺寸、航速等性能居然与后来美国的"鹦鹉螺"号核潜艇极为接近。因为长期以来，美国人一直把文学作品中的神奇潜艇作为努力方向，并不断向理想的目标逼近。

美国总统杜鲁门主持"鹦鹉螺"号核潜艇的开工仪式并签名

　　美国相继把三艘战绩辉煌的常规潜艇命名为"鹦鹉螺"号，但它们始终没有达到心目中的"鹦鹉螺"号所应有的性能。当世界第一艘核潜艇一问世，它就当之无愧地摘取了"鹦鹉螺"号这个桂冠。

　　美国总统发布建造核潜艇的命令后，美国海军立即组建了以里科弗为首的最得力的技术领导班子，集中了全国最强的技术力量，神不知鬼不觉地开始实施核潜艇的建造计划。仅仅过了不到两年，"鹦鹉螺"号就神速开工了。

　　1954年1月21日，浓雾笼罩在格罗顿的上空，在新伦敦河的对岸，成千上万的人们，期待着又一个足以让世界震惊的事件——"鹦鹉螺"号核潜艇建造完毕，即将举行下水仪式。在贵宾席前排就座的艾森豪威尔夫人玛米，手中捧着一大束粉红色的玫瑰花，不断地向周围的人群点头微笑。在前排就座的还有总统夫人的母亲杜德夫人、海军部长安德森及夫人、"核潜艇之父"里科弗将军，以及许多高官们。下水仪式开始，美国原子能委员会主席施特罗斯充满激情的演讲完毕后，总统夫人沿着观礼台走向船头，然后略显吃力地举起一个金黄色的瓶子，非常内行地向船身击去。随着一声崩裂，象征吉祥的酒花和玻璃碎片向四处飞溅……这时，第一夫人兴奋地大声说："'鹦鹉螺'号，我祝

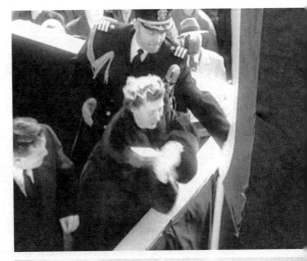

时任美国总统艾森豪威尔的夫人在"鹦鹉螺"号下水仪式上用香槟酒击向船体

福你！"在军乐和欢呼声中，"鹦鹉螺"号慢慢滑向水中，开始进行码头试验和安装 S_2W 型反应堆。

1954 年 9 月 30 日，"鹦鹉螺"号核潜艇正式加入美国海军序列，开启了潜艇的新纪元。服役后的"鹦鹉螺"号核潜艇于 1954 年 12 月 30 日首次启动核反应堆。

1955 年 1 月 17 日上午 11 时，"鹦鹉螺"号核潜艇首任艇长尤金·P·威尔金森中校站在核潜艇指挥台舰桥上，庄严地下达了解缆的命令，核潜艇脱离"缰绳"后，

出征的"鹦鹉螺"号核潜艇

缓缓离开了码头。当它刚刚驶入泰晤士河的主航道上时，信号兵即刻用信号灯发出了具有特殊历史意义的信号："我艇正在用原子能前进！"至此，"鹦鹉螺"号核潜艇完成了码头试验，同时拉开了航行试验的序幕，这也意味着人类历史上第一艘利用核能的潜艇开始了航行。此后，"鹦鹉螺"号创造了多项世界纪录。

"鹦鹉螺"号核潜艇不愧是当时最先进的潜艇：它全长97.4米，最大宽度8.4米；水下航速约22海里/时（即约40千米/时）；水面正常排水量3 530吨，水下正常排水量4 040吨；双螺旋桨，轴功率15 000马力；下潜深度约210米；艏部装有直径为533毫米的鱼雷发射管6具，可携带反舰和反潜鱼雷24枚。特别是它在水下连续航行的能力无可比拟。1955年5月，"鹦鹉螺"号核潜艇完成了一次从新伦敦到圣胡安的水下远航试验，航行距离1 381海里，共用90个小时。这次小试牛刀，一举创造了好几项历史纪录：一，水下行驶距离比常规潜艇水下高速时的最大航行距离大9倍；二，它是第一艘能够以平均16海里/时的水下航速维持在1小时以上的战斗潜艇；三，它也创造了美国潜艇连续在水下逗留时间最长的纪录。稍后一些时间，"鹦鹉螺"号核潜艇又以平均 20 海里/时的航速航行了 1 397 海里，用时 70 小时。

最值得"鹦鹉螺"号骄傲的是，1958 年 8 月 3 日，它首次从冰层下航行到达北极点，穿越了人类"禁区"。这是人类第一次从冰下"潜游"到地球的极点，实现了从空中、冰面和水下立体到达北极极点的梦想。这次被美海军称为"阳光行动"的创举，虽然几经周折，险些失败，但最终的成功确实像阳光一样照亮了核动力的光明前景。

1957 年 4 月，"鹦鹉螺"号核潜艇进入美国缅因州的朴茨茅斯海军船坞，进行第一次检修和更换反应堆的第一炉核燃料。"鹦鹉螺"号用这一炉核燃料航行了 62 526 海里，仅消耗了几千克的铀。而常规潜艇要是以同样速度航行同样的距离，将会消耗几千吨的燃料。后来，"鹦鹉螺"号又分别在 1959 年和 1964 年两次更换核燃料，用第二炉核燃料航行了 91 324 海里，用第三炉核燃料航行了 150 000 海里。"鹦鹉螺"号从 1955 年 1 月 17 日开始航行试验到 1979 年 5 月 25 日最后一次关闭反应堆，总共航行了大约 30 万海里。

"鹦鹉螺"号所展现的魅力远不止于此。据美国透露，自"鹦鹉螺"号服役后，参加了多次"潜—舰"对抗和反潜演习，均大获全胜。比如在北约组织举行的代号为"还击"的军事演习中，受到"鹦鹉螺"号攻击的水面舰艇多达 16

就在"鹦鹉螺"号向世界宣告核潜艇无坚不摧、威力强大时，1957 年，苏联发射了世界上第一颗人造卫星。这意味着苏联的核洲际弹道导弹已经可以打到美国，直接威胁到美国的安全。这是前所未有的严峻挑战。美国海军提出：如果派遣核潜艇进入北极，从最靠近苏联的海底发射洲际导弹，就可以打到莫斯科和苏联全境，时间短、速度快、精度准。艾森豪威尔总统一听，马上下令"鹦鹉螺"号核潜艇携带武器进入北极，威慑苏联。

1958 年 4 月 25 日，"鹦鹉螺"号由艇长威廉·安德森中校指挥，从美国西海岸出发；6 月 9 日，它开始创造历史、穿越北极、挑战极限的"阳光行动"。

8 月 1 日，它潜入深不见底的巴罗海谷。美国东部时间 8 月 3 日 23 时 15 分，"鹦鹉螺"号成为第一艘到达地理北极点的船舶。进入北极后，"鹦鹉螺"号继续在冰下潜航 96 小时，航程达 2 940 千米，从格陵兰岛东北浮出水面。"鹦鹉螺"号第一个成功完成了北极的水下航行。

在北极冰盖下导航是非常困难的。当高于北纬 85°时，磁罗盘和正常陀螺罗经变得不准确。最困难的旅程是通过白令海峡回来的路上。这儿最浅的地方，冰盖低于海平面，允许潜艇通过的高度只有 18 米。安德森艇长东寻西找，发现了一条窄窄的偏僻"小路"，从而避开苏联的检测，成功穿越了冰盖和白令海峡。

"鹦鹉螺"号从冰层下穿越北冰洋冰冠，从太平洋驶进大西洋，完成了常规动力潜艇无法想象的壮举，具有不可估量的深远的政治、军事、战略、战术和现实意义。

艘，其中包括航空母舰2艘、重型巡洋舰1艘、驱逐舰9艘以及辅助船只4艘。据美国统计，截至1957年底，"鹦鹉螺"号在历次军事演习中共遭受了5 000余次"攻击"，被"击沉"仅为3次，若是常规潜艇，被"击沉"的次数将高达300次，完美展示了核潜艇无坚不摧的作战威力。

陈列在潜艇博物馆中退役的"鹦鹉螺"号

　　1980年3月30日，"鹦鹉螺"号在服役25年后退役。退役后的"鹦鹉螺"号曾在华盛顿海军船坞公开展示过，1985年被拖回它的诞生地格罗顿，从此成为"潜艇部队博物馆"的一员，开始了它的另一种生涯。由于"鹦鹉螺"号的名气太大了，为了招揽游客，博物馆的名字索性改为"鹦鹉螺号核潜艇博物馆"。在那里，除了"鹦鹉螺"

号的战斗情报中心和反应堆仍属机密区域外，其他部分都可随意参观。

历史证明，"鹦鹉螺"号的问世具有不可估量的影响，它的政治和军事意义深远，对和平利用核能也是一个巨大的推动。

美国"鹦鹉螺"号核潜艇的艇员卧室

知识卡

军用舰船可按"舰类—舰种—舰级—舰型—舰名（舰号）"的顺序描述。

舰类——按舰艇的基本使命和进行的任务划分的类别，通常分为战斗舰艇（包括水面战斗舰艇和潜艇）、登陆作战舰艇和各种勤务舰艇三大类。

舰种——在同舰类的舰艇中，主要按其基本任务划分的舰艇种别。

舰级——在同舰种的舰艇中，按排水量、主要武器装备或推进方式等划分的舰艇级别。多将第一艘舰艇的名字代表某一舰级。有时核潜艇发展的"代"也以舰级为基础来划分。

舰型——在同一舰级中，因舰艇结构外形、舱室结构、推进器类型、动力装置或战术技术性能等发生局部改变，为了区别而进一步划分的，一般称为舰型。

美国、英国和法国不分舰型，只分舰级；中国只分舰型，不分舰级；俄罗斯则舰级和舰型都细分。

为了简约且便于说明情况，下表中把核潜艇作为一个特殊的类别单独进行描述。

核潜艇分类简表

舰类	战 斗 舰 艇		
舰种	按使命任务分	战略型核潜艇	打击陆上战略目标，实施战略威慑
		攻击型核潜艇	装载鱼雷或战术导弹，主要执行海上任务和近岸攻击
		辅助型核潜艇	执行特殊任务，如深海探测、试验、救援等
舰级	按主要武器分	弹道导弹核潜艇	主要武器是弹道导弹（有时也称战略导弹核潜艇）
		巡航导弹核潜艇	主要武器是巡航导弹（有时也称飞航式导弹核潜艇）
		鱼雷核潜艇	主要武器是鱼雷
		多用途核潜艇	可发射鱼雷和巡航导弹，有的还可发射防空导弹等，如俄罗斯的"亚森"级
	按排水量分	大型核潜艇	2 000 吨以上。目前作战用核潜艇均属此类
		中型核潜艇	600 ~ 2 000 吨。仅俄罗斯"军服"级特种核潜艇
		小型核潜艇	100 ~ 600 吨。仅美国"NR-1"号、俄罗斯"比目鱼"级特种核潜艇
		微型核潜艇	100 吨以下。目前尚无
	按推进方式分	蒸汽推进核潜艇	用核反应堆产生的高速蒸汽带动汽轮机转动，再经齿轮减速后直接带动螺旋桨
		电力推进核潜艇	用核反应堆产生的高速蒸汽带动汽轮发电机，产生的交流电输给电动机，再经传动轴带动螺旋桨
	按船体结构分	单壳体核潜艇	全船基本只有一层可耐海水压力的船壳
		双壳体核潜艇	船体分内外壳，外壳不耐压。两壳之间布有水柜、高压气瓶等设施
		混合壳体核潜艇	介于上面两者之间

长期以来，各国核潜艇的分类方法不尽相同，但大致还是遵循上述划分原则的，基本出发点是力求最能反映核潜艇特点。现举例说明。

例1：美国的"洛杉矶"级攻击型核潜艇共建造了62艘，首艇为"洛杉矶"号，该级的名字就定为"洛杉矶"级。以后的61艘名字都不同，如第24艘名字叫"旧金山"号，对它可以这样描述：

舰类 —— 核潜艇（战斗舰艇）
舰种 —— 多用途攻击型核潜艇
舰级 —— "洛杉矶"级
舰型 —— 不分舰型
舰名 —— "旧金山"号
舰号 —— "SSN-711"

例2：俄罗斯于2000年因事故沉没的"奥斯卡-2"型巡航导弹核潜艇"库尔斯克"号（"K-141"），按分类原则描述如下：

舰类 —— 核潜艇（战斗舰艇）
舰种 —— 巡航导弹攻击型核潜艇
舰级 —— "奥斯卡"级
舰型 —— 2型（即1型的改进型）
舰名 —— "库尔斯克"号
编号 —— "K-141"

例3：中国第一艘核潜艇按分类原则描述如下：

舰类 —— 核潜艇（战斗舰艇）
舰种 —— 鱼雷攻击型核潜艇
舰级 —— 习惯上不分舰级
舰型 —— "091"型
舰名 —— "长征-1"号
舷号 —— "401"号

1.4 核潜艇"自述"

我的大名叫"核动力潜艇"，简称核潜艇，绰号"洋底黑鲨"。其实，从我一出生，我就不是在单枪匹马地战斗，我还有许多形态、能力各不相同的伙伴。我们来到这个世界上已经半个多世纪了，我们喜欢驰骋在伸手不见五指的海洋深处，来无影去无踪，低调地长期潜水，轻易不浮出水面。我们不去天空和陆地，那些地方让喜欢张扬的飞机、大炮们去玩吧。我们长得五大三粗，黑不溜秋，但很有魅力呢！黝黑的皮肤是健康的体现，坚硬的肌体是纯爷们的骄傲。我们跑起来快如飞，憋一口气跑几万海里不用换气，在水下没有谁能赶得上我们！那些常规潜艇兄弟们经常看得眼都直了，整个儿呆掉了，这就叫长江后浪推前浪嘛！我们没有眼睛但绝不是瞎子，我们的声呐系统还是蝙蝠和海豚师傅传授的；我们的武功也很了得，我们的肚子里藏着能毁灭对手的鱼雷、巡航导弹、核弹；虽然我们到不了岸上，但我们手长眼宽，也有力气，可以有选择地把武器扔到地球上的任何地方，所以别人都对我们敬畏有加。

　　我们与我们的兄弟——常规潜艇的最大区别是动力不同。我们是由核动力驱动的，而它们通常是由柴油机和电动机联合驱动的。核动力装置比常规动力装置占用的空间大得多，所以我们的体形比常规潜艇大，也重很多。但我们携带的武器特别是战略导弹也多，可以执行战略任务。现在，我们中的"大哥大"当属诞生于俄罗斯、名叫"台风"的弹道导弹核潜艇，它重达26 500吨（水下排水量），全长171.5米，差不多有一个半足球场那么长。我们还有一个小弟弟，生于法国，名叫"红宝石"，是鱼雷攻击型核潜艇中最小的了，但也有2 670吨重，73.6米长。那些常规潜艇的

俄罗斯"台风"级弹道导弹核潜艇

法国"红宝石"级"S606"艇

兄弟们一般不装备战略导弹，携带的武器少，其吨位一般为1 000～3 000吨，艇的长度一般不超过80米。

在战术技术性能方面，我们占尽了风头。我们藏匿于海洋深处，像幽灵一样忽隐忽现，神出鬼没，这本身就增添了无限的神秘色彩。这种神秘令人神往，这种神秘使人恐惧，这种神秘也能产生神话。也正是由于我们的保密性强，行踪诡秘，因而具有特别的吸引力和威慑力，用成语"暗藏杀机"可以概括出我们的四大特点，也让人们很容易记住我们。

暗——我们利用深深的海水这个黑暗广袤的环境作为天然屏障，达到隐身和"暗中窥视"的目的。由于核能工作时不需要空气，所以理论上我们可在水下无限期地航行，充分利用海洋这个客观环境来隐蔽，直到核燃料不能再进行链式反应为止。但实际上，由于在水下受到人员耐久力、食品装载量和需要进行必要的故障维修等条件限制，我们不可能永远航行下去。即使这样，我们在水下仍然可待90个昼夜——而我们那些常规潜艇兄弟们，在水下连续航行的能力远不如我们。它们在水下靠蓄电池提供动能，由于电能的限制，在水下全速航行1个小时就会把电耗尽，低速航行也仅能维持几天，然后需定期浮起到通气管状态由柴油机给蓄电池充电（因为柴油机工作时需要氧气），一次充电时间达10个小时左右。这样，暴露的机会增多，在探测手段极为发达的今天，极易被发现。1995年开始出现了一种"AIP"常规潜艇，即不依赖空气的动力潜艇，较大地提高了这些兄弟们在水下的续航力，在以每小时四五海里的低速航行时，续航时间可到15～20个昼夜。这虽然是对它们隐蔽性差的一个弥补，但与我们仍不能相提并论，充其量只能叫作"潜浮艇"。

美国"海狼"号核潜艇鱼雷舱

藏——光有海水掩护还远远不够，为了在海水中确保能"藏"得住，即使在"暗"的环境里也要"藏踪掩声"，必须做到"静"和"净"，也就是力求低噪声、低磁场、低声波反射、低尾流痕迹，并不随意向艇外抛撒废弃物等，这样才不会给敌方探测仪器留下蛛丝马迹。当然，降低噪声是最主要的。半个多世纪以来，人们一直就没有停止过这方面的改进工作。目前新型核潜艇的噪声已经很低了，逼近海洋本地噪声。2009年2月，在大西洋发生一起英法两艘战略核潜艇相撞事故,这无意中传递了一个令世人震惊的信息:现代核潜艇的反声呐技术和静音效果已经达到一个至高的境界,以至于超过声呐的发展步伐,今后要发现海洋里的核潜艇将越来越难。

杀——我们具备很强的杀伤力,可装配战略核导弹、反潜导弹、反舰导弹、鱼雷、水雷等武器,有时还装载自主式的飞机或小潜艇以及防空导弹、特种部队运送艇等。我们可利用的空间不小,这意味着可以布设更多的武器发射装置,可以携带更多的武器弹药和食品,可以配备足够量的先进设备仪器,可以改善人员的工作和生活环境,这都能够大大提高攻击能力。而常规潜艇一般只装备战术武器(如巡航导弹和鱼雷),而且装载量较少,攻击能力远不如我们。

多用途攻击型核潜艇作战范围示意图

机——我们在水下机动灵活，是因为我们航速高、高低速转换快、动机隐秘、突击力强、追击和规避迅速、活动海域广阔。我们的水下航速一般都在 25 ~ 35 节，俄罗斯的"神父"级（P 级）巡航导弹核潜艇和"阿尔法"级（A 级）攻击型核潜艇的水下航速更是高达 40 多节，是世界上跑得最快的潜艇；而常规潜艇由于大部分时间在水面航行，水面航速可达 20 节左右，水下航速仅有 10 多节（随着常规潜艇开始采用水滴形，水下续航能力得到提高，其水下航速可以达到 20 节以上）。

虽然我们的优势显而易见，但与常规潜艇相比，也有不完美的地方。比如，还存在操纵复杂、核安全问题突出、造价昂贵、目标大易被对方的主动声呐捕捉、不便在近海浅海活动等缺点。但这些都是可以改进和克服的，我们希望科学家们继续努力，让我们不断进步！

第 2 章　解密“核黑鲨”

2.1 是谁点燃了它的"激情"

——平静中孕育着激情,

——黑暗里隐藏着惊魂!

20世纪50年代初,茫茫海洋悄然出现了一种被称为"核黑鲨"的怪物。这种"海洋新霸主"在广阔无边的大洋里神出鬼没,任意驰骋,甚至会藏在水下潜航很久很久——它就是威震四方的核潜艇。看似矜持低调的核潜艇,不但有刚毅任性的外表,更具有驾驭海洋的"激情"和航行海底几万里的能力,这种能力源于一种神秘的物质——核燃料。

两块石头相互碰撞可以迸出璀璨的火花,火柴摩擦可以产生耀眼的火焰。从核燃料里迸发出的巨大能量,也是由许许多多肉眼看不见的中子碰撞而"燃烧"起来的。

核潜艇使用的核燃料是铀-235,它是从天然铀中提炼浓缩而来。天然铀由"三兄弟"组成,分别是:含量为99.28%的铀-238、含量为0.71%的铀-235以及微量的铀-234。在这哥儿几个中,只有"老二"铀-235是自然界中最易于裂变的核素,能够轻易被"激发"出原子核里的巨大潜能,所以只有它被普遍用来制造核潜艇的核燃料。

铀-235的原子核在吸收一个外来中子以后能分裂成几个更轻的原子核(也称裂变碎片),同时释放出能量和 2 ~ 3 个自由中子等,这就是核裂变能,也就是所谓的核能或原子能。但一个铀原子核产生的能量毕竟是微弱的,如果把裂变反应后产生的新中子利用来引起新的核裂变,裂变反应就可以连续不断地进行下去,同时不断产生能量,像链子一样持续不断,像滚雪球似的越滚越大,这种反应就叫作链式裂变反应。链式裂变反应可以产生巨大的能量,如果无数的中子同时开始链式裂变反应，那就会产生更大的能量。原子弹爆炸和反应堆运行就是典型的原子核链式裂变反应过程。

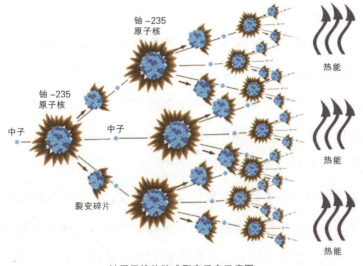

铀原子核的链式裂变反应示意图

铀原子核的一种链式裂变反应用化学反应式表示为：

$$^{235}_{92}U + ^{1}_{0}n \rightarrow ^{137}_{56}Ba + ^{97}_{36}Kr + 2^{1}_{0}n + E$$

上式中： U—铀原子核　　n—中子　　Ba—钡原子核

Kr—氪原子核　　E—能量

$^{235}_{92}U$ 中的"92"是铀原子核中的质子数，"235"是铀原子核中的质量数，即质子数与中子数之和。在反应式的两边，质子数相加是相等的，质量数相加也是相等的，不过左边的铀原子核比较重（质量大），而右边的钡和氪的原子核比较轻（质量小）而已。

知识卡

为了对铀－235裂变释放的能量有一个直观的认识，我们要记住下面的数字：

1千克铀－235全部裂变放出的能量相当于2 800多吨标准煤燃烧放出的能量，它们相差280多万倍。可见，在小小的铀－235里面蕴藏着多么巨大的能量呀。

这样，我们对上面的反应式理解为：当一个中子轰击一个铀–235原子核后，分裂成2个质量不等的"碎片"：钡–137和氪–97，同时产生2个中子并释放出热能。

用一个中子去"轰击"铀原子核，势单力薄，其链式裂变反应毕竟太慢，产生的热能也太小，所以在潜艇的核反应堆里，装有专门的"点火器"——中子源。"众人拾柴火焰高"，中子源能放出无数的中子同时点火，使核反应堆的启动和功率极快提升。中子源一般由镭（Ra）、钋（Po）、铍（Be）、锑（Sb）、镅（Am）等制作而成。

对于目前核潜艇上的压水型核反应堆来说，并不是所有的中子都能够引起核裂变，只有那些运动速度比较慢的中子才行。而中子源和核裂变产生的中子都是"快中子"，为了使它们的速度减慢下来，在核反应堆里充满了慢化剂——水。"快中子"在水中运行时不断与水分子相撞，很快使速度减下来，直到变成符合要求的"慢中子"。

核燃料一旦燃烧起来，要想扑灭这股"激情"，谈何容易！原子弹就是把原子核的"激情"发挥到了极致而无法控制的一个例子。其实，任何事情只有想不到没有做不到，核能的这种澎湃激情也可以被有效控制。解铃还须系铃人，那个能制服核能的强者，居然还是那个点燃核能的小不点儿——中子。链式核反应是中子挑起并维持的，失去了中子，原子核就无法"燃烧"——只要"釜底抽薪"，减少中子数量，就可以使链式反应无法维持。

那么，如何才能减少中子数量呢？谁又是中子的克星呢？在核反应堆里有一些专门"吃"中子的"魔棒"——控制棒，它们是用含有金属铪（Hf）、银（Ag）、铟（In）、镉（Cd）等的材料做成的。要想使核燃料的"火势"增强或减弱，可通过增减控制棒的数量来实现。控制棒数量越多，"吃"掉的中子越多，就越可以轻而易举地稳定住核燃料的"情绪"，或者让它们彻底"冷静"下来。

正应了那句话：只要找对路，一物降一物。

2.2 它有一颗火热的"心"

核潜艇里有一颗火热跃动的"心脏"，模样长得像一台几米高的锅炉，俗称"原子锅炉"。普通锅炉里的水是用煤等燃料烧热的，需要不断地加煤和鼓风；而"原子锅炉"里的水是用核燃料释放出的"激情"加热的（一生只装一次燃料）。在潜艇上，这种"原子锅炉"的学名为核反应堆，它的主要作用是容纳核燃料、控制棒及中子源等，维持和控制核裂变链式反应，并为动力系统提供最初的核能。它的神秘决定了核潜艇的诡秘，让我们把它解剖开来，一探究竟吧。

核反应堆最外面是高强度的外壳，由压力容器和顶盖组成，以螺栓连接，可承受几十兆帕的压强。压力容器里面盛装着核燃料组件，它们是进行核裂变链式反应的核心部件。核燃料一般制作成二氧化铀（UO_2），二氧化铀中只含有百分之几的铀 -235 浓度，而绝大部分是不直接参与核裂变的铀 -238。二氧化铀被装入锆合金做成的金属管里，称为燃料元件，然后将若干燃料元件有序地组成燃料组件分布在核反应堆内。

核反应堆里还有一个叫作吊篮的组件。它是一个大圆筒，因为它是倒挂在压力容器里的，又像个篮子那样可以把核反应堆内的绝大部分部件都装在里面，因此称为吊篮。采用吊篮还可以一次整篮子吊装、拆卸核反应堆内的大部分部件，提高了在船上的装卸速度，减少了人员承受辐射的时间。

控制棒具有很强的吸收中子的能力，通过控制中子数量达到启动、关闭核反应堆的目的，并可调节核反应堆功率。控制棒在驱动机构的作用下，按要求在核反应堆内做上下移动。

中子源提供中子，它和控制棒联手控制调节核反应堆功率。平时中子源产生的中子都被控制棒"吞吃"掉了，如果要启堆或提升功率，可提升控制棒的高度使之离开反应堆的核芯部位，这样中子源产生的中子存活率高，大量的中子有机会轰击核燃料（铀–235原子核）并发生核裂变反应；插入控制棒，中子数量下降，功率下降。所以，实际上是控制棒在指挥核裂变反应。

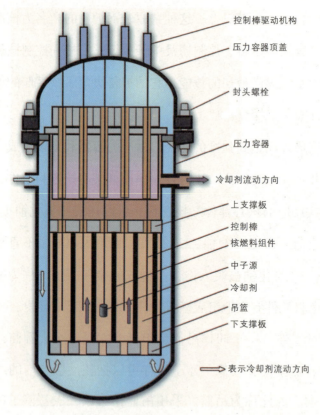

控制棒驱动机构
压力容器顶盖
封头螺栓
压力容器
冷却剂流动方向
上支撑板
控制棒
核燃料组件
中子源
冷却剂
吊篮
下支撑板
⇒ 表示冷却剂流动方向

压水型核反应堆解剖示意图

图中箭头的指向是冷却剂的流程。核反应堆内充满了高压高温的纯净水，它一方面起到慢化中子的作用，充当慢化剂；另一方面流经堆芯，冷却核燃料，充当冷却剂。冷却剂由核反应堆入口进入，顺着压力容器四周的内壁下行，然后从吊篮下端上行流经核燃料对其进行冷却，最后从核反应堆出口流出。

由上可知，由于核反应堆内充满了高压水作为核燃料的冷却剂，所以叫作压水型核反应堆（简称压水堆）。

"爱你爱到骨头里"，这是对爱之深刻的具体表述。核潜艇偏爱压水堆，大有"非她不娶"的架势。从第一艘核潜艇建成至今，全世界总共建造过500多艘核潜艇，几乎全都采用清一色的压水堆（只有美国和苏联早期建造的几艘核潜艇"移情别恋"，尝试过使用以液态金属作为冷却剂的核反应堆，但装到潜艇上后，"性情不合，水土不服"，腐蚀问题和泄漏事故频频发生，最后只好忍痛割爱，"重温旧情"）。

其实，潜艇对压水堆"情有独钟"是明智的选择。

首先，压水堆本身的安全性最好。

花瓶容易被推倒打碎，而不倒翁最多摇晃几下便会恢复平稳。在核反应堆的设计中，人们总是千方百计地使核反应堆具有类似不倒翁的特性——即当外界破坏了核反应堆的安全平稳时，在一定范围内核反应堆能不依赖人为的干预，可以自行回到原来的安全状态。比如，当核反应

知识卡

压水堆（pressurized water reactor）是使用加压轻水（即普通水）做冷却剂和慢化剂，且水在堆内不沸腾的核反应堆。燃料为低浓铀。20世纪80年代，被公认为是技术成熟、运行安全、经济实用的堆型。装机总容量约占所有核电站各类反应堆总和的60%以上。最早用作核潜艇的军用反应堆。压水堆由压力容器、堆芯、堆内构件及控制棒组件等构成。采用二回路发电，一般堆芯内气压为10 MPa ~ 20 MPa，温度为350℃左右，高压使得冷却水在此温度下也不会汽化。当冷却水带着热量来到蒸汽发生器时，通过数以千计的传热管，把热量传给二回路中的冷却水，使二回路的水沸腾，产生的蒸汽带动汽轮机，从而发电。

堆里的温度意外升高或降低，核反应堆可以自动调整回到原来温度水平。核反应堆的这种可自调自稳的特性是固有安全性的一种体现，这在压水堆上最容易实现。核潜艇是活动的舰只，灵活机动，反应堆功率变化频繁，但也容易使核反应堆的各种参数产生波动，所以固有安全性对核潜艇来说显得尤为重要。1986年4月26日，苏联切尔诺贝利核电站发生的有史以来的最大的核事故，引起了世人的关注。切尔诺贝利核电站采用的是以石墨作为中子慢化剂的核反应堆，固有安全性很差，这是导致那场灾难的主要原因之一。

其次，压水堆体积较小。

潜艇本身容积有限，对艇内各种装备的尺寸要求苛刻，否则潜艇的体积太大影响航速，舱室拥挤会恶化工作和生活环境。压水型核反应堆采用慢化性能最好的轻水做中子的慢化剂，所以需要的水量少，反应堆的体积小，结构紧凑，是潜艇的理想堆型；另外，压水堆对辐射屏蔽重量要求最少，比较适合潜艇的使用需求。

第三，压水堆操作灵活，便于维修。

人们对水的特性比较熟悉，易丁驾驭，工作中操作方法也比较简便；另外，水的放射性衰变较快，停堆后较短时间内就可以对一回路系统设备进行维修接触，装置维护比较简易；再就是处理泄漏的废水也相对简单，缺水时补水也方便。

知识卡

轻水即相对分子质量为18的水，为了与重水（D_2O）区别，目前将普通水称为轻水。普通水（H_2O）经过净化，用作反应堆的冷却剂和中子的慢化剂。

第四，压水堆造价低廉。

压水堆是非常成熟的堆型，结构原理简单，技术储备大，通用设备多，水的来源又较容易，不需进行大量新的研制试验工作，因此造价比较低。

尽管压水堆优点多多，但也有不足之处，最大的缺憾是装置的热效率较低，也就是说，装置的能量损失较大。核反应堆发出的核能（热功率），经过中途几次能量转换（如转换为热能、机械能、电能等），最后到达推进器（螺旋桨、泵喷射装置等）上的能量只剩下不足20%，宝贵的核能被浪费得较多；另外，压水堆内压力很大，所以对反应堆一回路系统中的相关设备的承压能力和密封性能的要求较高。

2.3 散发着核能"味道"的动力系统

俗话说：有压力才会产生动力。核潜艇就是用从压水堆产生的核能来推动潜艇的，在核潜艇末端的推进装置上，传递着由"核心脏"输送转化过来的动能。核能不会直接驱动核潜艇，要经过几次能量转换，才能让巨大的"钢铁黑鲨"疾驰飞奔。最常见的潜艇核动力系统推进方式有两种。

第一种是"核反应堆一蒸汽轮机"推进方式。

首先由核反应堆中的核燃料进行核反应并产生极高的热量（热能）；然后将核反应堆内的水"煮开"变成温度依然很高的饱和蒸汽，蒸汽通过特制的喷嘴形成速度极快的蒸汽流（动能）；蒸汽流推动潜艇主汽轮机的叶片运转，汽轮机的运转经过减速后带动螺旋桨旋转（机械能）；螺旋桨运转时与海水的反作用力推动潜艇前进（动能）。能量转换全过程大致为：核能→热能→动能→机械能→动能。

这种核动力装置主要为核潜艇航行提供驱动力，也辅助提供电力。它

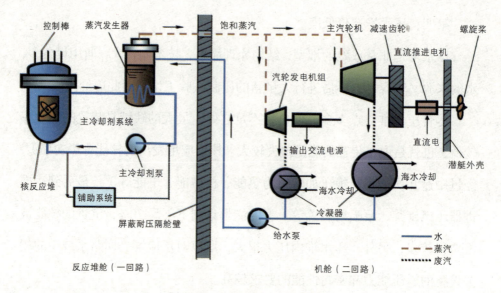

控制棒　蒸汽发生器　　　饱和蒸汽　　　主汽轮机 减速齿轮　螺旋桨

　　　　　　　　　　　　　　　　　　　直流推进电机

　　　　　　　　　　　　汽轮发电机组

主冷却剂系统

主冷却剂泵

核反应堆　　　　　　　　　　输出交流电源　　　　　　直流电

辅助系统　　　　　　　　　　　　　　　海水冷却　　潜艇外壳

屏蔽耐压隔舱壁　　　　　　海水冷却

　　　　　　　　　　　　　冷凝器

给水泵

水
蒸汽
废汽

反应堆舱（一回路）　　　　　　　　　　机舱（二回路）

"核反应堆—蒸汽轮机"工作原理图

们由密闭循环的一回路和二回路组成。

　　一回路由主冷却剂系统和各种辅助系统组成。主冷却剂系统包括核反应堆、主冷却剂泵、蒸汽发生器、稳压器等设备。一回路里的高温高压水被核燃料加热后，在蒸汽发生器里将热量传递给二回路，并将二回路的凉水加热为蒸汽；回路里被冷却的水再次返回核反应堆里，继续将核燃料产生的热量带出来，这样周而复始。

　　二回路里，前半部分流动的是被一回路加热后产生的蒸汽，后半部分流动的是被冷凝器冷却后的水，一、二回路的交会处是蒸汽发生器。二回路的水在蒸汽发生器里被加热后变成饱和蒸汽（图中"长虚线"部分），大部分用来驱动主汽轮机，经减速齿轮减速后带动螺旋桨旋转，提供潜艇的推进动力。还有一小部分蒸汽用来驱动汽轮发电机，提供潜艇上的辅机工作和全艇生活的用电。做完功的蒸汽被称为废汽（图中"点虚线"部分），废汽被冷凝器中的海水冷却后，又通过给水泵被打回到蒸汽发生器里继续加热，产生新的蒸汽。二回路也是这样做着不间断的循环往复工作。

在核潜艇出现主动力故障等特殊情况时，可启用柴油直流发电机（通气管状态航行时）或蓄电池（水下航行时）提供直流电源，并通过直流推进电机驱动螺旋桨。

第二种是"核反应堆—电机"推进方式。

目前，只有法国采用单一的"核反应堆—电机"推进作为核潜艇的主动力。

在这种推进方式中，核能为核潜艇的各种交直流电动机、仪器仪表、照明设备、电灶等用电设施提供电源。其整个转换过程是：由核反应堆中的核燃料进行核反应并产生高温，然后将核反应堆内的水"煮开"变为蒸汽，后经喷嘴加速变为蒸汽流推动汽轮交流发电机运转，并产生交流电。交流电可以直接提供给全艇交流用电设备，也能通过变流机组转换为直流电后再提供给直流用电设备，这里就包括给直流推进电机供电，直流推进电机带动螺旋桨转动进而驱动潜艇。能量转换全过程大致为：核能→热能→动能→机械能→电能→动能。

以上两种推进方式就是我们常说的"核能推进"，与普通发电站推进方式相比较，它们的原理除了使用的"锅炉"不同外，其他部分几乎一样。

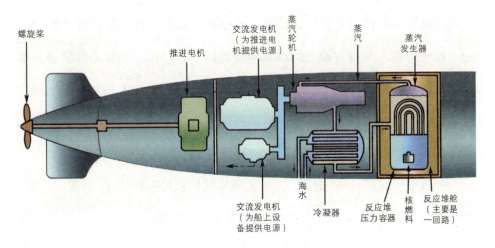

"核反应堆—电机"工作原理图

2.4 制服"放荡不羁"的放射性

在核潜艇上，由于有核反应堆，因此会产生大量的核辐射。它们无孔不入，甚至可以"穿墙而过"，如果不严加防范，必然会对艇上人员造成严重危害。所以在潜艇上，都有"壁垒森严"的屏蔽阻隔，有精确到位的监测报警系统。

对于外照射，辐射防护有三种方法，即：时间防护、距离防护、屏蔽防护，俗称"短、远、掩"防护。

短——缩短受照时间。肌体接受的射线照射剂量是和受照射的时间成正比的。因此，尽可能缩短人员的受照时间，这称为时间防护。如进行一回路系统抢修时，增加操作的熟练程度或采取定时轮换作业的方式，限制每人的操作时间。

远——增大与辐射源的距离。离辐射源越远，人体所受辐射剂量越小。一般来说，对于 γ 射线，距离增加一倍，剂量率减少到原来的四分之一。可见，距离增大，人员所受剂量明显减少，这称为距离防护。在实际工作中，可使用远距离操作工具，如长柄钳、机械手、远距离自动控制装置等。

掩——在人与辐射源之间设置屏蔽掩体。有时由于工作条件所限，单靠缩短时间和增大距离不能满足安全防护要求，需要在人和辐射源之间设置防护屏障，将人体掩蔽起来，阻隔放射线直达人体，这种方法叫屏蔽防护。在这种防护中，选择什么屏蔽材料，主要取决于射线种类。

一张纸可以挡住 α 射线，1～2厘米的铝板可以挡住 β 射线，"重"物质（如厚金属板或混凝土）才能抵挡 γ 射线的穿透力。对核潜艇的外照射来说，只要屏蔽住 γ 射线，也就能屏蔽住其他射线了。中子只有在密度比较小的"轻"物质（如水或聚乙烯）里才会很快减弱。所以，在核潜艇上，主要是对穿透能力极强的 γ 射线和中子进行屏蔽防护。

在核潜艇上，为了对付射线的伤害，筑起的防护屏障可谓"铜墙铁壁"。

首先，核潜艇核反应堆被一层一层的铅、钢板、水包裹着，称为"一

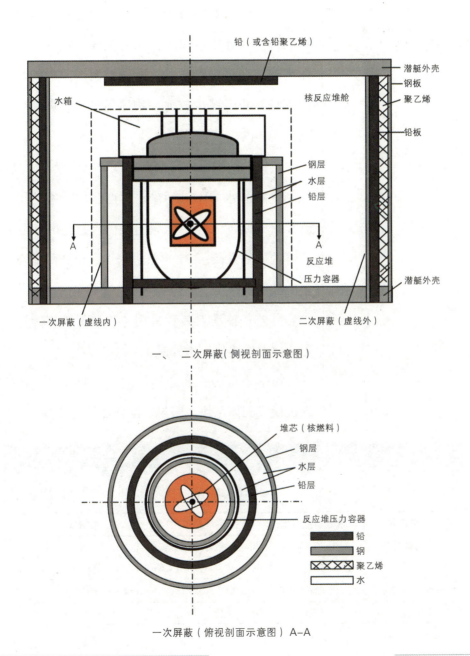

一、二次屏蔽（侧视剖面示意图）

一次屏蔽（俯视剖面示意图）A-A

外照射是核辐射的一种方式。放射性核素在生物体外，使生物受到来自外部的射线照射称为外照射。外照射所产生的效应与吸收剂量、剂量率、时间与空间的剂量分布、照射范围、受照组织的放射敏感性及辐射的种类和能量等因素有关。外照射主要来自：（1）密封源；（2）射线装置；（3）核设施。

中国规定，从事放射性工作的人员，一年全身均匀受到的辐射不能超过50毫希，如果连续5年遭受辐射，则每年平均受到的辐射不能大于20毫希；居民全身均匀辐射每年不能超过1毫希。

次屏蔽"；其次，核反应堆舱的前后墙壁、顶层和底层也是由多层厚厚的铅、钢和聚乙烯组成，称为"二次屏蔽"。在正常运行时，这两道屏蔽可以保证艇员的绝对安全。

对于内照射的防护方法，主要是避免放射性物质进入身体内。由于内照射是放射性物质进入体内或沉积体内产生的，所以控制内照射的基本原则是防止或减少放射性物质通过嘴、鼻和伤口进入人体内。

具体的防护措施一般有：戴口罩或专用面具；控制食物和水源不被污染；提前服用无害的稳定碘（目的是使人体甲状腺内的碘含量饱和，阻止有害的放射性碘–131再挤进来）；设法降低空气中的放射性浓度（通风等）。

另外，核动力装置采用"三道保护屏障"，阻止放射性物质发生外泄。

第一道屏障：精心制作的核燃料元件。核燃料被做成固体芯块，密封在锆合金的套管里。

知识卡

常用辐射单位

物理量	非法定计量单位	法定计量单位	换算关系
放射性活度	居里（Ci）	贝可〔勒尔〕（Bq）	$1 \text{ Ci} = 3.7 \times 10^{10} \text{ Bq}$
照射量	伦琴（R）	库〔仑〕/千克（C/kg）	$1 \text{ R} = 2.58 \times 10^{-4} \text{ C/kg}$
吸收剂量	拉德（rad,rd）	戈〔瑞〕（Gy）	$1 \text{ rad} = 10^{-2} \text{ Gy}$
剂量当量	雷姆（rem）	希〔沃特〕（Sv）	$1 \text{ rem} = 10^{-2} \text{ Sv}$

第二道屏障：固若金汤的核反应堆压力容器及辅助系统。带有放射性的物质只被允许在完全密闭的容器或管路里流动，不能有丝毫的泄漏。

第三道屏障：坚不可摧的核反应堆密封耐压舱。潜艇核反应堆及其主要系统被安置在耐压舱室里，该耐压舱能承受内部核泄漏造成的高压，阻止放射性向外界释放；还可防止外来的冲击力破坏核反应堆及其管路，造成放射性污染。如俄罗斯因内部鱼雷爆炸沉没的"库尔斯克"号核潜艇，前5个舱室全部在爆炸中被摧毁，第6舱室是核反应堆舱，顽强地顶住了爆炸产生的巨大气压和撞击，成功地保护了核反应堆装置的安全，这就是第三道保护屏障发挥了作用。

经过层层设防，核潜艇的核安全有了根本的保障。

在核潜艇上，为了保证核潜艇舱室内的放射性含量在安全指标内，备有严密的放射性监测系统，设有专门的放射性监测间，并配有齐全、精密的剂量监测仪器，以便随时发现可能的辐射危害，及时采取紧急防范措施。

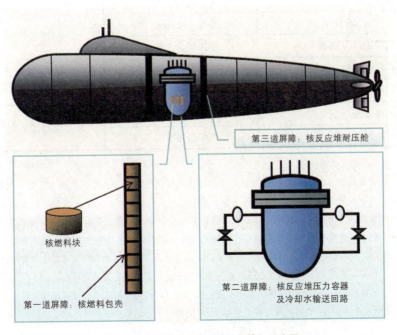

潜艇核动力装置的"三道保护屏障"示意图

核辐射及其种类

　　核辐射，通常称之为放射性，存在于所有的物质之中。核辐射是原子核从一种结构或一种能量状态转变为另一种结构或另一种能量状态过程中所释放出来的微观粒子流。核辐射可以使物质引起电离或激发，故又可称为电离辐射。

核辐射标志　　　　核辐射防护

　　核辐射主要是 α、β、γ 三种射线。α 射线是氦核，只要用一张纸就能挡住，但吸入体内危害巨大。β 射线是电子流，照射皮肤后烧伤明显。这两种射线由于穿透力小，影响距离比较近，只要辐射源不进入体内，影响不会太大。γ 射线的穿透力很强，是一种波长很短的电磁波，能穿透人体和建筑物，危害距离远，尤其核爆炸或核电站事故泄漏的放射性物质能大范围地对人员造成伤亡。

人类生活中受辐射剂量当量水平

受辐射来源	剂量当量	备注
水、食物、空气	0.25 毫希 / 年	天然辐射
地面辐射	0.3 毫希 / 年	
每天吸 20 支烟	0.5 ~ 1 毫希 / 年	
北京地区某些砖房内	1.3 毫希 / 年	
高本底地区（如铀矿区）	3.7 毫希 / 年	
北京—欧洲往返飞行一次	0.04 毫希 / 次	人工放射源辐射
肺部透视一次	0.02 毫希 / 次	
一次腰椎造影	3.6 毫希 / 次	

　　在一定范围内，人体对放射性损伤有自然抵抗和恢复的能力。人体全身可忍受一次 250 毫希的集中照射而不会遭到损伤。但人体受照射的剂量有时是不均匀的，有些组织和器官对辐射很敏感，如骨髓是人体的重要造血组织，骨髓的损伤成为急性放射病的主要临床表现；胎儿受到 100 毫希剂量可能导致畸形；性腺受照后主要表现为生育力受影响，人体睾丸一次受到 150 毫希剂量照射后可暂时丧失生育能力，剂量达到 3 500 ~ 6 000 毫希以上时可能永久不育，卵巢一次受到 2 500 ~ 6 000 毫希剂量的照射就可能不育；眼晶体受到 500 ~ 2 000 毫希剂量的照射可检出混浊，5 000 毫希可出现视力障碍；皮肤受到 3 000 毫希的照射会出现红斑及脱毛；肺部受到 5 000 毫希照射可得肺炎；甲状腺在 1 万毫希照射后功能减退、黏液性水肿。所以，过大的剂量照射当量会对人体造成很大的伤害，以至死亡。

主要的监测手段有对人员安全的剂量监测，还有对设备的工艺辐射监测。由此看来，核潜艇上防护严密，只要正确操作，严加监测，放射性是不会轻易"跑"出来伤害艇员和污染环境的。只有三道屏障同时遭到破坏，才会发生放射性物质大量向环境泄漏的事故。

美国"洛杉矶"级核潜艇上进行放射性监测和去污

2.5 核反应堆不是原子弹

1945 年 8 月 6 日和 9 日，美国在日本广岛和长崎投下了两枚原子弹，两座城市顷刻间化为一片炽烈的火海，几十万人伤亡。至今，原子弹爆炸的恐怖阴影在许多人心里还难以抹去。不了解核潜艇的人，以为核反应堆就像原子弹那么危险，进入核潜艇，犹如坐在火山口上，时刻都面临爆炸的危险。其实，原子弹爆炸的现象绝不会在核潜艇上发生。

因为核潜艇的核反应堆和原子弹的设计思想、构造和部件截然不同。核反应堆中的铀 –235 核燃料浓度极低，只有 2% ~ 5%；而原子弹里装的是武器级铀或钚，铀 –235 或钚 –239 的浓度达到 90% 以上。燃料浓度的差别非常重要，就像白酒酒精含量高可以点燃，啤酒中的酒精含量低点不会着火一样。原子弹是一种不可控的自持式链式反应装置，几乎每个中子都能打中铀核，它们的核反应进程特别快，在极短的时间里（大约几个微秒）释放出巨大的能量；而反应堆是一种人工控制的自持式链式反应装置，它只让这一代轰击铀核的中子等于上一代轰击铀核的中子数，多余的中子基本被控制棒吃掉。反应堆中的核反应像接力一样一个一个地接下去，所以是一种平缓的过程，均衡地释放出能量。如果一旦发生"过激"现象，由于它有控制棒控制中子，有冷却剂带走热量，有安全注射系统"分兵把守"，许多"把关"的"大将"会立刻把反应堆的"敌人"镇压下去，确保链式反应的平缓进行。压水型核反应堆具有内在的安全特性，能自动限制核能释放速度。

即使核动力装置发生事故，也绝不会有原子弹那样的爆炸程度。因为核武器用高浓缩铀核燃料，引爆系统在极短的瞬间把它们压缩到一起，形成核爆炸的条件（即超过临界质量和密度）。核爆炸后，除了核辐射和放射性污染，主要是冲击波和光辐射，这个占杀伤破坏能量的70%以上；而核动力装置是可控的核装置，在危急时刻可以人为关闭反应堆。核动力装置采用均匀分布在核反应堆内的低浓缩铀核燃料，任何事故都不可能导致像原子弹引爆那样把核燃料压缩到一起，而只能使核燃料"粉身碎骨"、四处散去。核反应堆最严重的事故也只是使核反应堆堆芯熔化或使核反应堆解体，危害主要是核辐射和放射性污染，而不会像核弹爆炸那样产生冲击波、光辐射和严重的贯穿辐射等，其影响范围和强度远低于核爆炸。

2.6 核潜艇的陆上"近亲"

核潜艇有一个近亲——陆上核电站。有人搞不清潜艇上的核动力装置与陆地上的核电站有什么区别，以为把核电站移植到潜艇上就一了百了。其实，核潜艇与核电站好似一对"表兄弟"，虽然它们的基本工作方式同出一辙，它们也有着一样的"心脏"——核反应堆，都可利用核能制造蒸汽进而推动汽轮发电机发电，而且内部主要结构也相似，但它们不是"亲兄弟"，因为它们在许多方面仍存在较大的差异。

一、一个庞大，一个娇小。

民用核电站的空间有广阔的陆地可以任其伸展，其建筑高大，气势宏伟；而核潜艇上的核动力装置，由于受空间限制，不可能造得很大，只好被委屈地压缩成一个"小个子"，"塞"进狭小的船舱里，可以称为"袖珍核电站"。所以仅从外形来看，它们的区别就是很大的。

二、一个"经商"，一个"习武"。

陆上核电站属于民用设施，以营利为目的，生产电能供应社会；潜艇核动力装置是非营业性的军事装备，执行的是国防任务，是目前海军顶尖武器的重要组成部分。特别要提到的是，潜艇核动力装置要比陆上核电站的装置技高一筹，发电只是它的"副业"，主要功能是给潜艇提供动力。

三、一个"好静"，一个"好动"。

核潜艇和陆上核电站的"性格"迥异。核电站被固定在陆地上，它的地理位置是永远不会变动的；而潜艇上的核动力装置随着潜艇的活动"周游四方"，可以称为海上可移动的核电站。另外，陆上核电站只要不换料、不检修，它会一直以不变的功率平静地运行下去，以保证输出的电能稳定；而核潜艇因训练或作战需要，核反应堆的运行功率波动频繁，如追击敌舰时为了获得高航速可能会突然把功率提升到最大，隐蔽时为了减小噪声会降低功率甚至关闭核反应堆。由于潜艇核动力装置的操作频繁、复杂，对设备的性能和操作人员的素质要求比陆上核电站高。操纵核潜艇就好像是驾驭一匹好动的"烈马"，需要随时根据实际情况改变核潜艇的运行策略和状况。

四、一个公开，一个隐蔽。

陆上核电站一般都暴露在光天化日之下；而潜艇核动力装置被圈在冰冷的巨大容器里，大部分时间还要"隐姓埋名"潜入漆黑的海水中，所以认识这个"无名英雄"的人可谓凤毛麟角。

五、一个环境较优越，一个处境较艰苦。

由于陆上核电站处于相对静止状态，又有足够的空间可安置各种保证安全的设施，辐射防护条件好，工作人员的工作环境和生活环境舒适，出现故障或紧急情况时实施救援也方便。而潜艇核动力装置则恰恰相反，核潜艇机动性大，海洋环境复杂（潮湿、盐雾、涌浪、海啸、暗礁等），装置随时会遭受振动、冲击、倾斜考验，必要的安全设施在狭小的空间里被迫压缩或简化；艇员的工作和生活环境噪声大，活动空间小，空气混浊，因此体力消耗大，而且海中发生碰撞的概率比核电站被外来物撞击的概率大；战时也有被敌方攻击的危险，一旦发生故障或险情主要靠自救。

所以，我们可以把潜艇核动力装置看成是一个"浓缩"的核电站、"有腿"的核电站、"隐身"的核电站、"忙碌"的核电站。

那么，核潜艇会不会发生苏联切尔诺贝利核电站那样的恶性事故呢？

1986年4月26日，切尔诺贝利核电站发生了世界历史上最严重的一次核事故。这次事故造成核反应堆堆芯熔化，蒸汽爆炸，屋顶被炸飞，燃起大火，石墨块和大量放射性物质释放到环境中，并殃及邻近国家。事故中有2名工人和30余名附近居民当场死亡，200多人出现急性辐射病，在以后的20年里，又不断有人患各种癌症或去世（特别是参加抢险的人员）。然而对人们危害最大的却是至今仍无法散去的核恐惧阴影，这种渗透进心理的精神折磨已经远远超出身体上的痛苦。

切尔诺贝利核电站事故后，更多的人对核设施的安全性产生了怀疑。不少人想知道：核潜艇会不会发生类似切尔诺贝利核电站那样的特大事故呢？可以肯定地说，不会。

首先，核反应堆的类型不同。核潜艇采用的几乎都是固有安全性能很好的压水型反应堆，而切尔诺贝利核电站采用的是安全性较差的石墨水冷堆。这种堆型用石墨做慢化剂，用普通纯水做冷却水，其最大的缺点是当堆内断水或温度升高时，容易失控导致事故的发生，而不像压水堆那样可以自动调节过高的温度或功率，直至紧急停堆，使反应堆稳定在安全状态。

第二，核反应堆的屏蔽程度不同。核潜艇都有几道屏障阻隔放射性物质的泄漏，当这几道屏

切尔诺贝利核电站位于乌克兰北部，是苏联时期在乌克兰境内修建的第一座核电站，曾经被认为是最安全、最可靠的核电站。1986年4月26日当地时间1点24分，一声巨响彻底打破了这一神话。当时，切尔诺贝利站4号反应堆在进行半烘烤试验中突然失火，发生严重泄漏及爆炸事故，其辐射量相当于数百颗美国投在日本的原子弹。爆炸使机组完全损坏，8吨多强辐射物质泄漏，尘埃随风飘散，致使俄罗斯、白俄罗斯和乌克兰许多地区的土地遭到核辐射的污染。事故当即导致数十人（含消防人员）死亡，数千人受到强核辐射，数万人撤离。之后，上万人由于放射性物质的长期影响而致命或患有重病，至今仍有被放射影响而导致的畸形胎儿出生。因事故直接或间接死亡的人数难以估计，且事故后的长期影响到目前为止仍在继续。

事故后的切尔诺贝利核电站

障都破损时才可能危及人员安全，其中最后一道屏障是有较高承压能力的反应堆舱，相当于现在核电站普遍采用的耐压安全壳；而切尔诺贝利核电站在设计上就没有考虑耐压安全壳，缺少最后一道安全屏障，使事故发生后放射性物质能直接进入大气环境。

第三，核反应堆停堆的及时性不同。核潜艇的反应堆在出现紧急情况时，所有的控制棒靠加速弹簧会在不到一秒的时间里快速下插到堆芯里，实施自动紧急停堆，终止核反应，从根本上切断反应堆失控的源头。而切尔诺贝利核电站在出现事故之前，正在做一项试验。为了不让试验中断，他们冒险切断了与试验有关的一组事故停堆保护信号，当出现事故前兆时，值班主任只是命令操纵员人为插入所有的控制棒停堆，但有的控制棒恰恰在关键时刻受阻，不能完全插到底部，只好人为切断电源而只靠控制棒重力下落——由于操作上的一再耽搁，加上控制棒的设计质量问题，控制棒的下落速度远远跟不上核反应堆的失控速度。

第四，造成二次事故的条件不同。核潜艇反应堆结构中的易燃物少，而切尔诺贝利核反应堆的主要成分是石墨，当反应堆遭破坏后，引入的大量空气为石墨助燃，造成严重火灾这样的二次事故。

第五，安全管理和人员素质不同。现在核潜艇都有严格的规章制度和事故应急预案，人员的安全意识和业务素质越来越高，这是避免重大事故的主观条件；而切尔诺贝利核电站事故发生时，苏联正处于动荡时期，各种管理松懈，核安全意识薄弱，存在严重的人为因素。如切尔诺贝利核电站操作人员竟然没有进行过事故处理的培训，没有确切的事故处理规程；试验大纲质量粗糙低劣，没有重视试验中的安全问题，并在试验中屡屡违反操作规程，为事故的发生和发展埋下了祸根。

由此可见，切尔诺贝利核电站事故的发生是诸多因素的综合结果，只要有一个环节能够把住关，事故就有可能避免。所以，只有确保核反应堆的设计安全，加强平时的安全意识教育，不断提高应急处置能力，操作中严格遵循核安全规定，就不会发生类似切尔诺贝利核电站那样的严重事故。

2.7 核潜艇下潜上浮的奥秘

核潜艇为什么能在水中下潜、上浮，甚至悬停呢？这主要与重力和浮力有关。根据"浮力定律"（即阿基米德定律），任何物体在液体中都会受到浮力的作用，浮力的大小等于物体本身所排开液体的重量。当物体的重量大于浮力时它就会下沉；小于浮力时就会上浮；等于浮力时就会悬停在液体中，这两个力大小相等，但方向正好相反。

潜艇在水中时，这两种力也都会作用在潜艇上。如上所述，潜艇本身的重量叫作重力，潜艇入水部分所排开海水的重量叫作浮力，也叫作排水量（即排开海水的重量）。当潜艇漂浮在海面上时，它所排开水的重量叫水上排水量，即潜艇在海面上受到的浮力，它与潜艇本身的重量相等。

要使潜艇下潜，只要使它的重量大于它的浮力就行了。那么怎样增加潜艇的重量呢？在潜艇上都设有主压载水舱，只要往空的主压载水舱里注水，潜艇就变重了，这时潜艇的重量就会大于它排开水的重量（即大于浮力），潜艇就逐渐下潜。主压载水舱一般分为三组，即艏部主压载水舱、中部主压载水舱和艉部主压载水舱。

美国"洛杉矶"级核潜艇像巨大的海豚"跃"出水面

当潜艇的主压载水舱全部注满水并完全浸没在海水中时，整个潜艇排开水的重量叫水下排水量，即潜艇在水下受到的浮力，它与潜艇的重量相等。

当潜艇正常上浮时，用高压空气分步骤把主压载水舱里的水挤出去，使之充满了空气，潜艇在水下的重量就减轻了。当潜艇的重量小于它同体积的水的重量时（即小于浮力时），潜艇就会上浮，直至浮出水面。在紧急情况下，也可以从较大的深度下直接排水上浮。潜艇在紧急上浮时，排除艏部压载水舱的水，甚至靠浮力和动力惯性冲出水面，仰角可达到60°以上，甚为壮观。但这种情况只有在表演或拍摄影视片时才会出现。

另外，也可以采用操舵的方法，将航行中的潜艇先调整到距水面30米的安全深度（安全深度是为了防止与水面船只碰撞的限制深度），再继续上浮到10～30米时是危险深度，最后上浮到10米左右时的潜望深度（潜望深度是指潜艇能在水下将潜望镜或雷达天线升出水面进行观察的深度），到达潜望深度后就可以排水上浮了。

潜艇下潜和上浮的原理不太容易搞懂，打个比喻就容易理解些。其实和鱼类在水中游动的原理差不多——鱼儿腹中有一种可充满气体的囊状鳔（其作用类似于潜艇上的压载水舱），是鱼在水中沉浮的主要调节器官。当鱼要下沉时，挤出鱼鳔中的气体（潜艇是向压载水舱里注水），使身体的浮力减小；相反，鱼要上浮时，通过摄取水中的气体来充满鱼鳔（潜艇是放出压载水舱里的水），使身体的浮力增大。

有一种生长在热带海水中的鹦鹉螺（因有一个形如鹦鹉坚硬而美丽的外壳而得名）也是利用这个原理沉浮。鹦鹉螺壳的内腔由隔层分为30多个腔室，螺就藏身于最后一个最大的腔室中，其他各层充满气体，称为"气室"。一个个隔间由小到大顺势旋开，它们利用腔室中的水气变化，决定螺体的沉浮，这正是开启潜艇构想的钥匙。美国借用了这种海螺原理，

核潜艇的潜浮原理和结构来自鹦鹉螺

故第一艘蓄电池常规潜艇和第一艘核潜艇都取名"鹦鹉螺"号。

从以上原理也很容易理解，为什么有的核潜艇一旦发生舱室进水事故后，就有可能永远浮不上来。这是因为核潜艇在水下时，如果发生意外造成舱室大量进水，即使排出所有压载水舱里的水，潜艇的重量仍然大于浮力，不足以使潜艇浮上来，只有任其下沉到海底。

由此可见，潜艇下潜上浮属于典型的军事仿真学范畴。在核潜艇上仿真的例子还有很多。如，船体是模仿海豚的流线外形，使核潜艇在水下的阻力最小；船舵是模仿鱼类的鳍，核潜艇在前进状态时，垂直舵用来控制潜艇前进的方向，水平舵可以改变潜艇航行中的上下方向；声呐是模仿海豚发射的声波，用来捕捉目标；潜艇破冰上浮时是模仿坚硬的鲸背，加固指挥台围壳顶端，取得了满意的"鲸背效应"，等等。

可见，核潜艇也是在发现大自然、模仿大自然中诞生并发展的。

一艘核潜艇从北极冰冠下破冰而出

2.8 核潜艇在水下的"耳目"

声音在空气中的传播速度为每秒 340 米，而在海水中高达每秒 1 531 米。最早发现声音可以在水中传播的人竟然是大名鼎鼎的画家达·芬奇。

为了达到隐蔽的目的，核潜艇大部分时间是在深水活动的。在水下，潜艇不具备观察本领，只有把潜望镜或雷达天线伸出水面才行，然而潜望镜和雷达天线的桅杆长度实在有限，一般潜艇在水下超过 10 米深时就只能由声呐（即水下声波导航与定位设备的简称）来承担。声呐是潜艇水中的"耳目"，负责"探路"和寻找目标。

在水中，声呐可以在不同的深度使用。对于水下的核潜艇来说，声呐是绝对不可缺少的。没有声呐，核潜艇就如同聋子瞎子，寸步难行。

核潜艇上有专门的声呐室，一般都装备有十几部不同用途的声呐。典型的潜艇声呐系统由被动警戒声呐、主动攻击声呐、识别声呐、被动测距声呐、通讯声呐、侦察声呐、探雷声呐、本艇自噪声监测仪、声速测量仪、声速轨迹仪和声呐显控台等构成，其中前三种声呐也有合并为一部综合声呐的。潜艇各声呐之间可进行数据传递，共同配合完成一项任务。

美国"洛杉矶"级"769"号核潜艇声呐室

按工作方式分，潜艇声呐可分为主动式声呐和被动式声呐。主动式声呐发射声波后，声波遇到目标就会反射回来，接收器接收到这种回波后，就可以计算出目标的方位和距离了。但主动式声呐的声波容易被敌方捕获而暴露目标，一般情况下会慎重使用，只有在必要时才

使用主动工作方式对水中目标定位，为鱼雷武器系统的射击指挥仪提供目标坐标的精确数据。核潜艇在水下要保持无声监听的"静音"状态，绝大多数情况下只能使用被动式声呐。被动式声呐不主动发射声波，靠直接接收敌舰船螺旋桨转动噪声或其他机械工作发出的噪声发现敌人，所以隐蔽性好。

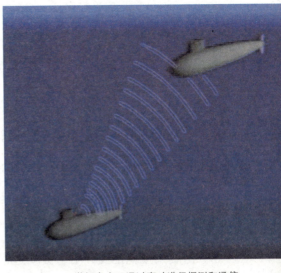

潜艇在水下通过声呐进行探测和通信

主动式声呐的探测距离一般为 10～25 海里，利用深海声道可达到 30 海里左右。主动声呐的种类较多，回声定位仪就是一种主动式声呐，通过发射声波精确测定本艇到敌舰船目标的距离，及时向武备指挥系统提供目标距离参数。回声定位仪只在核潜艇已经"咬"住了目标的情况下偶尔使用，在特殊情况下也可用来探测航道上的障碍物或探察敌防潜设施。测冰测深声呐也是主动式声呐，它可利用声波探测潜艇距离海底或冰面（和冰山）的距离，并可测出冰层的厚度。还有一种水下通信声呐，它能向水中发射长短不一的声波信号，组成电报的密码，或将语言和声波相互转换来通话，它的任务是保证潜艇的集群活动或配合其他兵力通讯联络需要。敌我识别声呐是在水下偶然发现水面或水下潜艇时，用对口令的方式判断敌我。这种声呐发出一个特殊的信号（口令）询问对方，对方若是自己的潜艇，就回答一个信号，若不是就收不到信号，即使收到也不能正确回话。另外，还有专门探测小目标的主动式声呐，如高分辨能力的探雷声呐等。

被动式声呐的探测距离与主动式声呐相当，但深海声道探测距离可达 60 海里。被动式声呐的品种也不少，噪声测向仪是核潜艇上的主要被动式声呐设备，它的任务是搜索与跟踪本艇周围的噪声目标（主要是接收其他舰船发出的噪声），并测出目标方位，在对目标发起攻击前将目标方位数据送至武备指挥系统。水声侦察站用来收听敌方主动声呐信号，根据测得的信号方位与特点（如工作频率等），粗略判别目标类型。

按声呐基阵安装的位置分，潜艇声呐还可分为舰壳声呐和拖曳式线列阵声呐。顾名思义，舰壳声呐是指直接安装在潜艇上的声呐装置；拖曳式线列阵声呐是将声呐基阵拖曳在潜艇尾后工作的声呐。拖曳式线列阵声呐的换能器，以线列方式等间隔安装在拖曳电缆上，阵长数百米，拖缆千余米，潜艇用拖缆拖曳，用于被动远程警戒，基阵可通过控制拖缆长度调整。由于基阵远离潜艇，受本艇噪声干扰小，声呐作用距离可达100海里左右，工作深度可达到数百至千米。

潜艇只有仰赖各种声呐，才能确保自身安全和顺利完成任务。但海洋的海况和战情极其复杂，声呐面临的是数百个噪声信号，所以要准确分辨有用信号和删除干扰信号也不是那么容易的事。如海水深处不但有潜艇，还同时存在水雷、礁石、沉船、鲸鱼、鱼群、冰山等多种目标，要判断准确，不但要靠性能精良的声呐设备，还必须要有技术熟练的操作人员，靠耳朵和经验精确辨别，声呐操纵员就是根据不同物体发出信息的微小差别来分析其特点。现代科学技术的发展可以把声音的极微小的差别像分辨指纹一样辨别出来。有的国家用电脑帮助人脑，给海洋中的不同声音建立"声纹资料库"，每一种声音记录都是事先秘密收集储存好的。比如核潜艇要搜寻敌方潜艇，必须从海洋各类声音中把对方潜艇筛查出来。嘈杂的声音里头有鲸鱼发出的喷水声和打嗝声，有鲨鱼滑过海水轻弹尾鳍的声音，甚至有大虾交配劈啪咬食的声音，还有海床的声音以及商船行驶的声音等。只有排除了干扰声，才能准确辨识目标，即使确定是潜艇了，也可以进一步精确到是核潜艇还是常规潜艇，是哪个国家的潜艇，是什么级别或型号的潜艇等。之所以会精确到如此地步，都是根据目标的声音特质决定的。

为了消除敌方的主动声呐信号，减少被发现的几率，现代核潜艇的表面一般都要敷上消声覆盖层，如用特种橡胶制作的消声瓦或涂敷特殊材料配制的消声涂层。

俄罗斯"台风"级核潜艇上的消声瓦清晰可见

2.9 核潜艇与外界的联系

潜艇在海上是如何对外进行通信联络的呢？

潜艇在水面和潜望状态航行时，主要是靠无线电短波通信（波长为10～100米）。短波通信是利用电磁波在空中传播某种信号的通信方式，是潜艇与岸上指挥机构联络的主要方式，属于双向通信。但是短波在水中不能使用，因为短波在水中衰减得太快，不等到它传到水面就已经衰耗完了，所以必须把发射天线伸出水面才能正常工作。但是潜艇的升降天线装置长度有限，为了解决升降天线短的问题，还可以采用浮标天线或浮力天线，即把天线通过一根长长的绳索施放到水面或接近水面的地方，这样潜艇在水下一定深度也可发射信号。实际上，这样仍然存在一个潜艇自我暴露的问题，因为潜艇远距离用短波通信，必须使用大功率的发报机，其信号本身就不保密，容易被敌方截获破译，进而测出潜艇的位置；而且露出水面的桅杆或浮标也有被敌方雷达探测到的可能，所以潜艇向外界发报是应受到严格控制的。

由于无线电短波水中的衰减难题，核潜艇在深海又无法使用天线，所以没有办法主动与外界联络，只能被动地单方面接收岸上的无线电超长波信号或极长波信号，这是岸上向潜艇通信的主要方式。超长波的波长为1万到10万米，它能从空中钻入水里，在水中的衰耗比较小，穿透海水的深度最大可达30米。极长波的波长大于10万米，几乎可以在全球范围内实现对潜通信，穿透水层的深度达200米以上，即使在最大距离上也可达到水下80米左右。美国海军威斯康星州极长波通信试验基地于1972年做过发射试验，一艘远在4 600千米以外大西洋水下120米处的美国"黑鲹"号核潜艇使用拖曳天线接收到了该基地的信号。

超长波和极长波发射设施非常庞大，占地面积达数平方千米甚至几十平方千米，在潜艇上不可能安装，只能建在陆地。对潜艇来说，超长波通信和极长波通信只是单向广播式的通信，如果潜艇要接收岸上指挥机构的指令，必须按规定的时间和频率接收。潜艇在水下接收这种长波信号的深度是依据岸上长波发射台的发射功率大小决定的，如果发射功率大，潜艇距发射台近，潜艇收到电波的深度就大，反之就小，必须上浮到可以接收的深度（如果不上浮，也可施放长达数百米的拖曳天线）。

极长波通信速率很慢，发送3个字母需用十几分

美国"弗吉尼亚"级核潜艇上的各种桅杆（1-7）

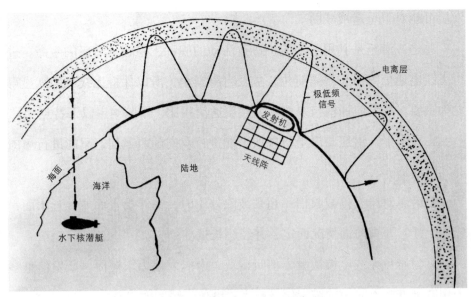

岸上向水下潜艇发射极长波通信原理

钟，在单位时间内传送的信息量少，只能给核潜艇发送一些预先规定好的简单易懂的信号，如给弹道导弹核潜艇发送"发射核弹"的命令等。由此可见，不论从现有通信技术来看，还是从隐蔽保密角度来看，核潜艇在水下只能"听"话，不能"说"话。

随着激光技术的发展，人们又把目光投向卫星对潜激光通信。激光是极高频的电磁波，通过卫星将信息发送或反射至潜艇。激光通信传输速率快，比极长波系统快几十万倍，具有方向性好、亮度高、能量集中、保密性强和有很强的抗核破坏能力等特性。激光通信设备可以做得轻便而经济，尤其天线小，一般仅几十厘米，重量不过几千克。激光通信的这些特点，可使潜艇在水下最佳安全巡航状态完成通信任务。卫星对潜激光通信系统一般用同步卫星，卫星的覆盖区域比地球表面积的三分之一稍大，等间隔的三颗同步卫星即可实现全球通信。但要实现对潜激光通信有两大难关，一是克服自然环境（如云、雾、海水、太阳光等）对激光传播形式和方向的影响，二是要研制长寿命的激光器。也有一些人担心反卫星武器的日益发展可能对卫星造成威胁。

总之，潜艇是利用水层掩护进行活动的舰种，隐蔽是潜艇的生命。进行无线电通信时易于暴露艇位，危及自身安全，所以保持无线电静默显得尤为重要。故潜艇通信与一般水面舰艇通信相比，可归纳出以下特点：

1. 在水下，潜艇与岸上指挥所不能进行双向随时通信，只能进行单向非实时通信；

2. 潜艇对岸发信或收信（超长波除外）时，需浮出水面或接近水面，能否上浮，要视海面情况而定，并经艇长批准；

3. 为避免无线电波被敌方侦听截获，潜艇发信力求短促，所发信息多采用电报方式以简短的约定信号或无线电信号瞬间发出；

4. 潜艇收到岸上电报后，在条件允许的情况下，须尽快给予收据，以便使岸上指挥所确认发信成功；

5. 潜艇与水面舰艇、飞机的双向实时通信，只有在特定的条件下才能进行。

2.10　茫茫大海中，核潜艇如何定位

当人在茫茫无际的森林、荒凉无边的沙漠或楼房林立的城市中迷路后，往往不知道自己所在的位置，甚至辨别不出方向。驾驶核潜艇也存在这个问题，在战事紧张时，核潜艇是不能浮上来依靠外界引导的。核潜艇在浩瀚漆黑的海水中航行，必须独闯伸手不见五指的"龙宫"，如果不依靠专门的仪器帮助，就如同"盲人骑瞎马"，必定迷失方向。

核潜艇在出航前，负责导航的军官和部门，就已经制定出了一条预先航路，并把航路中的各种要素（如岛屿、浅滩、暗礁、水深、地质、海流、

沉船等）事先标注在海图上，所以潜艇一般都是按照既定的航路行驶的。但核潜艇在深水之中，无法观察到外界的导航标志，必须要有先进的水下导航仪器随时定位，不断地修正航路，才能确保不偏航。

潜艇的导航仪器比较多，但主要是依靠惯性导航系统。惯性导航系统是当前唯一能向核潜艇导航和武器发射提供必要的全部数据的设备。与其他导航方式比较，其优点除了精度高、自动化程度高外，最为突出的是工作完全独立。它依靠自身的惯性元件进行导航，与外界任何参考物（如岸上的物标、星星、太阳、无线电波等）没有任何关系，所以不受干扰和破坏，隐蔽性能好，在军事应用上有着极其重要的意义。

惯性导航系统属于借助电能工作的电子导航仪器。工作的实质是：由装在平台台体上的加速度计测出潜艇运动的加速度，再通过计算机对加速度经过一次积分得到航速，经二次积分得到航程，进而算出潜艇所在的经度、纬度、纵横摇角、速度、航行距离和航向等导航参数。潜艇发射弹道导弹时，必须知道发射时刻潜艇的确切位置、状态和航速，才能进行精确的弹道计算，最终保证落点精度。

惯性导航系统的主要缺点是，定位误差随时间的积累而增大，每隔一定时间必须校正。

除了电子导航仪器外，还有两种类型的导航仪器，也是潜艇上常常装备的，一般作为备用或修正定位精度。

一种是普通导航仪器。如磁罗经，它是利用磁针受地磁场的作用来指示舰位航向和测定方位的航海仪器，相当于指南针；六分仪的原理是通过测量天体的高度和地面目标的水平角及垂直角来导航；计程仪是用来指示艇速和航程的仪器；潜望镜上有方位盘和测距装置，可起到观测目标进行导航定位的作用。上述导航仪器虽然结构简单、使用方便、生命力强，但观察精度差，一般受天气影响较大，是比较落后的导航方法。另外，使用普航仪器大多还要升起潜望镜或浮出水面，不利于潜艇的隐蔽。

另一种是无线电导航仪器。这是利用外界导航台的电磁波信息，可进行全天候定位的导航仪器，设备本身的可靠性强，定位速度快。如无线电测向仪（又称无线电罗盘），它以测量沿海分布的已知电台的方位角来定位，多用于舰船在近海的导航；无线电定位仪，如"劳兰C"型导航系统、"奥米加"导航系统，前者是利用无线电信号根据双曲线原理进行定位的仪器（但它必须由两个固定的岸上电台配合使用），后者是以相位延迟原理工作的导航系统，该系统有8个发射台遍布全球，用极长波同步发射，潜艇可以不必将接收天线升出水面即可接收信号进行定位；卫星导航仪是用于接收导航卫星发射的无线电导航信息，计算潜艇位置的设备。

无线电导航系统的缺点是：要依赖岸上的导航发射台发射电波，如果发射台一旦被破坏或失灵，就会出现相当大的空白区，而且易被干扰，不能提供舰艇的航向和姿态信息等。

卫星导航系统虽然可全球覆盖定位，精度高，但须把天线升到水面以上，其安全性仍受到质疑；如果使用别国卫星，则无自主权。

核潜艇导航系统的发展趋势，一是实现自动化、全球覆盖、全天候和连续定位；二是提高设备的可靠性和精度；三是进一步提高潜艇导航时的隐蔽性；四是发展综合导航系统，把不同的导航系统组合在一个统一的系统内，取长补短，成为一个有机的整体。

现代海战，对导航系统要求越来越高，新技术的迅速发展，将使导航系统实现定位、导航、识别三种功能，以适应海上作战的组织指挥日益复杂的局面。

第3章 谁敢与我"试比高"

3.1 水下"长跑"冠军

核潜艇的水下航速"无人可比"。潜艇的水下航速高低除了动力因素外，主要取决于潜艇的外形。在水下，水滴形的艇体外形阻力最小，航速最快。

为了说清楚这个道理，我们先了解一下关于"潜艇阻力"的几个概念。

潜艇阻力是指潜艇在运动时，潜艇壳体外表面受到流体动力（水或空气）的作用力，这些作用力反应在潜艇上就是阻力。潜艇阻力可由兴波阻力、形状阻力、摩擦阻力、附属体阻力和空气阻力组成。这些阻力的大小与潜艇的外形结构有关，即外表越光顺，外形越趋于水滴形状（头圆尾尖），潜艇的水下阻力就越小，潜艇的航速就越容易提高。

作用在运动潜艇上的几种阻力如下。

兴波阻力：潜艇在水面航行时才有兴波阻力。由于潜艇在水面航行时破坏了水的自由表面，必然会产生航行波浪，产生这种波浪的能量是潜艇供给的，相当于增加了潜艇的航行阻力，这就是兴波阻力。不同外形的潜艇，其兴波阻力也不同。

形状阻力：潜艇是一个曲面体，不同的形体与水之间产生的阻力也

核潜艇圆头水滴形艇体

会不同。

摩擦阻力：当潜艇在水中运动时，由于水具有黏性，潜艇周围有一薄层水被带动随同运动，产生对潜艇的拉扯力，这个力就形成了摩擦阻力。摩擦阻力与艇体的浸湿表面积有关——当潜艇的长宽比一定时，相同的横剖面积下圆的周长最短，所以采用横剖面越圆的潜艇，潜艇浸湿面越小，使绕流均匀对称，有利于防止产生局部流体分离现象，从而使摩擦阻力减小。另外，摩擦阻力的大小与海水密度、潜艇航速、潜艇的表面光顺程度成正比。如果潜艇表面有过多的开孔（如流水孔等），或表面比较粗糙（如油漆凹凸、焊缝不平、消声瓦脱落等），或有局部突出物（如栏杆、天线、救生浮标等），都会破坏潜艇表面的局部流线，使潜艇摩擦阻力增加。

美国"海神"号核潜艇尖削的常规外形

附属体阻力：主要由艏艉舵、指挥台围壳、稳定翼、特种装置和超出主体线型之外的导流罩等附属体造成的阻力。

空气阻力：潜艇在水面航行时，水面以上部分的艇体、上层建筑和指挥台围壳等会受到空气阻力，但它占总阻力的比例很小，可忽略不计。

一艘在水面高速航行的"长尾鲨"级核潜艇

大部分常规潜艇和早期核潜艇的水下最大航速往往小于水面最大航速，这是因为过去的潜艇在水面航行的时候多，艇体的艏部形状多做成类似于水面舰艇的尖削形状或扁楔形

状，尾部也是扁的，与圆形的横剖面相差较大，我们在这里称其为常规型艇体。这种艇体可最大限度减小前进中的兴波阻力，最适合在水面航行。然而一旦到了水下，尽管没有了兴波阻力和空气阻力，但摩擦阻力、形状阻力剧增，并大大超过在水面航行时的各种阻力。所以，同样在最大航速时，水下航速反而小于水面航速。如美国早期的"海神"号对空预警核潜艇，采用的就是典型的常规型艇体，艏部显得较扁，水下最大航速仅为20节，而水面最大航速可达到27节。

那么，为何现代潜艇的水下航速远远高于水面航速呢？

现代潜艇（特别是核潜艇）在水下逗留的时间往往比水面长，战场基本在水下，所以必须提高水下航速。为了达到这一目的，现代潜艇的外形一般都做成水滴形状，现在绝大部分核潜艇的形状都是水滴形，而越来越多的常规动力潜艇也已经采用水滴形了。潜艇在水下没有兴波阻力和空气阻力，水滴形状的流线型使其在介质中的运行速度最快，摩擦阻力和形状阻力最小。目前，航速最高的核潜艇可达到40节以上。但它不适合水面航行，一旦到了水面，兴波阻力就占了上风（主导地位），所以水滴形潜艇在水面却"开不起来"。

有的常规潜艇为了顾及水面航行性能，又要提高水下快速性，就把水滴形潜艇的尖艉和常规型的扁艉结合起来，使航行特性介于这两者之间：

知识卡

节，英文knot，单位符号kn，是一个专用于航海的速度单位。海里是航海上的长度单位，每小时航行1海里的速度叫作1节，也就是每小时行驶1 852米。"节"原指地球子午线上纬度1分的长度，由于地球略呈椭球体状，因此在不同纬度的1分其弧度略有差异。在赤道上1海里约为1 843米；在纬度45°约为1 852.2米，在两极约为1 861.6米。1929年，国际水文地理学会议通过以1分的平均长度1 852米（或6 076.115英尺）作为1标准海里长度，目前已为国际上所采用。

即水面航行性能优于水滴形，水下航行性能优于常规型。这种潜艇被称为过渡型潜艇。

为了提高现代水滴形潜艇水下航速，各国还采取了不少措施：如尽量把指挥台围壳做得又矮又圆滑，俗称"小卧车型"或"飞机舱盖型"；在艇体的外表面铺设一层消声瓦，既起到吸收声波的作用，又保持了表面光顺；给所有的开孔都加上盖子，使潜艇的线型保持连续；把凸起物尽量做成可收缩的，不用时可缩进艇的外壳里或临时拆除等。

据悉，有的国家为了进一步降低潜艇在水下的摩擦阻力，采用了将一种聚合体喷到潜艇的外表面的方法，可使潜艇的航速有望突破 60 节。

有高科技护航，水中"奔鹿"将越跑越快！

3.2 "海神"号水下神游地球

1960 年 2 月 24 日 ~ 4 月 25 日，以巴西的圣保罗岛为始末点，美国的"海神"号核潜艇（舷号"586"）首次在水下沿着麦哲伦航线环球一周，

美国"海神"号核潜艇

时间只用了两个月，这使得"海神"号成为继"鹦鹉螺"号之后又一艘声名显赫的核潜艇。

"海神"号核潜艇于1956年开工建造，1959年服役。建造初衷是打造一艘雷达预警核潜艇，以弥补常规潜艇航速与续航力有限的缺陷。"海神"号是潜艇史上仅有的一艘雷达预警核潜艇，主要执行航空母舰编队的对空早期警戒任务。为了能伴随航母编队作战，就对"海神"号的航速要求较高，采取了一系列措施。如首次采用双反应堆，以提高航速和可靠性，但这使得核潜艇的体积猛增，艇的长度达136米，是当时世界上最大的核潜艇。为了改善水面操纵性和航速，采用"T"形艉舵、艏水平舵和常规型艇体。"海神"号水下航速为20节，水面航速为27节，是唯一一艘水下航速低于水面航速的核潜艇，这是因为它属于水下阻力大的常规型艇型，而且在它的指挥台围壳里装满了潜望镜和各种天线等设备，其中包括对空搜索雷达的巨大天线，使得指挥台围壳异常高大，增加了水下航行阻力。

到"海神"号建成时，由于陆上雷达性能大大提高，特别是舰载空中预警机的使用，使"海神"号的实际作战价值非常有限，在建成后相当长的一段时间里未被启用。但事情的发展往往是带有戏剧性的，当"海神"号看似无用武之地时，新的机缘降临了。

1960年1月，"海神"号艇长爱德华·比奇上校被召回华盛顿，在五角大楼的秘密会议上，领受了驾驶"海神"号环球航行的任务。比奇要在这次被称为"马耶兰作战"的航行中，验证核潜艇的居住性、耐久力以及长期在水下工作时艇员们的精神状态，还要在地球物理和海洋学方面进行科学研究，对装艇的一些新设备进行试用性试验（如新型的"MK-X1"型潜望镜、惯性导航仪、氧气发生剂的使用效果等）。这实际上是一次核潜艇水下最大续航能力的试验，以便为弹道导弹核潜艇这样的大型核潜艇积累远航经验。

比奇上校只有两个星期的准备时间。他受命后不敢迟疑，立即返回康涅狄格州的新伦敦潜艇基地，把密令传达给自己的军官们，然后开始着手出航前的准备。为了掩盖这次秘密行动，艇长假称"海神"号要去北欧进行一次普通的航行训练。但在出航准备时还是露出不少蛛丝马迹，如准备了可供 200 人在 120 个昼夜所用的食品（在艇上几乎所有的空余地方都堆满了远航食品）——通常远航食品的准备最多为 90 个昼夜。而且 1960 年 2 月 16 日早晨，艇上突然来了 16 名各方面的专家，有造船厂的代表、惯性导航专家、海军水文专家、海军生理学家以及海军情报局的军官，参加出海的共计 184 人。这些现象都在暗示此次航行并不平常。

1960 年 2 月 16 日 14 时 20 分，"海神"号从新伦敦起航，5 个小时后在长岛海峡下潜向东南方向航行。第二天，比奇艇长才向所有的艇员说明了进行水下全球旅行的真实目的。

第三天，从潜艇上抛出第一个橙黄色的水道测量瓶，此后每天都要抛出一两个这样的瓶子。在每个瓶子里都装有水文局专用的表格，表格用几种不同的语言书写，要求找到瓶子的人标明发现瓶子的时间、地点，并把它寄到距离最近的美国代办处。表格上有两个神秘的字母"MT"，这是麦哲伦和"海神"号英文单词的第一个字母，以纪念麦哲伦首次水面环球航行，并代表核潜艇首次水下环球航行。

2 月 24 日，"海神"号到达距离赤道只有几海里的巴西圣保罗岛，并以此为起点和终点开始水下环球航行的惊人之举（直到 2 个多月后才浮上来）。当天夜里，"海神"号第一次越过了赤道，生理学家开始进行对艇员心理、身体方面的测试和研究，准备各种生理特性变化图表，诸如睡眠时间、对咖啡和烟要求的程度、疲倦感觉等。在禁烟试验的 3 天中，有些"烟鬼"的忍耐到了极限，变得烦躁不安，怒气冲冲。为了打发值班以外的时间，艇上还组织水兵到图书室看书学习，定期出宣传壁报，放映电影，等等。

3月5日，当"海神"号接近南美洲端点时，一位名叫普尔的水兵患上了严重的肾结石病，艇上有限的医疗条件无力对其救助。真是祸不单行，正当艇长为病员发愁时，一台回声测深仪也坏了。一个是人命关天，一个涉及潜艇的航行安全，都必须解决，但是如果上浮，水下环球航行的壮举将前功尽弃——比奇艇长陷入进退两难之中，艇员们的情绪也跌落到出航以来的最低点。天无绝人之路，关键时刻航海部门的电工兵成功地排除了回声测深仪的故障，而且在乌拉圭的蒙得维的亚正好停泊着一艘美国的"梅肯"号巡洋舰，经过无线电联络后，两舰在海上会师。但新的问题是，如果上浮把病号送到巡洋舰上，将破坏水下航行计划。艇长想出一个两全其美的办法：只把核潜艇的指挥台围壳露出水面，而艇身一直处于水下，病员在4名水兵的护送下，由巡洋舰的汽艇接回到巡洋舰的小医院里治疗。然而这一"巧妙"做法依然使得水下航行的连续性以及核潜艇航行中没有外援的说法，遭到了一些人的质疑。

3月7日，当潜艇到达合恩角时，来回巡游了两次，以便让潜艇上所有人员都有机会通过潜望镜观看到这个著名的大陆之角。潜艇绕过合恩角后高速向西北行进，3月13日抵达太平洋上的复活节岛。艇员们通过潜望镜进行了第二次"朝圣"活动。

3月27日，"海神"

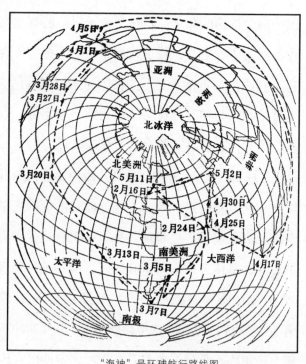

"海神"号环球航行路线图

号行驶到离第二次世界大战时期被日本驱逐舰击沉的老式常规潜艇"海神"号附近时,根据已有的传统,为永远葬身海底的先辈举行了简短的追悼仪式。

3月28日,途经关岛。4月1日,瞻仰了菲律宾马克坦岛上的麦哲伦纪念碑。4月5日,从印度尼西亚的龙目岛海峡默默通过,然后绕过印度,横越印度洋,目标直指非洲的最南端,进入去好望角的航线。

4月17日,"海神"号绕过好望角,重新北上。4月25日,"海神"号到达起始地点圣保罗岛,共用60昼夜零21小时完成了人类史上首次水下环绕地球的航行,航程26 723海里。

但是,"海神"号并没有结束航行,也没有向美国方向驶去,而是潜航去了西班牙。4月30日,"海神"号从加那利群岛侧翼通过,5月2日到达西班牙海域,在加的斯港附近与美国的"约翰·威克士"号驱逐舰会师(航海家麦哲伦就是从加的斯港开始环球航行的)。"海神"号在大风浪中第二次上浮到半潜状态(上一次是运送病员),一名情报军官和一名医生从驱逐舰的舷板登上了潜艇,两名水兵钻出潜艇接应。情报军官带着关于"海神"号可以返回美国的密令,而医生则负责航行结束前的人员身体检查等工作。由于海面风暴骤起,特调遣了一架直升机把传令军官接走,同时把潜艇上的值班日志以及潜艇上原有的情报军官一同接到华盛顿。

5月10日零时刚过,"海神"号在水下航行了83昼夜零10个小时后,拖着疲惫的身躯,迎着午夜的月光浮出水面,上浮地点是美国特拉华州沿岸。到此为止,"海神"号的"马耶兰作战"行动宣告结束。"海神"号环球航行创造了水下连续航行36 335海里的纪录,水下平均航速为18.15节(约33.61千米/时)。

"海神"号刚一露出水面,比奇上校便被直升机接走,直抵白宫。这时,美国向全世界宣布了"海神"号水下环球航行的消息。比奇获得了由美国

直升机抵达"海神"号上空

总统艾森豪威尔颁发的"军团荣誉"勋章和总统嘉奖令，"海神"号上的全体乘员也都被授予带有全球标志的特别奖章。仅仅几个小时之后，比奇就满载荣誉重新飞回"海神"号上，"海神"号于第二天凌晨便停靠在新伦敦的码头旁。

艰难的航行使潜艇外壳斑驳陆离，但"内脏"却正常如初。在新伦敦的迎接仪式上，美国海军部长威廉·弗兰克说："'海神'号的远航成功，表明了美国核潜艇哪里需要，就能到哪里；什么时间需要，就能在什么时间到达。"接着，他高度赞扬了核动力装置突出的优越性，这使得核潜艇的远航能力举世无双。

"海神"号开创了一条前人没有走过的水下航线，它作为美国海军战后"昙花一现"的特种潜艇，毕竟有过出色的表现，闪耀过骄人的光芒，其不可磨灭的历史地位将永载史册。"海神"号水下神游之后，其他国家的核潜艇也进行了环球航行或模拟环球航行。1986 年，中国的核潜艇也完成了一次连续 90 昼夜的自持力考核训练。

"海神"之后，世界上的核潜艇发展进入一个新的历史时期。

3.3 大国利器：弹道导弹核潜艇

第一艘弹道导弹核潜艇"乔治·华盛顿"号于 1959 年在美国问世。

弹道导弹属于战略性武器，因此弹道导弹核潜艇也称为战略核潜艇，其主要使命是：和平时期实施核威慑；战时摧毁对方战略基地，攻击对方政治、经济和工业中心，破坏对方主要交通枢纽等。

弹道导弹核潜艇的问世虽然晚于陆基洲际导弹和战略轰炸机，但后来居上，已逐步成为海陆空"三位一体"战略核力量的中坚，对国家军事

截至 2015 年，国外已经建造了 14 个级别 166 艘弹道导弹核潜艇，所有的弹道导弹核潜艇都集中在美国、俄罗斯、英国、法国和中国 5 个国家。目前，国外在役的弹道导弹核潜艇尚有 40 艘，其中美国 14 艘，俄罗斯 18 艘，英国 4 艘，法国 4 艘，保留下来的弹道导弹核潜艇都是性能最先进的"精品"。

"乔治·华盛顿"号核潜艇下水

实力起着其他武器无法替代的作用，对国家安全乃至世界和平有着不可低估的影响，已越来越引起各国的极大关注。弹道导弹核潜艇之所以成为当今显赫的重要战略兵力，世界战略核武器之所以加快向海洋转移，是因为弹道导弹核潜艇有着技压群雄的作战效能和惊世骇俗的震撼力。

艾森豪威尔在"华盛顿"级"599"号核潜艇上操舵

"华盛顿"级"601"号核潜艇水下发射"北极星-3"导弹

一、弹道导弹核潜艇是目前最理想的水下"核武库"

弹道导弹核潜艇的主要动力源是核反应堆，主要武器是战略核导弹，"两核"联手，如虎添翼，使其身价倍增，威力无穷，主要体现在以下几点。

1. 生存几率陡然提高。

在卫星侦察等探测技术迅猛发展的今天，一切暴露目标在战争中都将受到严重威胁，而躲藏在暗处的对手是最难对付的。弹道导弹核潜艇就是令人生畏的"隐形杀手"，它们采用核能推进，可以利用厚厚的海水作为屏障在水下长期隐蔽航行，这就大大减少了暴露的机会。特别是随着潜艇降噪措施、吸声材料和水声对抗技术的发展，使其隐身性能越来越好，目前的探测和反潜技术很难捕捉到它们的踪影。弹道导弹核潜艇的生存能力之高，使得陆基导弹和战略轰炸机"望洋兴叹"。据军事专家分析，水下巡航中的弹道导弹核潜艇，生存概率高达90%左右（即战时有90%的水下弹道导弹核潜艇能安全地保存下来）；而陆地导弹发射井的生存概率不足10%；陆上机动运载车和战略轰炸机的生存概率不超过40%，而且道路易被破坏，机场目标大，均是致命的弱点。可以说，生存能力的提高就意味着军事实力的加强，隐蔽性本身就是一种无形的威慑力量。

2. 突击能力大为增强。

弹道导弹核潜艇是机动灵活的水下核武器储存库和发射平台，它的"腿长"（潜艇跑得远）、"手长"（导弹射程远），几乎可在海洋中的任何位置实施全方位的核攻击。既可在己方海域"出门放炮"，减少航渡时间；又可以远离基地预先进入对方海域隐蔽待机，伺机实施突然袭击，缩短了导弹的投射距离和飞行时间，使对方来不及反应，大大增加了对方防御系统的拦截难度。弹道导弹核潜艇的突然攻击能力可使敌方随时处于核威慑的状态之中。

3. 核弹威力愈加凸显。

核武器作为大规模瞬间毁灭性武器，已为世人所知，其杀伤破坏程度是当今任何武器都无法相比的。1945年8月6日美国投在日本广岛的"小男孩"原子弹，爆炸威力仅相当于2万吨TNT火药的当量，就把广岛市变为一片废墟，先后有14万人死亡。而现在核潜艇可携带12～24枚氢弹，每一枚的爆炸威力可达100万吨TNT当量，是"小男孩"的50倍。有的氢弹还可带3～12个分弹头（每个分弹头的威力也有几十万吨TNT当量），能同时打击不同的目标。这样，一艘核潜艇携带的核导弹数量多达几十枚甚至数百枚，威力难以估计。有人计算过，一艘美国"俄亥俄"级核潜艇所携带的核弹威力，几乎相当于第二次世界大战的全部弹药火力，可见其威慑作用之大。潜航中的弹道导弹核潜艇，在战争中能较好地保存下来，关键时刻突然出手抛出致命的"暗器"，这一"杀手锏"作用，被中等核国家视为目前最有效的核自卫手段（或称核反击力量、第二次核打击力量）。许多军事评论家认为，在未来战争中，只要在海洋里还隐藏着一艘弹道导弹核潜艇，就可以给对方以毁灭性的打击，造成对方难以承受的巨大损失。

二、发展水下核力量是保证国家安全的战略决策

虽然短期内爆发核大战的可能性较小，但是只要地球上还存在核武器，核战争的警报就不会从根本上解除。实际上，在当今许多常规战争中，进攻一方是以核威胁、防御一方是以核威慑为后盾的。有的第三世界国家在两国矛盾激化时，也往往会以核武器相互威胁。美国前国防部长温伯格曾毫不掩饰地说："我们的遏制对象必须认识到，常规威胁从哪里失败，核威胁就从哪里开始。"据美国布鲁金斯研究所20世纪80年代初公布的材料证实，第二次世界大战后，在有美军参加的军事事件中，至少有30余

次讨论了使用核武器的问题。俄罗斯前国防部长格拉乔夫于 1993 年底宣称，俄罗斯武装部队已经受权在该国受到外来核威胁的情况下可以首先使用核武器。1995 年 4 月，美俄英法四国分别发表声明只对无核国家安全做出保证，而且是有条件地不使用核武器。由此可见，核武器绝非永久地锁在"保险箱"里，在非常时期，"核按钮"仍有可能被触动；况且核武器已向小型、小当量、单一功能的战区、战术型发展，它们与常规武器的区别正在日渐缩小，"核门槛"实际已经在逐步降低。

水下核武器既是有效的核突击力量，又是众所周知的核报复力量。为了把国家战略核力量真正建立在切实可靠的基础上，不论美俄这样的核大国，还是英法这样的中等核国家，都无一例外地把弹道导弹核潜艇作为国家战略兵力的一张王牌。美国有一半以上的战略核弹头是由潜艇发射的；英国唯一的国家战略核力量仅剩下"牢不可破"的弹道导弹核潜艇；法国也几乎将国家的全部战略核力量转入海洋；美俄虽然签订了《削减战略性武器条约》，表面上也淘汰了一部分陈旧落后的弹道导弹核潜艇，但未伤其筋骨，而且新型弹道导弹核潜艇增加了核导弹的分弹头数量，这也是对弹道导弹核潜艇数量减少的一种补偿。上述国家清楚地认识到，如果不充分利用占地球总面积 70% 多的海洋战场，就是战略上的严重失策。

美俄有强大的战略核力量，并在继续发展，这对世界和平是一个潜在的威胁。面对 21 世纪初叶的核战略态势，不但要积极做好对付中小规模的局部常规战争的准备，也不能放弃核条件下的作战准备，特别是对承诺在任何时候、任何情况下都不首先使用核武器的国家来说，发展弹道导弹核潜艇的意义就更不一般了。因为在遭受核袭击后，大部分陆基战略导弹将处于瘫痪状态，可以实施有效核反击任务的主要还得靠水下核力量。如果缺少这个"后发"手段，就难以达到"制人"的目的。因此，在核时代的今天，要提高一个国家在世界上的战略地位和确保国家安全，就必须拥有一支水下战略核力量，否则，国家的战略核力量就不是一支完整的核力量，其威慑程度也将大打折扣。

三、建立最低限度的水下核力量是中等核国家的共识

由于国力所限，对中等核国家来说，不可能大量建造弹道导弹核潜艇来装备军队。但为了确保本国战略地位的巩固，在发展核武器时，特别强调其"有效性"，即注重建立一支"少而精"的水下核力量，使敌方因害怕受到难以承受的报复而放弃其攻击行为，达到"不战而屈人之兵"的目的。

英国从 20 世纪 60 年代以来，一直奉行"最低限度核威慑"战略。其核心思想是以威慑求安全，认为核威慑是防止核战争的最好办法。他们特别看好弹道导弹核潜艇的反击和威慑作用，目前唯一保留的国家战略核力量就是 4 艘弹道导弹核潜艇。20 世纪 60 年代，英国为了尽快拥有弹道导弹核潜艇，首先解决有无问题，在技术力量不足的情况下，采取"先买后研"的方针，从美国购买了 S_5W 型核反应堆和"北极星"核导弹，组建了第一代弹道导弹核潜艇部队。20 世纪 80 年代，英国又不惜巨资，购买了美国最先进的"俄亥俄"级弹道导弹核潜艇技术及"三叉戟 - II"型战略核导弹，用于更新换代。

法国于 20 世纪 60 年代就决定以建设水下核力量为主，把加强海上战略核反击力量作为海军发展重中之重，在首先建造了弹道导弹核潜艇之后，才着手建造攻击型核潜艇。目前，法国 4 艘新一代弹道导弹核潜艇"凯旋"级正在逐步替换第一代弹道导弹核潜艇。可以看出，把弹道导弹核潜艇作为国家最重要的战略威慑力量并适量发展，是英法在核武器发展中的共同特点，也是英法在核大国的威胁面前所采取的最为理智的措施，这是一种"以弱制强"的战略。

英法经过充分论证和精密计算，认为应保留 4 艘弹道导弹核潜艇，因为这样既经济又可达到核威慑的最低标准。4 艘核潜艇的使用分配大致是：保证 1 艘在海上战备值班，1 艘用于战备换班，1 艘进行艇员训练，1 艘在工厂或基地修理。

中国是爱好和平的中等核国家，是维护世界和平、安全与稳定的重要力量。中国政府一再承诺绝不首先使用核武器，表明中国发展核力量（包括水下核武器）的本质是防御性的；中国发展核武器对别国不构成任何攻击性的威胁，旨在建立具有自卫性的威慑。而要达到这种威慑，拥有的核反击手段必须具备较好的生存能力，否则，就会被动挨打，威慑就不成立。因此，保持一支"使敌人怕"的水下战略核力量，是提高中国在世界上的战略地位和保证国家安全、维护世界和平的需要。

综上，未来战争变幻莫测，具有战略威慑作用和战略打击作用的弹道导弹核潜艇，在海军战略和国家军事战略中的地位越来越重要，时刻在为国家政治、外交斗争服务，已成为维护国家安全的"核盾牌"和"镇国之宝"。同时，拥有弹道导弹核潜艇的 5 个国家（美、俄、英、法、中）在世界舞台上的地位和作用举足轻重，他们是联合国的 5 个常任理事国，弹道导弹核潜艇无形中起到了"镇世之宝"的作用。

3.4 嘘——小声点儿！

噪声是核潜艇生存的大敌，要命吧？请小点声！

核潜艇发出的噪声大小是衡量其性能优劣的重要指标，它关系到核潜艇的隐蔽性、声呐的作用距离、水中兵器的攻击能力和人员的作战能力。因此，目前各国都把它作为核潜艇性能指标中的重中之重，千方百计地降低，再降低。

核潜艇的噪声来源有三个：一是由核潜艇内各种机械设备的运转，引起空气和艇壳的振动而产生的噪声；二是螺旋桨旋转时振动、拍击水流而产生的噪声；三是当潜艇运动时，艇体冲击水流引起的湍流而产生的水动力噪声。可见，噪声是通过空气、结构或水传播的。

从噪声对核潜艇的危害角度来说，核潜艇噪声的种类可以分为三种：

舱室空气噪声——潜艇中的声源辐射到舱室空气中的噪声。它是一种可对本艇人员产生危害的噪声。在核潜艇上，轰鸣的机械运转声在舱室内通过空气的振动传播回旋，几乎不绝于耳。这种噪声主要来自机械运转和通风设备，特别明显的是排风机、柴油机、变流机组、齿轮箱及一些大型的泵等。舱室空气噪声严重影响艇员的耐久力，进而降低艇员的操作水平，削弱艇员的战斗力。舱室空气噪声还会干扰舱室内部通信，以至于在有的设备旁边几乎不能进行语言交流。

要彻底消除舱室噪声是不可能的，只有想方设法地去降低，使其对人员的危害达到最小的程度。目前在降低舱室噪声上采取了一系列的综合治理措施：监督管理方面，各国都制定了核潜艇舱室噪声指标，以法规的形式严格进行控制；技术措施方面，主要是提高机器零部件的加工精度，减少运转部件、增加滑动部件，对设备采取减振消声措施，对舱壁和设施表面采取隔音措施或使用多孔性吸声材料等；个人防护方面，使用防噪声耳塞（戴上耳塞可降低噪声 20 ～ 30 分贝）、耳罩、防噪帽等，当噪声达到 90 分贝以上时，限制值班或检修人员在高噪声区的停留时间，噪声越高停留时间应越短。

自噪声——主要指对本艇水声观通器材的工作产生干扰的噪声。它是由潜艇自身的动力装置、设备和艇体运动等所引起的水噪声。当核潜艇高速航行时，噪声将大大降低本艇声呐站的作用距离。试验表明，舰艇的航速增加一倍，其声呐站的作用距离就会减少一半左右。这样一来，核潜艇在高速航行时等于成了聋子，不但搜索不到目标，不能规避鱼雷攻击，反而容易被对方抢先发现，其后果不堪设想。

总的来说，自噪声是随着核潜艇航速的增加而加大。从潜艇的部位来说，艏部自噪声最低，越向艉部越高，艉部最高（因为有螺旋桨），但在指挥台围壳后部，自噪声突然有个峰值（可能是甲板上凸起的指挥台后部有湍流所致）。所以水声接收装置大都设在核潜艇的艏部和两侧，尽量远离艇艉和指挥台后部。

因此，为了提高自身水声器材的作战效果，削弱敌方自导武器的作用，应不断降低本艇自噪声，比如将核潜艇外形（特别是指挥台）做得尽量圆顺并减少凸起物和无盖孔穴（目的是减少紊流诱发的水动力噪声），采用低噪声的七叶大侧斜螺旋桨或噪声很低的喷水式推进器等。为了彻底摆脱本艇噪声的影响，各国潜艇都装备了拖曳式声呐，即用可收放的钢索把本艇水声接收探测装置施放到离艇数十米或数百米处。

辐射噪声——辐射到水中的噪声。它是一种对核潜艇本身的隐蔽性构成严重威胁的噪声。早期建造的核潜艇，辐射噪声一般都达到150分贝左右，很容易被探测到。辐射噪声主要来源于两方面：一是机械的振动、摩擦，各种设备的振动和运转噪声通过基座及其他构件传给艇体并辐射到水中；二是核潜艇推进器发出的噪声通过水迅速传播开。一般认为，对核潜艇辐射噪声"贡献"最大的设备是螺旋桨、主机的减速齿轮箱和反应堆的主循

知识卡

西方国家通过研究，已得出这样的结论：机械噪声在低频方面和低航速时会对潜艇水声接收装置产生一定的干扰，螺旋桨噪声和水动力噪声则在高速时对潜艇水声接收装置产生严重干扰。所以，必须了解本艇噪声干扰特性，确定水声接收器在艇体上的最佳位置。

环水泵。有人概算表明，潜艇的辐射噪声每减少10分贝，被对方发现的距离就可能缩短一半。水下潜艇噪声还是导致敌方水中兵器跟踪、起爆的信号源。各种声自导武器（如自导鱼雷、声水雷等）主要是感应舰艇发出的噪声，被攻击的核潜艇噪声越大，敌方的声自导作用距离越远，命中率越高。更危险的是，如果自身噪声过大，本艇发出的鱼雷也可能不去追寻敌方潜艇，而掉转头来寻声误击自艇。

显然，潜艇噪声的大小是直接关系到潜艇的生死存亡、作战成败的大问题。噪声越小，则隐蔽性就越好，就能优先发现对方，获得先发制人的作战主动权，否则就可能被动挨打。降低辐射噪声可缩小敌方水中兵器的作战半径，降低其命中率，提高本艇的生存能力，所以降低辐射噪声的意义极为重要。

目前主要降噪措施有：装艇设备采用减震机座或减震浮筏，采用低噪声的螺旋桨（如七叶大侧斜低噪声螺旋桨，通过增大螺旋桨的直径、降低转速、增大盘面比以及增大潜艇的航行深度等措施，可以有效地减小空泡噪声），研制使用噪声更小的泵喷射推进装置（消除螺旋桨产生的空泡噪声），提高核动力装置的自然循环能力（目的是减弱主循环水泵的噪声），使用电力推进（为了消除蒸汽推进方式中的减速齿轮这一主要噪声源），把潜艇的外形做得更光顺（包括把指挥台围壳做得更矮小、更趋于流线形），等等。

俄罗斯"V-3"型核潜艇低矮的流线形指挥台围壳

3.5 我有"硬壳"我怕谁

核潜艇的艇体结构有单壳体、双壳体和混合壳体三种形式。这三种结构形式中都有一个硬邦邦的壳——耐压壳体，这也是潜艇有别于水面舰船的最大特点之一。耐压艇体在水下是完全密闭的，能承受海水的压力。在海洋中，大约水深每增加 10 米，水的压强就增加一个大气压，也就是大约每平方厘米增加 1 千克物体带来的压力。如果潜艇下潜到 300 米，每平方厘米的耐压壳上就要承受约 30 千克的压力，那么，一艘庞大的核潜艇耐压壳体表面所受到的海水压力的总和就是巨大无比的，可达到几十万吨物体的重量呢！所以必须规定潜艇的下潜极限深度，否则潜艇就会被海水压破。为了提高耐压艇体的抗压程度，耐压艇体都尽量选用强度高的金属材料，外形都做成承压好的圆筒形状，在耐压壳体上还布满了加强肋骨。

单壳体核潜艇的壳体是一个类似圆柱形的大筒子，在水下要承受海水的压力，这种耐压壳体是潜艇在水下的最基本安全保障。其实，单壳体核潜艇在耐压壳体外的艏艉端还各有一段流线型的非耐压艇体，内部还分别设有艏艉主压载水舱，用来调整潜艇的平衡和用于紧急上浮。可见，所谓的单壳体核潜艇，并不是完全的单壳体。单壳体的优点是结构简单，在具有同等排水量的前提下，具有较大的艇内空间，可以增加潜艇的有效装载。但是单壳体加工对工艺要求非常苛刻，这是由核潜艇的特殊工作环境决定的：比如，在北冰洋海域活动时，容易受到浮冰的冲击，造成艇体表面的损伤，一旦耐压壳体破损进水，艏艉端的主压载水舱过小，就无法提供足够的浮力使潜艇安全上浮。

那为什么美国、英国和法国多采用单壳体结构呢？美国认为，尽管单壳体核潜艇经不起碰撞，但现代核潜艇绝大部分时间都在水下活动，与水面船只和浮冰相撞的机会越来越少；而且，无论什么样的潜艇，一旦遭到现代反潜武器的袭击而引起破损，几乎都不可能进行潜艇救生。单壳体核潜艇的典型代表是美国的"洛杉矶"级核潜艇。

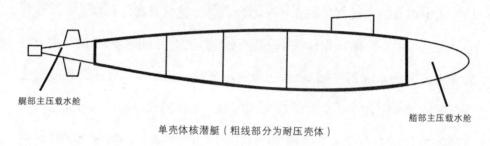

艉部主压载水舱

艏部主压载水舱

单壳体核潜艇（粗线部分为耐压壳体）

单壳体的"洛杉矶"级"756"号核潜艇与"乔治·华盛顿"号航母比高下

双壳体核潜艇的内壳是耐压壳体，而外壳是不承受海水压力的非耐压壳体，包在耐压内壳外面。双壳体核潜艇的外壳制作相对容易，可以做得更加光顺。外壳与内壳之间的舷间可对各种碰撞和外来武器的攻击起到缓冲保护作用。双壳体核潜艇在水下可提供较大的浮力，有良好的生命力。双壳体核潜艇的另一个优点是，由于外壳与耐压壳之间最大距离可达3米，这就为安装各种设备留下了充足的空间。但是双壳体核潜艇一般比单壳体潜艇大，不但对航速有影响，而且声呐反射面大，被敌方主动声呐发现的机会也相对较大。俄罗斯海军沿用从苏联时期就受到青睐的较大的储备浮力，坚持"一舱进水全艇不沉"的标准，他们认为安全性是压倒一切的因素，因此他们的核潜艇几乎全都采用双壳体结构。

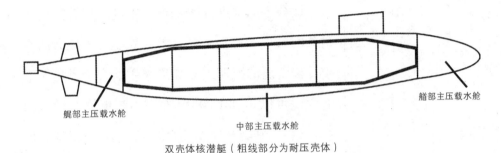

双壳体核潜艇（粗线部分为耐压壳体）

混合壳体核潜艇中和了单壳体和双壳体的优缺点。这种潜艇上的部分区域采用双壳体，而其他部分采用单壳体，艏艉端仍然保留主压载水舱，其余的主压载水舱布置在双壳体的舷间。美国早期的核潜艇大多使用这种混合壳体结构。

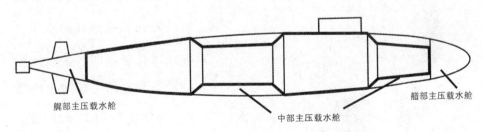

混合壳体核潜艇（粗线部分为耐压壳体）

核潜艇的耐压壳体材料大量使用坚硬无比的钢铁，但读者可能不知，有一种"比铁还硬，比钢还强"的材料敢于和钢铁"叫板"，这就是号称"崛起的第三金属"——钛（前两位分别为铁和铝）。钛在地壳中的含量极为丰富，在金属中仅次于铝、铁、钙、钠、钾、镁，居第七位，它具有比重小、强度高、耐高温、抗腐蚀性强、无磁性等优点。迄今为止，钛已在航空、航天、核能、舰船等领域获得广泛的应用，俄罗斯的"阿尔法"级、"塞拉"级、"麦克"级、"阿库拉"级、"台风"级和深潜研究型核潜艇都已经大量使用了钛合金。

钛合金的强度高于钢铁，重量却只有同体积钢铁的一半，特别是具有承受深度海水压力的本领。核潜艇的耐压外壳如果采用钛合金，最大下潜深度可以达到1 000米左右，是钢铁核潜艇的2～3倍，其隐蔽性能大大提高。若在深海与其他核潜艇捉起迷藏来，会令对手怯而止步。由于钛合金核潜艇的重量减轻，也有利于在推进功率不变的情况下，进一步提高水下航速。

钛合金的抗腐蚀性能极好，在常温下很稳定，是名副其实的"不锈"。潜艇的外壳长期泡在海水里，有些极易腐蚀而又不易保护的设备和管路（如海水冷凝器、鱼雷发射水缸、阀门等）也要接触海水，因此，潜艇的艇体、设备和管路因腐蚀造成的破损事故时有发生。为了减小海水的腐蚀，用钢

有人曾把1毫米厚的钛片沉到海底，5年后取出还是亮闪闪的，毫无锈迹；而同样厚度的铝、铜和号称"不锈"的不锈钢，在海水中分别于8个月、1年和4年即被腐蚀殆尽。不锈钢都如此，就更别提一般的钢铁了。

美国"洛杉矶"级攻击型核潜艇"汉普顿"号（"SSN-767"）钻出冰面

钛合金既不怕冷也不怕热，在 1 668 ℃的高温时才会熔化，比"不怕火"的黄金熔点还高出 600℃左右，安全使用温度约在 −200℃～500℃范围。所以核潜艇在服役期间根本不用顾及温度对钛合金制品的影响。

铁建造的核潜艇在服役期必须定期给艇体表面除锈和涂抹防锈漆，接触海水的设备也要使用化学药剂防腐。而对钛金核潜艇，就不存在上述麻烦，连续使用时间可提高 10 倍以上，大大延长了核潜艇的使用寿命，减少了因维修保养占去的时间。

钛合金的无磁性也是其优于钢铁的一个主要方面。钢铁在使用后会带有磁性，这就给敌方磁探测提供了目标，所以必须定期对核潜艇进行整体消磁；而钛金核潜艇无磁，在磁探仪面前绝对隐身，减少了暴露的概率。

当然，钛合金也不是尽善尽美的，它的致命弱点是在高温下容易氧化，形成二氧化钛、氮化钛渣子，影响钛合金的质量。为此，在实施钛合金热处理工艺时，必须在真空条件下操作，进行钛合金的焊接时须用氩气保护（氩弧焊）。另外，钛的原材料加工成本较高，其成品价格比钢铁昂贵得多，是不锈钢的 5 ~ 10 倍。钛合金核潜艇的钛用量很大，俄罗斯一艘核潜艇需要的钛合金高达上千吨。可见，如果没有丰厚的钛储量或雄厚的经济、技术实力，一般国家是不敢问津钛合金潜艇的，这就是钛合金核潜艇难以普及的原因。

3.6 核潜艇内的生存之争

核潜艇堪称一个自给自足的"独立王国"，真的是"麻雀虽小，五脏俱全"。核潜艇远离陆地，没有外援补充，在水下长期密闭航行，生存问

核潜艇出航前的离别与祝愿

题是第一位的，所以必须先制服核潜艇内种种威胁生命的"对手"，才能战胜核潜艇之外的敌人。核潜艇内影响生存的主要"对手"如下：

放射性射线对人体会造成致命伤害，所以对其防护为重中之重。核潜艇上通常采用屏蔽、分区、监测等方法。屏蔽的主要作用是防止核反应堆产生的放射性射线穿过人员所在的工作、生活舱室，所以核反应堆舱室的周围墙壁都是使用铅、聚乙烯、铁板等作为屏蔽材料。中国核潜艇的辐射防护区域划分为严格控制区、控制区和非控制区。严格控制区专指核反应堆舱，运行时不得进入，停堆后照射量低于允许值后方可进入；控制区是指预计一年内受到的有效剂量当量可能在5~15毫希的区域，如屏蔽走廊、反应堆舱上方甲板、反应堆舱前后隔壁2米内的区域、放射性水的取样间等，在控制区限制人员停留时间；非控制区是指日常工作区和生活区，是预计不可能超过年有效剂量当量限值1/10（5 mSv）的区域，在这些区域是安全的。每艘核潜艇上至少要设置十几个放射性监测报警点，测量艇内各处的放射性水平。每个艇员还要佩戴微型剂量计，随时随地监测个人接受剂量的情况。

空气是人类赖以生存的最基本条件，呼吸一刻也不能停止。而空气品质的好坏，直接关系到人员的健康甚至生命。那么，如何在密封的核潜艇里保持人体需要的足够氧气，并把空气污染降到最低呢？在核潜艇上，为了保持良好的空气质量，专门设有空气监测分析系统、空气再生系统、空气净化系统和通风换气系统。主要装备有——

制氧装置。氧气在自然界中的含量约为21%，如果氧气含量降到16%时，人员的呼吸就会感到困难，出现缺氧症；当降到10%时会使人神志恍惚；降到6%时便会使人休克甚至死亡。核潜艇里的氧气极其有限，是不可能长期维持一百多人的需求量的，一旦封闭空气源头，即刻会威胁到每个人的生命，所以只能按生存所需的最佳比例不断补充氧气。中国核潜艇舱室中氧气的浓度标准为19% ~ 21%之间。生产氧气的主要装置是电解水制氧装置，它的基本原理

核潜艇上的居住环境

是用电离分解法把水（H_2O）分解为氢（H）和氧（O），氧气通过全船通风换气系统输送到船舱的每个角落，供人员呼吸，而氢气则被储存在氢气罐里，择机排出艇外。由于电解水制氧装置需消耗大量的电能，所以常规潜艇上不用此法制氧。有时在核潜艇上还备有补充或应急制氧措施，如氧气再生药板、氧烛和高压氧气瓶等。

有毒有害气体消除装置。有毒有害气体是影响人员生命的大敌。在核潜艇里，有多达数百种的有毒有害成分，它们给舱室带来的污染气体有的（如二氧化碳、一氧化碳、氯化氢、汞蒸汽、锑化氢、光气、甲苯、乙醇胺等）具有毒性，有的（如硫化氢、丙烯酸、氨气等）具有刺激性，有的（如二氧化硫、硫酸雾、氟化氢等）具有腐蚀性，有的（如氮、氡等）具有放射性，有的（如氢气）具有爆炸性。这些被污染的气体弥散在艇内空间，并通过呼吸道、皮肤和消化道侵入肌体，对艇员和设备带来不同程度的危害。在核潜艇空气里，主要控制二氧化碳、氢气、一氧化碳、苯类和甲醇等。具体来说，二氧化碳在自然界的空气中含量约为0.02%，当上升到2%以上时，便会使人出现中毒症状，甚至窒息而死。在核潜艇内，依靠二氧化碳吸收装置将二氧化碳的浓度控制在0.8%以下。毒性很大的一氧化碳主要来自燃烧和高温，浓度达到一定程度可置人于死地（在平日的生活中，众所周知的"煤

据报道，1968年4月，苏联一艘"E-2"级"K-172"号巡航导弹核潜艇就是因为汞蒸汽泄漏，造成该艇艇员中毒，导致核潜艇失控而沉没，当时有90名艇员丧生。

氟利昂是制冷装置的制冷液，它们挥发出来的气体对人体也有危害。1962年，美国"帕·亨利"号核潜艇由于"氟利昂-12"泄漏，致使潜艇大气中含有大量的二氯二氟甲烷，该化合物经过有害气体消除装置时发生裂解，形成极毒的光气，结果造成一起严重的艇员中毒事故。

气中毒"就是指一氧化碳中毒）。一般规定核潜艇舱室里每升空气中的一氧化碳浓度不得大于 15 毫升。另外，还有低毒的苯和甲醇等主要来自船舱内的电缆、油漆等非金属装饰材料，因此，潜艇内设置专门的一氧化碳消除器和有害气体消除装置。氢气来源于蓄电池、电解水制氧装置和核动力装置中水的辐照分解。尽管氢的泄漏并不大，但在舱室里会因积存而增多，当氢气在舱室空气中的浓度达到 4% 左右时，遇到明火就有可能引起爆炸。所以限制氢气在舱室空气中的浓度为 1% 以下。核潜艇里设置了测氢器和消氢器，以确保氢气的浓度小于危险浓度。

空气杂质过滤装置。在密闭的舱室里，空气中难免会飘浮一些不洁颗粒，如灰尘、纤维、有机污染物、气溶胶（含放射性气溶胶）等。为此，在核潜艇里设置了空气除尘净化装置、放射性微尘测量收集装置、活性炭吸收器（主要用于厕所、厨房等），以净化浑浊的空气，保证舱室空气清新。

水是人体维持生命的必需物质，核潜艇虽然终日浸泡在取之不尽的海

美国"弗吉尼亚"级攻击型核潜艇水密隔舱门

水里，但因海水中含有盐分，不能直接使用。为此，核潜艇里必须有海水淡化装置。造出来的淡水平时存放在淡水柜里备用，需要时作为生活用水或输送给有关设备使用，如提供食用、洗涤、洗澡、消防、设备冷却水等。核潜艇上还有卫生系统，处理艇内污水、粪便和生活垃圾。

气候在核潜艇里至关重要。在核潜艇里，虽然不会遭受自然界的风、雨、雪、雹等恶劣气候，但对舱室内的温度和湿度是有严格控制的，它们是衡量核潜艇居住性的最重要的指标之一。如果对舱室温度和湿度不加控制，就会形成高温高湿环境（有时称为"热环境"），人员就无法正常生存。在与世隔绝的空间里，必须人为制造一个冷暖适宜、干湿得当的环境，这个环境被称为"人造小气候"。美国的标准是：在核潜艇舱室内的相对湿度为50%条件下，温度不超过30℃。美国第一艘核潜艇"鹦鹉螺"号由温带航渡到北极冰下，温度基本保持在22℃左右，相对湿度保持在50%左右。当时北极冰天雪地，而核潜艇里却温暖如春。

核潜艇舱室内的热源比其他舰艇要多，主要有设备散热（如机械运转产生的热、发热的电器装置、核动力装置的热水管道和蒸汽管道等）、化学反应过程产生的热（如使用氧气再生药板、电池充放电、电解液分解、消氢器工作等）、人体本身的生理性散热等。另外，还有电灶、电壶、冰箱、电灯等物理性散热。上述热源会使舱室温度不断升高；潜艇外部环境温度的变化对核潜艇内部也会造成热传递（如四季的温度变化、从赤道到北极

知识卡

热环境对人体的危害很大，当环境温度超过体温（约37℃）时，会引起生理上的变化，直接表现是出汗。大量出汗时体液和盐分不断流失，如果得不到及时补充，可能会引起热衰竭、血液黏稠（增加心脏负担）、消化排泄功能失常等。当湿度过大时，即使温度不太高，人也会感到闷热不安。

的地域温度变化等），这就需要进行温度调节。核潜艇里湿度增加的主要原因是蒸汽管道的渗漏、做饭烧水、电解液蒸发、人体排放、舱底积水等。另外，海洋空气的相对湿度也较大，达到75%～80%，当核潜艇在水上与外界通风换气时，湿度也会变化。温度和湿度不但影响人的生活环境，还易加快一些金属材料的腐蚀，影响电气设备的正常使用和寿命，甚至有可能导致设备故障和失效。所以，核潜艇必须对舱室温湿度进行有效的控制。目前，各国的普遍做法是：安装中央综合空调系统；在核潜艇耐压船壳内壁铺一层传热性差的材料，防止因艇壳内外温差太大而形成的凝结水；对散热设备、管路采取隔热措施；减少不必要的机械运转。在核潜艇这样"不

美国"洛杉矶"级核潜艇的指挥室

俄罗斯"台风"级核潜艇里的小游泳池

见天日"的环境里生活，为了弥补自然光照射的不足，现代核潜艇都专门设计了日光浴室，模仿日光的紫外线照射。

目前，各国不断改善核潜艇部队的硬件环境，完善软件设施和加强艇员的体能训练，并开始关注潜艇艇员心理健康，逐步开展专门的心理咨询和辅导，把潜艇艇员心理训练纳入培训内容。通过提升艇员的心理健康水平，达到进一步提高部队战斗力的目的。

跃入大海里游个痛快

3.7 人在核潜艇里能待多久

核潜艇就像一个闷罐子，大部分时间是在漆黑的水下游弋，隔离了人与自然界的联系，使"罐子"里的人员享受不到太阳的光照，呼吸不到大自然的清新空气，聆听不到与之共存的天籁之声。而且，活动空间狭小，生活内容单一，机械噪声时时侵扰，温湿度变化较大，医疗卫生设施相对较差。在这样的环境里待上较长时间，会对人员的新陈代谢、中枢神经和心理造成很大的影响；同时会使人动作的协调性和准确性变差，应变能力减弱，工作效能下降，进而直接影响到部队战斗力的发挥。

美国"鲟鱼"级核潜艇餐厅

对核潜艇艇员耐久力影响最大的是核潜艇的居住性。核潜艇的居住性包括舱室空间、舱室色彩、空气成分与温湿度、饮食、卫生条件、照明、噪声和振动等。另外，外界事物和突发事件也会影响艇员的情绪和斗志。在同样外界环境条件下，艇员的耐久力还取决于艇员个体的生理储备能力、调节能力和适应能力，并与艇员的意志和性格有关。

美国"洛杉矶"级核潜艇厨房

1960年，美国"海神"号核潜艇进行了83昼夜零10小时的环球航行

试验，随艇远航的美国海军医学研究所心理学部的负责人、哲学博士威布鲁对长期被封闭在艇内环境中从事单调工作的艇员们进行了连续的跟踪观察和测试，甚至详细地记录下他们的表情、动作、情绪变化以及士气和心理状态等，最后总结出可资借鉴的"艇员士气曲线"。

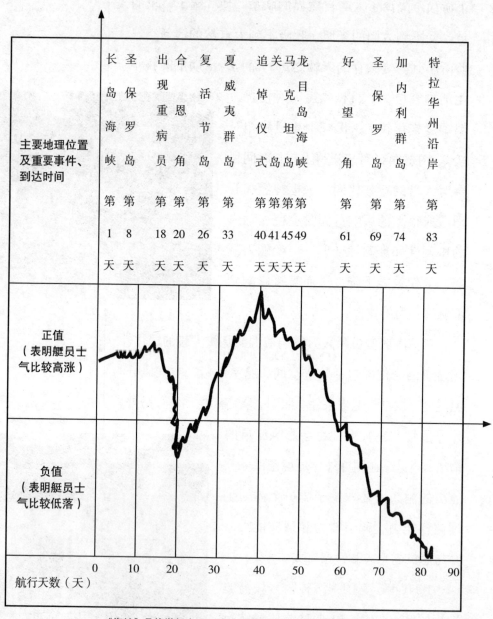

主要地理位置及重要事件、到达时间	长岛海峡岛 第1天	圣保罗岛 第8天	出现重病员 第18天	合恩角 第20天	复活节岛 第26天	夏威夷群岛 第33天	追悼仪式 第40天	关岛 第41天	马克坦岛 第45天	龙目岛海峡 第49天	好望角 第61天	圣保罗岛 第69天	加内利群岛 第74天	特拉华州沿岸 第83天

正值
（表明艇员士气比较高涨）

负值
（表明艇员士气比较低落）

0 10 20 30 40 50 60 70 80 90

航行天数（天）

"海神"号核潜艇水下环球航行过程的"艇员士气曲线"

从图中可看出，"海神"号出发时，全体成员斗志昂扬、情绪高涨，这种良好的战斗气氛保持了半个多月，然后曲线急转直下，出现一个负值低谷。这是因为在第18天时意外出现一名重病号，同时一台关键的仪器又发生故障，致使远航计划可能"流产"，这两个变故对兴致勃勃的水兵们好似泼了一盆冷水。后来因为病员被及时解救出，有故障的设备也抢修好了，艇员们的士气才在短暂的回落后很快得到恢复，特别是第20天时核潜艇经过著名的合恩角，观看合恩角的活动使他们忘却了过去的困惑，同时激发了新的热情和兴趣。以后各种瞻仰圣地活动都在连续触动艇员们兴奋的神经。第40天时，当他们来到第二次世界大战沉没的常规潜艇"海神"号附近举行追悼仪式时，乘员们面对永远不能回家的海底前辈，情绪达到了整个远航期间的顶峰，并将这种情绪化为无穷的力量和坚定的意志。但是，随着"好看好玩"活动的减少，特别是长期封闭生活的枯燥和环境的不适，艇员的体质逐步下降，疲劳的身躯和对家乡的思念逐步主导着他们的情绪，"艇员士气曲线"一路下滑。到第60天的时候，艇员士气第二次出现负值，并且从此以后负值一直加大，再也没有恢复到正值。

从"艇员士气曲线"的测试可以说明这样几点：

1. 20世纪60年代，核潜艇远航的最佳时间为60昼夜左右。这就为美国海军弹道导弹核潜艇的非战时巡逻时间规定为2个月提供了充分的科学依据，这一试验结果对判定核潜艇的战斗力具有重大的军事意义。

2. 远航过程出现的突发事件对艇员们的情绪影响极大，特别要关注负面影响，及时扭转局势。

3. 加强对艇员的思想鼓动和关心教育非常重要。

4. 舒适的居住饮食条件和多样的文化体育活动可以使艇员们的体力和情绪维持更长时间。

随着核潜艇的居住性不断改善、人员心理素质锻炼日趋成熟，现代先进核潜艇的连续出航时间已经延长为 70 昼夜甚至更长。有的国家在进行核潜艇远航试验中表明：人员在核潜艇里连续待上大约 20 昼夜以后，艇员逐步出现头痛、食欲不振、恶心、失眠、烦躁、记忆力减退、行动迟缓、操作能力和反应能力下降等；到一个月后，有大约一半人出现上述症状；大约 70 个昼夜后，人的体质会明显下降，心理上也可能发生歧变，人员的忍耐力接近最低极限，并出现各种不良症状。可见，在核潜艇这个封闭的环境里，改善人员工作、生活的居住性和采取人性化管理显得尤为重要。为此，各国都在生存环境上力图模拟自然界的"人造环境"，在人员心理上努力消除艇员们的郁闷思乡情绪。目前，法国规定核潜艇的最大自持力仍为 60 昼夜，其他国家核潜艇的最大自持力多为 70 ~ 90 昼夜。

知识卡

核潜艇长期航行返航后，艇员们身心疲惫，体能和免疫力降低，有的还出现"晕陆"现象，即持续的噪声性耳鸣和大地摇晃感，但一般集中休整一段时间后就能恢复。

第4章 各国核潜艇各显其能

4.1 美国核潜艇的称霸之路

美国是世界上最先研制核潜艇的国家。1954 年，世界第一艘核动力试验潜艇"鹦鹉螺"号服役，这成为潜艇发展史上的重要里程碑。

美国共建造了 20 个级别 203 艘核潜艇，其中批量建造了 14 个级别 143 艘攻击型核潜艇，4 个级别 55 艘弹道导弹核潜艇，还有 1 艘辅助型核潜艇。

目前美国在役的核潜艇还拥有 73 艘，其中攻击型核潜艇 3 个级别 54 艘，包括"洛杉矶"级 41 艘、"海狼"级 3 艘、"弗吉尼亚"级 10 艘；"俄亥俄"级弹道导弹核潜艇 14 艘；由"俄亥俄"级改装的巡航导弹核潜艇 4 艘以及仍在服役的 1 艘辅助型核潜艇。

1957 年，苏联成功发射了第一颗人造卫星，在理论上具备了对包括美国在内的所有西方国家进行弹道导弹攻击的能力。为了确保其战略力量上的优势，美国急忙在处于建造阶段的"鲣鱼"级攻击型核潜艇中部嵌入一段长约 40 米的导弹舱，成功地建造了世界上最早的弹道导弹核潜艇"乔治·华盛顿"级，之后又发展了"伊桑·艾伦"级、"拉菲特"级和"俄亥俄"级。

美国发展的弹道导弹有"北极星 -1"型、"北极星 -2"型、"北极星 -3"型、

美国前总统肯尼迪在一艘"伊桑·艾伦"级核潜艇里

"海神"型、"三叉戟 –1"型和"三叉戟 –2"型。现在装备的弹道导弹采用分导多弹头，具备了射程远、精度高、威力大等特点。随着导弹技术的不断发展，承担的战略任务也在不断地扩展，不仅可以完成打击城市、机场、港口、工业区、运输枢纽和军事基地等"软"目标，还可对导弹发射井、指挥中心等"硬"目标进行攻击，并成为"三位一体"战略核力量中的主要力量。

总体来说美海军发展核潜艇有以下特点。

1. 核潜艇技术始终领先世界，综合作战能力最好。

在世界核潜艇发展过程中，美国一直处于领先地位。比如，研制出第一艘攻击型核潜艇、第一艘弹道导弹核潜艇、第一艘海洋工程与研究核潜艇；首先尝试采用液态金属冷却型反应堆；核潜艇首先采用完全的水滴形；首先在鱼雷攻击型核潜艇上安装可水下垂直发射巡航导弹的发射筒，加之其"战斧"型巡航导弹和"鱼叉"型反舰导弹具备射程远、精度高、突防能力强等特点，使打击能力倍增；首先装载"蛙人"运送舱室和"蛙人"运送艇；首先研制可在核潜艇上发射并回收的无人平台（如无人驾驶飞行器、无人驾驶潜水器等），使攻击型核潜艇成为可全方位攻击的多功能核潜艇；首先在核潜艇上引入模块化设计理念；等等。

美海军核潜艇的隐身性能极好，采用各种可能的减震降噪装置和措施，降噪技术一路领先，比苏联 / 俄罗斯的同类型核潜艇噪声低一二十分贝，最先进的核潜艇辐射噪声水平已经接近海洋环境本底噪声；此外，还采取了增大下潜深度，消磁，消除红外特性，降低潜艇水下声目标特性，涂抹反雷达波涂层，消除尾流痕迹等多种隐身措施。

2. 重视关键技术的试验。

美海军在发展核潜艇过程中遵循先试验后推广的技术发展途径，在

美国"海狼"号试验核潜艇

不同时期先后建成8艘试验性核潜艇，解决了核潜艇发展过程中的许多关键技术问题，从而使核潜艇总体水平不断提高。这些试验艇包括："鹦鹉螺"号——核动力首次应用于船舶的压水型反应堆试验艇；"海狼"号（老型号）——液态金属钠冷却型反应堆试验艇；"海神"号——对空预警、双反应堆、最大自持力考核试验艇；"大比目鱼"号——唯一一艘巡航导弹试验艇（后改为攻击型核潜艇）；"白鱼"号——电力推进试验艇；"一角鲸"号——自然循环式反应堆试验艇；"利普斯科姆"号——低噪声试验艇；"NR-1"号——海洋工程和研究艇等。通过在试验艇上对各关键技术深入全面的试验攻关，积累运行、使用、维修经验，减少潜艇技术风险，提高了使用安全性。

美国"大比目鱼"号
巡航导弹核潜艇

美海军还充分利用退役的核潜艇作为试验艇，从事潜艇新技术的研究和开发，如退出第一线的"洛杉矶"级核潜艇，不少已成为发展潜艇新技术的临时研究和试验平台，曾经安装大口径发射管用于试验无人潜水器和大型鱼雷，开展宽孔径被动声呐系统试验以及船体材料试验等。"洛杉矶"级核潜艇不仅是美国当前的主力作战舰艇，现在也成为美国海军实践其先进技术及作战理念的主要试验艇型。

3.核潜艇的使用效率最高。

为了使核潜艇能够长期连续在海上巡逻，美国海军想尽了办法。从设备来讲，主要是提高安全可靠性和可维修性，自20世纪60年代出现过两次沉艇事故后，再未出现过类似的特大事故。他们采取了以下措施：各种设备坚持充分试验后再装艇，加强艇上设备的维护管理，提前制订事故故障的预防措施和处理预案，尽量减少过多的核潜艇级别和动力装置种类，重视核潜艇全寿期的综合保障，努力提高设备的标准化程度等。由于美国核潜艇的设备故障少，核潜艇连续出航的时间就长，服役期间用于维修的时间也较少。

美国海军还以人为本，合理布局核潜艇的舱室，创造艇员生活和工作的良好环境。在加强艇员业务水平、体能等综

美国一艘"鲟鱼"级核潜艇在浮动船坞里

美国"鲟鱼"级核潜艇的艇员床位和卫生间

美国新型"海狼"
号核潜艇操纵部位

合素质培训的同时，注重居住、饮食、医疗保健、娱乐以及心理等方面的人性化管理。如此一来，艇员的体力消耗小、恢复快，人员的耐久力增强。美国核潜艇上的设备与武器的自动化程度不断提高，也减少了艇员数量以及人为误操作的可能性，进而减轻了艇员的劳动强度。另外，美国核潜艇出海前都要装载可满足海上长期生活的必需食品，而不需要外界补给。

由于美国核潜艇有可靠的设备、耐久力强的人员和自给自足的食品装载，所以核潜艇的自持力普遍较高（即在海上不需外来补给，仅靠艇员耐力和可靠的设备连续航行的时间长），一般为70昼夜以上，最大可达90昼夜；核潜艇的在航率（即一艘核潜艇服役期间在海上航行的比例）也高达70%左右，而苏联/俄罗斯仅有20%左右，可见美国核潜艇的使用强度远远大于其他国家。在航率高也意味着生存率高，因为行无踪

一艘核潜艇下水时一名要员用香槟酒击向潜艇艇体

影的核潜艇最不容易被发现，而停靠在港湾的核潜艇较容易被摧毁。

4. 型号虽少，但技术成熟、艇龄延长。

20世纪70年代，苏联核潜艇有了较大的发展，水下航速惊人，并在总数上逐渐超过美国，对美国航母编队形成了较大的威胁。为了保护美国航母编队，能有效地对付苏联核潜艇，美海军决定研制新一代高速安静的攻击型核潜艇，将其部署在作战编队前面，探测敌潜艇，作为航母编队的预警。在此背景下，美国开始发展"洛杉矶"级攻击型核潜艇。该级艇很好地解决了高航速和低噪声之间的矛盾，不但可以承担反潜任务，还可用来对付高速水面舰艇，至今也不落伍。"洛杉矶"级核潜艇从1976年第一艘服役到1996年最后一艘服役，长达20多年，共建62艘，尚在役41艘。该级核潜艇技术成熟，不仅建造延续时间居各国之首，也是世界上建造批量最大的一型核潜艇。由于美国老一代的攻击型核潜艇均已退役，新型的

美国"洛杉矶"级核潜艇

美国"洛杉矶"级"756"号核潜艇在北极上浮

"海狼"级攻击型核潜艇只有 3 艘，"弗吉尼亚"级有 10 艘，所以目前"洛杉矶"级核潜艇是美国攻击型核潜艇的绝对主力。

目前，美国现役的 14 艘弹道导弹核潜艇全部为"俄亥俄"级，它们可携载"三叉戟 –1"型（前 4 艘）和"三叉戟 –2"型（后 10 艘）弹道导弹。与此同时，美海军已经对"三叉戟 –1"型弹道导弹进行了延寿，目的是使艇弹配套。这样，"俄亥俄"级弹道导弹核潜艇的服役期将延长至 42 年，意味着美国海军在相当长的时间内可保持 14 艘弹道导弹核潜艇的海基核威慑兵力。另外，由"俄亥俄"级弹道导弹核潜艇改装而成的 4 艘"俄亥俄"级巡航导弹核潜艇，因为改变了作战使命，每艘核潜艇可发射 154 枚巡航导弹，并可大量运送特种作战部队。

美国"俄亥俄"级战略导弹核潜艇由拖船拖带进出港

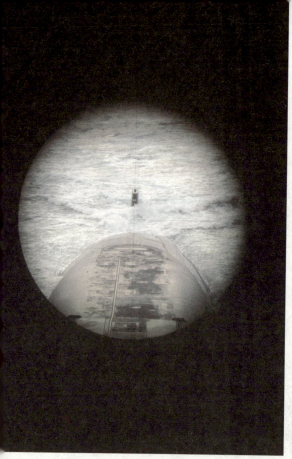

美国"俄亥俄"级战略核潜艇水下使用
潜望镜观看核潜艇尾部

美国"俄亥俄"级战略核潜艇上的
24个战略导弹发射筒

美国"俄亥俄"级巡航导弹核潜艇携带蛙人救生艇

5. 新型核潜艇有"变形金刚"的功能。

在"洛杉矶"级核潜艇之后，美国海军还研制了两型核潜艇，即"海狼"级和"弗吉尼亚"级攻击型核潜艇。"海狼"级是美国"冷战"时期开始研制的一型多用途攻击型核潜艇，其设计初衷是为了在远洋与苏联海军进行大规模决战。该级艇采用了最新的核潜艇技术，是美国历史上水下航速最快、下潜最深、武器装载最多的潜艇，可执行反潜、反舰、对陆攻击以及布雷、护航等多种任务。然而，"海狼"级核潜艇的首艇于1989年10月25日开工，不久后苏联于1991年解体——"冷战"结束，美国海军迅速调整了海军战略和核潜艇发展政策，由原来的对苏远洋作战，转变为对涉及美国利益的沿海地区和国家进行军事干预。在这一大的战略调整背景下，"海狼"

一艘美国"海狼"级多用途核潜艇准备下水

级核潜艇失去了明显的优势，美海军更需要一种能在浅海对付敌人的潜艇，加上"海狼"级造价又太高，所以1993年美国政府决定"海狼"级核潜艇只建3艘，转而重点发展廉价多能的"弗吉尼亚"级核潜艇。因此，尽管"海狼"级核潜艇技术最先进，但"弗吉尼亚"级核潜艇才真正反映了当今世界格局下美国对攻击型核潜艇的发展需求。

"弗吉尼亚"级核潜艇是美国海军有史以来第一种以执行"濒海作战"任务为主、兼顾大洋作战的多用途核潜艇，该级艇可实施对陆、对海和水下火力攻击，具有布雷、监视和特种作战能力。该级艇最大的特点是采用模块化设计思想和建造技术，即通过在同一个艇体上安装不同功能组件来

美国"弗吉尼亚"级"774"号核潜艇及其艇徽

形成不同功能的潜艇，并且在服役后根据不同使命随时换装。进行了模块化设计的核潜艇，就好像"变形金刚"一样变化多端，如：备有发射弹道导弹的舱段模块，必要时可把攻击型核潜艇改装为弹道导弹核潜艇，用来代替将来退役的弹道导弹核潜艇；另外还有特种部队运送舱室模块、作战系统模块等；正在研究的有电力推进系统模块、情报通信系统模块、无人潜航器发射模块等。"弗吉尼亚"级核潜艇在总体设计上趋于最优，注重潜艇综合性能的提高，不片面追求高航速及下潜深度。第一艘"弗吉尼亚"级核潜艇已于2004年服役，从2006年开始每年交付一艘。1997年，美国防部提出要建造30艘该级潜艇，目前计划先造10艘。

　　"弗吉尼亚"级核潜艇广泛采用先进的隐身技术，提高潜艇隐蔽性，是当今最安静的核潜艇。"弗吉尼亚"级核潜艇采取的主要隐身技术有：

　　1. 泵喷射推进技术，不仅提高了推进效率，而且极大地降低了噪声；

　　2. 多功能消声瓦技术，既能大幅度减小敌主动声呐的反射波，降低敌主动声呐作用距离，又可抑制艇体振动，隔离艇内设备振动噪声向艇外传递，从而降低潜艇辐射噪声；

　　3. 浮筏减震技术，隔震效果好、重量体积小、占用空间少；

　　4. 多种主动声防护措施，在艇上安装了500多个振动噪声传感器，随时检测全艇噪声，并予以主动控制；

　　5. 噪声更小的自然循环式反应堆。

　　该级艇的探测与信息处理能力有重大的革新，首先是用数字摄像机取代了潜艇的潜望镜，改变了传统的观察方式。它是依赖于指挥台围壳上的两个光电子桅杆，桅杆上的传感器（数字摄像机）可将图像传送到操纵控制室内的平面全景显示器上。另外值得一提的是，该艇采用最新的电子海图，能够自动处理探测装置的数据，不仅可以标出水下目标的方位或方向，而且可计算水下目标的距离，这一点是以前所有潜艇都做不到的。

美国"弗吉尼亚"级核潜艇操作部位电子化、数字化程度很高

　　总之，"弗吉尼亚"级核潜艇是在美海军新的战略思想指导下，为适应新的军事战略需要而研制的多用途、多功能核潜艇，代表了美国新的作战需求，将逐步替代目前在役的"洛杉矶"级核潜艇，成为未来沿岸海域作战的主要兵力。

4.2 苏联／俄罗斯核潜艇紧追不舍

　　20世纪50年代初期，美国核技术不断用于军事，造成苏、美之间核力量上的不均衡，迫使苏联把核潜艇列入海军装备发展的重点，并于1954年在美国第一艘核潜艇"鹦鹉螺"号下水的当年，也做出了秘密研制攻击型核潜艇的决定。从此，苏联紧随美国之后，大力发展核潜艇，成为唯一可以与美国抗衡的核潜艇大国。1958年，苏联第一艘核潜艇"N"级服役。

20世纪70年代以后，苏联的核潜艇进入一个大发展的阶段。苏联/俄罗斯的核潜艇在整体水平上并不逊色于美国，在建造数量上和部分性能指标上还优于美国，对美国构成了极大的威胁。

苏联第一艘核潜艇"十一月"级纪念邮票

1991年苏联解体，尽管独立后的俄罗斯接收了苏联海军80%的军事力量，但国内政治形势发生重大变化，加之经济极不景气，根本无力保持苏联时期留下的庞大海基战略核力量，海军核潜艇数量急剧减少，到2005年以后，俄罗斯仅剩下40多艘核潜艇在役，少于美国一直保持的73艘。核潜艇的出海巡航活动次数也呈递减趋势。

为此，俄罗斯海军实施了重大战略调整，从苏联时期的与美国海军全面抗衡、争霸海洋的战略，转变为近海防御战略。但俄罗斯海军有重视发展潜艇的传统，始终把潜艇部队的建设置于优先地位，核潜艇仍是海军装备发展的重中之重。在极其困难的情况下，俄海军依然保留了17艘攻击型核潜艇（"维克托"级、"塞拉"级、"阿拉库"级和"亚森"级），7艘"奥斯卡-2"型巡航导弹核潜艇和18艘弹道导弹核潜艇（"德尔塔"级、"台风"级和"北风"级），另外还有5艘辅助型核潜艇。

俄罗斯"维克托"级"V-3"型核潜艇模型

俄罗斯"奥斯卡"级巡航导弹核潜艇的导弹发射筒

纵观苏联/俄罗斯核潜艇发展历程和趋势，有以下鲜明的特点。

1. 型号和数量居各国之首。

苏联第一艘核潜艇于1958年服役，截至2015年，苏联/俄罗斯共建造了19个级别31个型号257艘核潜艇，其中包括92艘攻击型核潜艇、94艘弹道导弹核潜艇、66艘巡航导弹核潜艇以及5艘辅助型核潜艇。俄罗斯海军已建造核潜艇的数量占世界核潜艇总数的一半，堪称核潜艇生产"大户"，其型号之多、数量之大，列各国之首。型号的繁多说明核潜艇技术在不断地改进，但也给训练管理和维修

俄罗斯"奥斯卡-2"型巡航导弹核潜艇（两侧的导弹发射筒盖和鱼雷发射管前盖处于打开状态）

带来不便。

　　受美俄限制核武器条约的制约，以及为了作战的需要，俄罗斯还把一些老型号核潜艇多次进行改装，如曾把部分"扬基"级弹道导弹核潜艇改为攻击型核潜艇，把两艘"扬基"级和一艘"德尔塔 –3"型弹道导弹核潜艇改装成辅助研究试验船等，这样做可节省经费和缩短建造时间。

俄罗斯"德尔塔"级"D–4"型弹道导弹核潜艇

2. 生命力较好。

　　俄罗斯核潜艇全部采用了双壳体结构，保持25%～30%的储备浮力，抗沉性好，少量的舱室进水对核潜艇威胁不大；耐压艇体和非耐压艇体之间具有较大空间，能够有效地缓解外来碰撞或遭袭时的冲击；俄罗斯核潜艇几乎都采用两座反应堆和两套动力装置，互为备份，保证了动力

硕大的俄罗斯"台风"级弹道导弹核潜艇甲板

的需求和可靠性。

3. 针对性强，个别性能突出。

俄罗斯核潜艇发展的目标明确，针对性极强，即主要以美国为作战对象。从其第一艘核潜艇的研制到现役最新的核潜艇，几乎每一级每一型的发展都是针对当时美国海军的主战舰艇，采用适应与美国抗衡的战略，比如俄罗斯建造巡航导弹核潜艇在世界上是独一无二的，主要针对美国的航空母舰等大型水面舰只。"冷战"结束后，为了努力缩小与美国的差距，竭力占据优势，俄罗斯核潜艇在某些性能指标上超过了美国，如首先采用钛合金作为核潜艇的船壳，下潜深度可达到1 000米左右，而美国核潜艇的最大下潜深度约为600米。为了提高核潜艇的水下航速，俄罗斯把攻击型核潜艇的耐压指挥围壳设计成战斗机舱盖形状，并把围壳舵移至船艏，减小了水的阻力，加之钛合金的船壳很轻，使"神父"级、"麦克"级和"阿尔法"级核潜艇的水下航速高达40节左右，

俄罗斯"阿尔法"级核潜艇（钛合金船体）

一度成为世界上跑得最快的核潜艇。

4. 自身安全性相对偏低。

俄罗斯核潜艇抵御外来攻击的能力较强，但为何发生的重大事故数量是世界上最多的呢？主要是其内部因素造成的，特别是在人员素质、武器装备可靠性、电子设备可靠性等方面与美国存在差距。为了在激烈的军备竞赛中保持数量、吨位、潜深、航速方面的优势，而牺牲了一些自身安全性。如"奥斯卡"级的"库尔斯克"号巡航导弹核潜艇就是因为舱内一枚鱼雷故障引起爆炸，造成艇沉没；一艘"扬基"级弹道导弹核潜艇沉没的原因也是导弹燃料泄漏而引起爆炸；另外，电器设备引起的火灾事故也时有发生；从噪声水平上看，由于俄罗斯动力装置采用噪声较大的蒸汽轮机和螺旋桨推进方式，使得核潜艇的辐射噪声水平普遍高于美国，影响了核潜艇的隐蔽性。

5. 新型核潜艇令世界震惊。

虽然俄罗斯的核潜艇尚存在一定的缺陷，与美国有一定的差距，但实力仍然属于世界前列。特别是随着俄罗斯经济的逐渐恢复，俄总统普京把强军甚至强国的梦想寄托在海军身上。处于低谷的俄罗斯核潜艇正在"悄悄崛起"，伺机卷土重来。俄罗斯前海军总司令弗拉基米尔·库罗耶多夫曾经指出：我们必须向世界各大洋进发，我们的舰艇该出港了！

俄罗斯海军在继承发扬传统优势的基础上，追求战术技术各方面的平衡，采用更新的技术，积极研制出新一代"亚森"级多用途核潜艇和"北风"级弹道导弹核潜艇。正在研制的新型核潜艇主要有"旋转木马"号多用途攻击型核潜艇。

"亚森"级具有反潜、用巡航导弹攻击水面舰只和发射防空导弹等多重功能，装有噪声小、安全性好的一体化自然循环反应堆，据说可下潜600米，是世界上最先进的攻击型核潜艇之一，已经于2012年服役。让

俄罗斯"亚森"级首艇"北德文斯克"号多用途核潜艇

人不可思议的是，俄罗斯于2003年研制下水了一艘"旋转木马"号多用途攻击型核潜艇，被称为"210工程"，目前仍在试验中。据透露，该艇能在极深水域进行人员营救任务和其他特殊任务，下潜深度高达3 000米，水下航速更是惊人地突破50节，最大自持力120天，辐射噪声不到90分贝。它将是世界上潜得最深、跑得最快、噪声最小、自持力最大的核潜艇，它的性能达到了"登峰造极"的地步，一旦服役，将把世界所有所谓最先进的核潜艇统统抛在后面。

俄罗斯"北风"级弹道导弹核潜艇首艇"尤里·多尔戈鲁基"号下水

"北风"级弹道导弹核潜艇尽管比"台风"级小，但它的总体性能却有所提升，甚至超过美国的"俄亥俄"级核潜艇。该级核潜艇水下排水量比美国"俄亥俄"级的1.87万吨小1 700吨，但水下最高速度达26节，比"俄亥俄"级快2节，下潜深度超过450米，比"俄亥俄"级的300米深150米之多，因此它在机动性和生存能力方面都占有优势。"北风"级的艇体表面贴敷了厚度超过150毫米的消声瓦，并在消除红外特征、磁性特征、

俄罗斯"北风"级新型弹道导弹核潜艇

尾流特征等方面都采取了一些独到的隐形措施，使敌方无论在水中还是在太空都很难发现它，因此它的总体隐形性能要强于美国的"俄亥俄"级。另外"北风"级装备了与"俄亥俄"级"三叉戟−2"型导弹相近的分导式弹道导弹，还拟装备反潜导弹、潜对空导弹和速度达200节的高速火箭鱼雷（不但可以反潜，也能反鱼雷），综合火力强于"俄亥俄"级核潜艇。该级核潜艇已于2013年交付使用，将逐步替换现有的战略导弹核潜艇。

俄罗斯新型核潜艇充分反映了俄罗斯未来潜艇功能多、机动性好、噪声小、自动化程度高的发展趋势，将完成战略威慑、战略打击、攻击作战、反潜作战、远程巡逻、破交、封锁海域、布雷、防御作战、侦察监视、执行特种作战及水下运输等任务，为俄罗斯的安全和国家利益提供重要保障。

未来，俄罗斯海军将保持拥有约 15 艘左右的战略导弹核潜艇和约 30 艘攻击型核潜艇（含巡航导弹核潜艇）。这些堪称世界顶级的"核巨鲨"将游弋在大洋深处，成为俄罗斯举足轻重的前沿首发力量，并可大大动摇美国海军核潜艇的霸主地位。

4.3 英国核潜艇借助外援

英国于 1963 年建成第一艘攻击型核潜艇"无畏"号，至今已经发展了 7 个型号 29 艘核潜艇，其中攻击型核潜艇 21 艘，弹道导弹核潜艇 8 艘。英国目前在役的 14 艘核潜艇中，攻击型核潜艇只剩下"快速"级 1 艘、"特拉法尔加"级 7 艘和"机敏"级 2 艘，弹道导弹核潜艇只剩下"前卫"级 4 艘。

英国研制和发展核潜艇的最大特点是"引进技术和自行研制"并举，国家的全部战略核力量都隐藏在核潜艇上。同时，英国核潜艇的发展还有以下特点。

1. 重要设备和武器来自美国。

英国在本国技术和财力不足时，为了尽快解决"有无"问题，便从盟友美国那里引进技术或直接购买重要的设备和武器，包括核动力、导航设备、通信设备、火控系统和各种导弹。所以，英国核潜艇身上总会看到美国核潜艇的影子。比如，英国第一艘攻击型核潜艇"无畏"号从美国移植了 S_5W 标准型核反应堆，以后的核反应堆也多是仿造和改进的；英国各型核潜艇（包括最新的"机敏"级攻击型核潜艇）装载的"鱼叉"反舰导弹、"战斧"巡航导弹都是从美国购进的；第一代弹道导弹核潜艇"决心"级装载的"北极星"导弹和"三叉戟 –1"型导弹、第二代弹道导弹核潜艇"前卫"级装载的"三叉戟 –2"型导弹也都是由美国购买的。英国采取"拿

英国"特拉法尔加"级攻击型核潜艇

来主义"，节约了研制经费，争取了时间，减少了风险。这种建立在英美盟友"牢不可破"的基础上的发展之路，当然不失为一条捷径。

2. 水下战略核力量独当一面。

英国是继美苏之后第三个掌握核武器的国家。作为美国的主要盟国，英国在要不要拥有自己的核力量、发展什么样的核力量、需要多大规模的核力量等重大战略问题上曾展开过激烈的论战，最后决定建设一支"独立的"、"最低限度的"核威慑力量，旨在能维护"大国"的威严，以威慑求安全，以有限然而有效的核力量遏止可能遭受的核打击，从而达到威慑敌方的目的。英国把最有效的核力量定格在海洋，最终决定坚定不移地把国

英国"前卫"级弹道导弹核潜艇

家所有的战略核力量转移到大洋深处，全力发展生存能力强、机动性好、突防概率高的弹道导弹核潜艇，并淘汰了陆基战略导弹和战略轰炸机。目前，4艘"前卫"级弹道导弹核潜艇是英国全部的战略核力量。

3. 总体设计有创意。

英国虽然在一些关键技术和武器上依赖美国，但也注重发展自己独特的技术，形成自己的一些特点，这主要体现在总体设计方面。如：为了降低潜艇的辐射噪声，英国在核潜艇上较早采用了浮筏减震技术和在船体外表面敷设消声瓦，然后又在第三代攻击型核潜艇"特拉法尔加"级上取消了传统的螺旋桨，首先采用泵喷射推进技术，据说最大噪声只有100分贝左右。上述降噪技术已经成为各国纷纷效仿的目标。另外，英国所有的核潜艇均不设指挥台围壳舵，只在船首设艏水平舵，目的是追求潜艇在潜望深度低速航行时具有较好的操纵性，并可缩小指挥台围壳的尺寸，从而减小潜艇水下航行阻力。

英国"特拉法尔加"级攻击型核潜艇的泵喷射推进

英国已交付使用的"机敏"级攻击型核潜艇性能更为先进，明显超过了"特拉法尔加"级。水下排水量为7 800吨，艇长97米，型宽11.27米，排水量和主尺度均比"特拉法尔加"级增大不少，但这为增加武器装备和改善核潜艇的综合性能提供了条件。

英国"机敏"级攻击型核潜艇

"机敏"级为单壳体结构，采用泵喷射推进器和传统的"十"字形艉舵、艏水平舵，水下最高航速29节，最大下潜深度超过300米。该艇装备6具直径为533毫米鱼雷发射管，可发射反潜/反舰线导鱼雷、"战斧Block Ⅲ"型巡航导弹和"鱼叉"反舰导弹等，装载总量为38枚。"机敏"级取消了传统的光学潜望镜，换上了具有彩电摄像机和热成像摄像机等集成技术的光电桅杆。核反应堆为长寿命堆芯，在整个服役期

英国"机敏"级攻击型核潜艇内部操纵台

内都不必中途换料。在降噪方面，继承了以往的技术，继续采用浮筏减震、敷设消声瓦，并改进了泵喷射推进装置，将是世界上最安静的潜艇之一。

4.4 法国核潜艇独树一帜

法国研制核潜艇的道路与众不同，别出心裁，极具特点。

1. 独立自主，量少质高。

法国核潜艇起步较晚，但始终坚持走自己的发展道路。1966 年法国退出北约军事共同体后，更是强化推行独立的防务政策和军事战略。他们知道，为了在强国林立的世界环境中立于不败之地，必须牢牢地掌握主动权，而不能依赖于别国，受他人钳制。法国认为，现代军事技术发展很快，海军装备每过 20 年就要被淘汰掉，所以不主张大量生产同一个档次的武器装备，坚持多研究少建造，加快更新。在这种总体思想的主导下，法国特别强调核潜艇装备的国产化，并重点在高质量、高性能上下功夫，而不是一味拼凑数量。当其他核大国的核潜艇一窝蜂地出现时，法国胸有成竹地推出了少量极具威胁的核潜艇"精品"，这足以使任何对手都不敢轻举妄动。法国所有的核潜艇都是由本国研制建造的，从1964年开工第一艘核潜艇，至今已发展了4个级别共15艘，仍在服役的还有10艘（其中"红宝石"级攻击型核潜艇6艘、"不屈"级弹道导弹核潜艇1艘、"凯旋"级弹道导弹核潜艇3艘）。

2. 优先发展弹道导弹核潜艇。

法国极为重视海上远程核力量的发展，强调依靠本国技术力量，实行海上核威慑与核反击，并且明确提出，"如果海军没有核威慑战略，就没有独立的海军战略"，把弹道导弹核潜艇喻为国家战略核反击力量中"最珍贵的宝石"。在发展战略核潜艇（即弹道导弹核潜艇）和攻击型核潜艇的先后顺序上，法国与其他国家的做法都不同，是唯一先发展战略导弹核潜艇，后发展攻击型核潜艇的国家。自20世纪60年代开始，法国加快了现代化建设，先后发展了三级（"可畏"级、"不屈"级和"凯旋"级）

法国"红宝石"级攻击型核潜艇

弹道导弹核潜艇。法国海军不断采取新技术，更换新型号，先后发展了"M1"、"M2"、"M20"、"M4"、"M45"和"M51"型潜基弹道导弹，使弹道导弹核潜艇始终保持先进水平。这也是法国"矛尾鱼计划"（即发展潜基战略武器计划）最具特色的一笔。1996年2月，法国总统希拉克宣布关闭其东南部阿尔比昂高原的18个导弹基地，并销毁库存的核弹头及陆军使用的射程达5 000千米的弹道导弹。法国于20世纪末基本结束了陆空战略核力量的存在，只剩下弹道导弹核潜艇作为独挑大梁的核支柱。法国将淘汰所有的老式弹道导弹核潜艇，而最终由4艘性能先进的"凯旋"级取代。该级核潜艇携带16枚射程为8 000千米以上的"M51"型多弹头核导弹和"SM39"型"飞鱼"反舰导弹，装备4具直径为533毫米鱼雷发射管，具有噪声低、隐蔽性好、作战能力强及自动化程度高等特点。

法国"红宝石"级核潜艇的艇徽

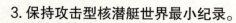

3. 保持攻击型核潜艇世界最小纪录。

法国海军很早就提出研制攻击型核潜艇的设想，但由于建造过程中屡屡受挫，故几次夭折。直到1976年，才在瑟堡造船厂开始建造第一艘"红宝石"级攻击型核潜艇。这艘核潜艇的水下航速为25节，下潜深度超过300米，装备高性能的探测设备和4个鱼雷发射管，可发射"F-17"型反

潜鱼雷或"SM39"型"飞鱼"反舰导弹。"红宝石"级1983年2月服役，比弹道导弹核潜艇整整晚了12年。

"红宝石"级攻击型核潜艇创造了3个世界之最。第一，它是目前世界上最小的攻击型核潜艇，水下排水量仅为2 670吨，全长73.6米，其大小与有的常规潜艇相当。由于小巧玲珑，机动性较好，非常适合浅海隐蔽活动。法国是地中海沿岸国，地中海是法国海军的重要活动场所，更适于小型潜艇活动。第二，它在世界上率先采用"一体化"自然循环核反应堆，即把分散的核动力装置"浓缩"成一个整体，具有结构紧凑、系统简单、体积小、重量轻的优点。特别是大大减少了因管道引起的破损事故，并提高了核反应堆在低功率下的安全性（即提高了自动冷却核反应堆的能力），这一创举在当时足足领先世界15年以上。第三，它的推进方式（包括弹道导弹核潜艇）全部采用电力推进，其最大的优点是航行中产生的噪声比蒸汽齿轮推进小。

"红宝石"级核潜艇兼有核潜艇和常规潜艇之长，无论从机动性、隐蔽性、安全性，还是从造价方面来看，都有质的突破。但其最大的不足是潜艇装载的武器少，在一定程度上影响了战斗力。为了提高攻击型核潜艇的作战能力和隐身程度，据悉法国正在研制名为"梭鱼"级的核潜艇，首艇已于2004年开工。

法国现代核潜艇的鱼雷发射部位由前端移到两侧（长方形盖内）

法国"梭鱼"级攻击型核潜艇想象图

该艇长约85米，比"红宝石"级增加10米左右，水下排水量约为4 500吨，比"红宝石"级多1 000多吨。改用泵喷射推进装置，低速时仍用电机推进，增加了"猎头皮"型对陆攻击巡航导弹，装载雷弹数量增至18枚（"红宝石"级为14枚），无论是在数量上，还是在质量上，都大为提高。

4.5 "征服者"号核潜艇征服马岛

核潜艇在半个多世纪以前就已经出现了，已不是什么新式武器。但由于核潜艇是敏感武器，50多年来，弹道导弹核潜艇只用来作为威慑和恫吓力量，从未在战争中动用过。攻击型核潜艇也仅仅参加过一次真正意义上的海战，即在1982年英国和阿根廷为争夺马尔维纳斯群岛（英称福克兰群岛）领土主权而发生的战争中，英国潜艇与阿根廷水面舰艇之间的那场马岛海战。

马岛海战是第二次世界大战之后最著名的一次海战。作为英国特混舰队中核潜艇之一的"征服者"号核潜艇，在这次海战中抢了头功，成为最耀眼的亮点，这也是核潜艇自诞生以来首次也是唯一一次击沉敌舰的典型战例。

"征服者"号是英国皇家海军第一代攻击型核潜艇，属于"勇士"级的第4艘。1971年11月9日服役，该艇全长86.9米，水下排水量4 900吨，水下最大航速28节，有6具鱼雷发射装置，可携带26枚鱼雷。在马岛海战中，它的任务是在暗中保护特混舰队的水面舰只，使之免遭阿根廷海军舰艇的袭击。

英国"勇士"级"征服者"号攻击型核潜艇

1982年5月1日，浮在水面的"征服者"号的雷达突然发现了阿根廷的"贝尔格拉诺将军"号巡洋舰和另外一艘驱逐舰、一艘护卫舰。艇长布朗中校立即向特混舰队司令伍德沃德报告，情报很快传到以"铁娘子"撒切尔夫人为首的英国战时内阁，内阁下达了"择机攻击"的命令。"征服者"号全体官兵立即紧急行动起来，潜艇像一头猎豹，快速下潜至潜望深度隐蔽，并以10节的安静航速向位于火地岛南方海域的"贝尔格拉诺将军"号悄然逼近。

幽暗的海面下，没有风，也没有浪，却隐隐涌动着杀机。英军核潜艇"征服者"号率其他4艘常规潜艇封锁了马岛周围200海里水域。这些"水下杀手"们怀揣着英国战时内阁的"尚方宝剑"：凡进入封锁区的阿根廷军舰格杀勿论！

"贝尔格拉诺将军"号巡洋舰是一艘由美国

英军出征马岛的几艘核潜艇都有一段不平凡的历史。其中"勇士"号1967年从新加坡潜航返回英国，完成了1.2万海里的航程，创下了英国海军潜艇水下连续航行25天的纪录。而"征服者"号如同教科书般完美展现了攻击型核潜艇令对手恐惧的战斗力，更加声名显赫。

英军当时在马岛的封锁区是200海里，但阿根廷的"贝尔格拉诺将军"号巡洋舰却是在封锁区外被"征服者"号核潜艇击沉的。英军为什么要违背战争规则，这样做呢？因为当时特混舰队的司令伍德沃德主要出于这两点考虑：第一点，防患未然，消除威胁。"贝尔格拉诺将军"号现在在封锁区外面，射程够不着英军，但是英军一旦全力在马岛展开登陆作战，此舰几个小时就可以进入封锁区，英军的舰队将迅速进入它的导弹射程和航空兵的航程，它就会在后面置英军于死地，可能给英国人带来灭顶之灾。这种威胁在马岛大规模登陆作战之前一定要消除，这是作战需求所决定的。第二点，杀一儆百，敲山震虎。在阿军的三个编队中，英军为什么光打这个编队？言以蔽之，好打！这个老舰个头巨大，但是很老，反潜能力相当差，而两条护航舰艇也不好使，因此英军小试牛刀。事实证明，阿根廷这艘国家荣誉海军荣誉象征的巨舰被英军打掉后，确实起到了敲山震虎，杀鸡骇猴的作用，此后，阿海军撤回阿根廷沿岸，再也不敢打了。

建造并参加过第二次世界大战的大型舰艇。1951年被阿根廷买下，经过现代化改装后，性能有所提高。该舰全长184.4米，宽21米，满载排水量13 645吨，最高航速32.5节，装备有2座4联装"海猫"式舰对空导弹和2架直升机以及近80门各种口径火炮，是阿根廷海军第二主力战舰。

5月2日下午，"贝尔格拉诺将军"号舰长邦索见海面无异常情况，便下令朝本国大陆沿岸方向返航。舰上的官兵在紧张的海面度过了数日后，终于可以回家了，他们在一片宁静的气氛中悠闲自得地休息和娱乐起来。殊不知，此时一条身藏暗器的"洋底黑鲨"正侦听着巡洋舰螺旋桨发出的声音，并秘密尾随着——安静的海面孕育着一场即将来临的灭顶之灾。"贝尔格拉诺将军"号虽然号称阿根廷第二大军舰，但没有先进的反潜探测设备和现代化的搜索系统，更没有任何反潜武器，"征服者"号在它后面盯梢了数十个小时它却茫然不知。

16时，在离阿根廷舰队大约3海里时，"征服者"号上的指挥官终于下达了命令："准备进攻！"接到攻击命令的水兵们顿时来了精神。自战争爆发以来，"征服者"号一直隐忍在海底与鱼为伴。此时，核潜艇逐步加速，开足马力向阿根廷人的军舰猛扑过去。近了，更近了，"征服者"号开始做攻击的最后准备。艇长下令艇员打开鱼雷发射管前盖，鱼雷兵开始计算射击诸元。老迈的"贝尔格拉诺将军"号此刻对危险仍然毫无觉察，依旧神气活现地在海面慢慢游弋。这时，"征服者"号的艇长下达了他一生中最重要的一个命令："发射！"这是人类历史上第一次发出核潜艇实战攻击的命令。只见两枚（一说三枚）老式的"MK-8"型直航式鱼雷像两只钻地鼠，一前一后擦着水面急速向"贝尔格拉诺将军"号奔去。几分钟后，第一枚鱼雷狠狠地击中了阿根廷巡洋舰的左舷一号主机舱，300多千克高能炸药把舰体撕开了一条大口子。顿时，"贝尔格拉诺将军"号左舷碎片飞扬，烟火弥漫，血肉模糊，阿根廷水兵们被这样的场景震惊了！没容他们从惊愕中回过神来，几秒钟后第二枚鱼雷又重重地撞在"贝尔格拉诺将军"号的舰艏弹药库附近——惊天动地的爆炸后，眨眼之间就让这位"将军"尸首分了家，使阿根廷人起死回生的幻想彻底破灭，万吨巡洋舰的舱室里涌进了大量海水并开始下沉。

舰长邦索的眼睛湿润了，这艘跟随他多年的战舰一炮未放就惨遭暗算。万般无奈之下，舰长只得下令弃船，一千多名官兵纷纷跳入大海逃命，有320多人遇难。

17时40分，挣扎了一个多小时的"贝尔格拉诺将军"号终于停止了"痛苦的"扭动，侧身淹没在海水墓地中，水面上只留下一个大大的漩涡。远处的救生筏上，隐隐传来哀婉凄切的阿根廷国歌声。人类历史上第一次核潜艇实战攻击被记在了英国"征服者"号核潜艇的名下。

"征服者"号核潜艇一举成功后，想都不想就全速撤离现场。与"贝尔格拉诺将军"号同行的阿根廷一艘护卫舰和一艘驱逐舰曾疯狂追击，并投掷了整整两个小时的深水炸弹，试图把袭击者"千刀万剐"，但都被核潜艇巧妙地躲了过去。

其实，当时"征服者"号核潜艇还携带着更为先进的"MK-24"型"虎鱼"线导电动鱼雷，为什么没使用呢？这有两种说法：一是因为"虎鱼"型鱼雷的自导系统在当时对水面目标还处于一种无能为力的窘态，也就是说当时的"虎鱼"型鱼雷反舰能力较差，还派不上用场呢！另一种说法是，"虎鱼"型线导鱼雷价格昂贵且产量不多，"征服者"号只携带了4枚，其余仍是"二战"前设计的"MK-8"型直航鱼雷。由于阿根廷舰队毫无戒备，"征服者"号又占据了绝对有利的攻击阵位，所以使用廉价且可靠有效的普通鱼雷就足以胜任了。

马岛之战最终以阿根廷的失败而告终，仅占英国参战舰艇总数很少的核潜艇，却在整个海战中发挥了巨大的作用。"贝尔格拉诺将军"号的覆灭给阿方造成心理上和军力上的沉重打击。核潜艇通过这次远程奔袭的海上实战，以无可辩驳的事实向世人证明了它那无可比拟的续航力、灵活性和隐蔽性，对现代潜艇作战运用有着不可忽视的借鉴作用。

马岛海战的规模虽然远不及"一战"、"二战"中那些场面宏大的海战，但是，由于核潜艇等新式武器投入战场，使这场海战明显区别于传统海战，它实际上揭开了新时代的序幕，预示着高科技战争时代的到来。

4.6 水下"战斧"砍向何方

在核潜艇上装载的各种武器中，最出风头的要算是美国海军的"战斧"型巡航导弹了。"战斧"导弹是美国海军最先进的全天候、亚音速、多用途巡航导弹，已成为美海军远程打击的重要力量。该型导弹于1972年研制，1983年正式投入使用。从海上发射的"战斧"导弹兼有战略和战术双重作战功能，近年来大显身手的主要是"C"型及其改进型"Block Ⅲ"型（意为第三批改进）。

"战斧"式巡航导弹之所以成为美军攻击的先锋，这是由其特点决定的。首先，它不需要人员近距离投送，减少了己方人员伤亡；其次，由于

美国"洛杉矶"级核潜艇水下发射"战斧"导弹

美国"战斧 Block IV"型巡航导弹实物

无论是何种形式的"战斧"导弹,它们的外形尺寸、重量、助推器、发射平台都几乎相同,不同之处主要是弹头、发动机和制导系统。"战斧"导弹身长约6.24米,直径0.527米,水平翼长2.65米,发射重量1 452千克。导弹在航行中采用惯性制导加地形(景象)匹配或卫星定位修正制导,射程在450～2 500千米,飞行时速约800千米。导弹的巡航高度较低,海上为7～15米,陆上平坦地区为60米以下,山地为150米。

它的射程远、飞行高度低、红外特征不明显(发动机火焰温度低,不易被雷达发现),使其具有较强的突防能力;此外,它还有战术灵活性较大、发射方式多样等特点。但最重要的是"战斧"导弹具有"百步穿杨"的高精度,命中精度可达到在2 000千米以内误差仅有几米的程度。这主要仰仗它先进的复合制导系统,这一优点突出表现在"战斧"导弹家族中最风光的"Block Ⅲ"型上。

一艘美国"洛杉矶"级核潜艇进入北极

该型"战斧"导弹于1995年定型，增加了GPS全球卫星定位系统制导技术，构成"惯性制导＋地形匹配制导＋GPS卫星导航制导＋数字式景象相关匹配制导"的连续全程复合制导：惯性制导是基本导航系统，能够实现自我纠偏；地形匹配制导系统可以"顺藤摸瓜"，修正惯导系统的误差；GPS全球卫星定位系统更是可以"借星问路"；在末段采用的数字式景象相关匹配制导系统则可以"按图索骥"，保证最终命中精度。此外，"战斧"导弹还配装了延时引信，可使导弹穿入坚硬的目标内部爆炸，破坏威力增大；发射准备时间（即从接到发射命令到发射出去）也由20多个小时缩短为几个小时，增大了作战的突然性；还设立了新的随机编码操作和燃料调

美国"洛杉矶"级核潜艇主控制室

节系统，能自行控制导弹在最佳飞行路线上飞行，射程增加到 1 600 千米以上，可控制导弹到达目标的时间。

　　"战斧"导弹的发射方式取决于发射母体，在水面舰艇上用的是箱式发射装置或垂直发射装置，在潜艇上既可用鱼雷发射管也可用外置式垂直发射装置。无论是垂直发射还是鱼雷发射管水平发射，都各有优缺点，这正是目前发射方式多样化的原因。总的来说，相比于标准鱼雷管发射，垂直发射系统虽然有额外占据艇内空间、投资大、不能再次装填和可能出现发射后因故回落意外"砸艇"的缺点，但由于垂直发射方式储弹量大、火力强、水中弹道简单、易于控制、可靠性高、反应时间短、出水速度快、便于全方位发射和齐射等，仍被视为潜艇发射巡航导弹的发展趋势。

一艘美国"洛杉矶"级核潜艇正在装载"战斧"导弹（垂直发射筒盖已打开）

自 20 世纪 90 年代以来，"战斧"导弹在战争中频繁亮相，其中从核潜艇上就隐蔽发射了数百枚这种导弹。

首先在海湾战争中初露锋芒。

美国攻击型核潜艇的第一次实战是在 1991 年 1 月 17 日开始的海湾战争中，美国派遣了近 10 艘攻击型核潜艇参战。打响海湾战争"第一炮"的就有从"洛杉矶"级攻击型核潜艇"路易斯维尔"号发射的"战斧"巡航导弹。在这次为期 42 天的战争中，以美国为首的多国部队向伊拉克发起了代号为"沙漠风暴"的大规模攻击，美国海军一共发射了 320 多枚"战斧"巡航导弹，其中 289 枚是从 2 艘"洛杉矶"级核潜艇和 15 艘水面舰只发射的，仅从"路易斯维尔"号核潜艇上就发射了 38 枚。据美国防部公布的结果，这些"战斧"导弹攻击目标的成功率达到了 85%。导弹的打击对象全部是战略目标，诸如化学武器工厂、发电厂以及高级领导机构的指挥、控制与通信中心等。这种"点穴式作战"严重打击了伊拉克军队的士气，并使伊拉克处于瘫痪状态。之后几年，在对伊拉克的袭击行动中，都有美国攻击型核潜艇的参与。

如 1991 年～1994 年间，美海军对伊拉克的军事基地、情报总部大楼等要害部位进行了 3 次大规模的"战斧"导弹袭击，共发射了 108 枚"战斧"导弹。

1996 年 9 月 3 日～4 日，美国对伊拉克南部"禁飞区"内的防空设施进行了海空联合导弹突击。据美国防部透露，美国海军发射的 31 枚"战斧"导弹中有 29 枚命中目标，成功率达 94%。这是"战斧"导弹问世以来取得的最好作战纪录。

1998 年 12 月 17 日～19 日，美英军队对伊拉克发起了代号为"沙漠之狐"的军事行动，美国在独立空袭战役的第一个最重要阶段全部使用 300 多枚新型的"战斧"巡航导弹，从而形成密集的导弹战局面。

科索沃战争中使用的"Block Ⅲ"型"战斧"导弹比海湾战争中使用的"BGM-109C"型"战斧"导弹先进得多，甚至可以说有了革命性的变化。

其次在科索沃战争中联合发威。

英国海军的发展思路是紧跟美国之后的。海湾战争后，英国海军向美国采购了大量"战斧"导弹，于1998年11月最先装备在"快速"级"辉煌"号核潜艇上，并具备初始作战能力。在1999年3月24日爆发的科索沃战争中，共有3艘美国"洛杉矶"级攻击型核潜艇（分别是"诺福克"号、"阿尔布凯克"号、"博伊西"号）和1艘英国"辉煌"号攻击型核潜艇参与了袭击。3月26日，英国"辉煌"号核潜艇第一次从亚得里亚海水下发射了一枚"Block Ⅲ"型"战斧"导弹，直接参与了对南联盟的军事和民用设施的袭击，这也是英国舰艇首次在实战中发射"战斧"导弹，该艇在这次战争中总共发射了20枚"战斧"型巡航导弹，

美国一艘"洛杉矶"级核潜艇紧急上浮

美军从水面和水下共发射了200多枚"Block Ⅲ"型"战斧"导弹。其中大部分是装有近半吨爆破杀伤普通弹头的"Block Ⅲ-C"型导弹，有的加装了钛壳体穿甲弹头，用来攻击坚

英国"辉煌"号核潜艇

硬的固定目标；少部分是装有166个子弹头的"Block Ⅲ-D"型，用来攻击机场和轻型车辆集结处。

2001年10月7日~8日，位于阿拉伯海水下的英国皇家海军的"辉煌"号攻击型核潜艇和另一艘核潜艇向阿富汗境内发射了"战斧"导弹。这是"辉煌"号核潜艇继北约组织对南联盟发动联合空袭后，第二次投入实战。

第三次在伊拉克战争中称雄称霸。

2003年3月20日，伊拉克战争开战。无论是第一阶段的"斩首"行动还是后来的"震慑"行动，攻击型核潜艇都参与了"战斧"导弹的发射。此次参战的美英联军舰艇共发射了800多枚"Block Ⅲ"型"战斧"巡航导弹，潜艇实际发射的数量不详，但是，潜艇实战发射"战斧"导弹攻击陆上目标获得成功的意义却十分重大。战争中美英联军共出动了至少13艘核潜艇（美国11艘，英国2艘），这些潜艇全都装备了"战斧"巡航导弹。

北京时间3月20日上午，有2艘美国核潜艇参加了标志战争开始的第一轮轰炸，发射了第一批"战斧"巡航导弹，主要是对巴格达市区伊拉克军政要员的住地和巴士拉等大城市实施打击。3月21日，美国和英国共30艘舰艇向伊拉

美国的11艘参战潜艇都是"洛杉矶"级攻击型核潜艇，其中有一部分是跟随航母战斗群前往海湾地区的，还有一部分是单独抵达海湾地区的。英国的2艘分别为"快速"级攻击型核潜艇"辉煌"号和"特拉法尔加"级攻击型核潜艇"狂暴"号，它们是跟随英国"皇家方舟"号航母战斗群前往海湾地区的。

美国"洛杉矶"级核
潜艇与直升机合练

克境内发射了30余枚"战斧"巡航导弹。3月22日，转入以大规模、高强度空袭为主要特征的"震慑"行动阶段，第一个波次的空袭是由部署在红海和海湾的军舰（包括潜艇）发射300多枚"战斧"巡航导弹。"震慑"阶段空袭的目标主要是战略目标，除伊拉克领导层官邸、政府机构办公地点和国家主权标志性建筑物外，还重创了伊军指挥、控制与通信系统和部队驻地，对伊军队和民众造成巨大心理压力。在接下来的空袭行动中，不断有"战斧"巡航导弹从核潜艇上发射。

海湾战争以来，美英联军在伊拉克、波黑、阿富汗、苏丹等地投下数千枚巡航导弹，巡航导弹已经成为现代战争的主要杀伤武器，而且将成为开创21世纪无人攻击作战的一个撒手锏器。在第一轮空袭中之所以使用大量巡航导弹而不使用作战飞机，主要是担心人员过早伤亡和飞机被击毁。美军在巡航导弹的使用方式上，主要是根据作战对象的防空情况和威胁程度来确定：如果对方防空力量强，对担任空袭任务的飞机威胁较大，就尽量集中使用巡航导弹进行首轮空袭，通过大批量饱和攻击，期望在较短的时间内最大程度上使对方的防空体系瘫痪，以夺取和控制制空权。

"战斧"每次出击都威力无穷。"战斧"呀"战斧"，你的下一个目标将砍向哪里？

4.7 核潜艇的"明天"

随着世界战争形势的变化和需要，核潜艇的使用和发展也呈现出崭新的态势。1980年世界上曾有300余艘核潜艇在役，1990年攀升到近370艘，到2003年却已逐步降至140艘左右。至今十几年过去了，一直都稳定在这个数量级。过去那种"以多取胜"的观念已渐渐过时，转为以高质量维持高水平的海上核均势。特别是美国、俄罗斯的核潜艇数量急剧减少，而核潜艇的隐蔽性、安全可靠性和作战能力却明显提高。可以说，现在有核国家已开始进入理智发展核潜艇的阶段，总的发展方向是"减少数量，提高质量"，"量少质精"已成为各国研制和发展核潜艇的基本原则。一场争夺核潜艇质量优势的竞赛，将随着现代高科技的应用和发展而愈演愈烈。其中最为突出的变化有以下几个方面。

1. 发展"一艇多能"的核潜艇。

过去，核潜艇分工比较细，基本执行单一的任务。如战略导弹核潜艇只用弹道导弹实施核打击，巡航导弹核潜艇只用战术导弹攻击海上水面舰艇，鱼雷核潜艇主要使用鱼雷反潜。后来证明，在变化莫测的现代战争中，这简直就是一种浪费。有时为了适应战争形势的不断变化，可能要分别派出好几艘不同类型的潜艇，势必增加潜艇的数量和指挥调动上的复杂性。而要使用远程潜射弹道导弹攻击对方大概是"百年不遇"的，俄罗斯和美国最多时却分别"养着"65艘和41艘弹道导弹核潜艇，深感负担之重。因此，核潜艇的数量多，意味着建造、维修、使用、培训、退役的经费也多。

为此，有核潜艇的国家都在走"少而精"的道路，研究发展多功能、多用途的核潜艇，他们开始利用鱼雷发射管发射巡航导弹，甚至在鱼雷核潜艇上加装巡航导弹发射装置，使攻击型核潜艇既可用鱼雷和反潜导弹反潜，也可用战术巡航导弹反舰，还可用战略巡航导弹攻击陆上目标，成为"三合一"的核潜艇；鱼雷和巡航导弹不但可用常规弹头，也可用核弹头；有的核潜艇已经安装或正在研制可发射防空导弹的装置。美国最新一代攻击型核潜艇"弗吉尼亚"级装有12具"战斧"型对陆巡航导弹垂直发射筒、4具鱼雷发射管，可携带对陆巡航导弹、反潜反舰导弹、鱼雷等38件武器，还可配置特种人员运载器。可见，具有全方位、立体攻击能力的"准战略核潜艇"或"超级攻击型核潜艇"，与老式潜艇相比，实在是不可同日而语。

美国"弗吉尼亚"级核潜艇水下发射鱼雷

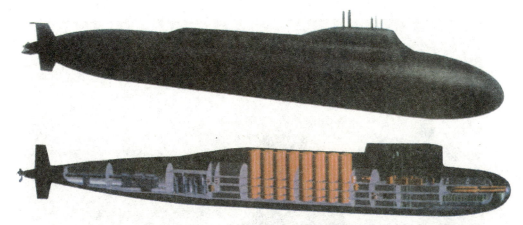

俄罗斯最新服役的"亚森"级多用途攻击型核潜艇示意图（上为外观效果图，下为剖视图）

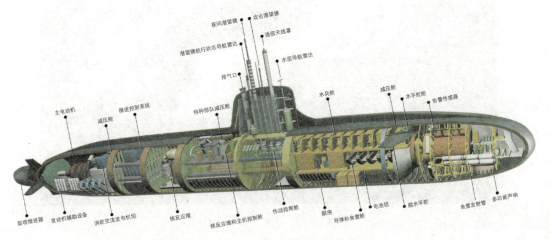

法国即将服役的"梭鱼"级攻击型核潜艇剖视图

在现代局部战争中（如海湾战争、伊拉克战争），多用途的核潜艇已凸显其作用。

据报道，无人作战平台（如潜射无人飞机和无人潜航器等）已经开始装备核潜艇。美国对"俄亥俄"级弹道导弹核潜艇进行的改造工程之一，就是在该艇上装备潜射无人隐形侦察机，可在水下从弹道导弹发射管发射，并可回收。美国海军还在研制可具备反潜、水雷对抗、情报收集、环境数据收集等功能的小型无人潜航器。这些无人作战平台搭载在核潜艇上，显著扩大了核潜艇的作战覆盖范围，可更安全、更灵便地进入对方控制的危

英国最先进的"机敏"级攻击型核潜艇

险区域,使核潜艇更加"神通广大"。

2. 装备"以一顶十"的潜射弹道导弹。

俄罗斯和美国受《削减和限制进攻性战略武器条约》的制约,加上对弹道导弹核潜艇的客观需求不紧迫,以及经费紧缺等原因,纷纷把一些老式弹道导弹核潜艇做退役处理或改为他用(如改为攻击型核潜艇或试验艇)。目前俄罗斯仅剩下 18 艘,其中"北风"级 3 艘、"台风"级 2 艘、"德尔塔"级 13 艘;美国只保留了 14 艘"俄亥俄"级,另有 4 艘"俄亥俄"级核潜艇已经改为巡航导弹核潜艇；英国和法国则各保持4艘弹道导弹核潜艇的数量。核潜艇数量的减少，并不意味着攻击能力的减弱，上述国家都在把精力和经费用在核导弹这个"刀刃"上，"好弓配利箭"，以此来弥补核潜艇数量的减少。弹道导弹技术的迅速发展，使潜艇发射的弹道导弹打得更远、更准，威力更大，导弹射程由第一代的2 000千米左右增至目前的12 000千米（如美国和英国的"三叉戟-2"型）；命中误差由过去的3 000米左右精确到现在的100米以内（如俄罗斯的"SS-N-28"型）；每一枚导弹的弹头由单弹头增至10个左右的分弹头，并且采用隐身、

俄罗斯最新的"北风"级"尤里·多尔戈鲁基"号弹道导弹核潜艇

传说中的印度"歼敌者"号弹道导弹核潜艇概念图

诱饵、抗辐射加固等技术，提高导弹突防能力。有这样的核潜艇"坐镇"，尽管数量不多，足以应付各种局面。

3. 追求"安静再安静"的隐身潜艇。

潜艇的主要优势在于其隐蔽性。潜艇可以跑得不够快，可以住得不够舒适，可以牺牲一点攻击能力，但绝对不可放弃任何一个可以改善隐蔽性的可能。而噪声是破坏潜艇隐蔽性的主要因素，为此，各国海军从未间断过降噪技术的研究，各种先进的降噪措施应运而生或正在抓紧研制中。如：采用磁流体推进（避免螺旋桨的搅动噪声）、广泛应用浮筏减震（使机械噪声在设备与船体间缓冲衰减）、进一步提高反应堆的自然循环能力（取消一回路主循环水泵产生的噪声）、艇外壳铺设消声瓦（既能吸收敌方主动声呐的探测声波，又能阻隔和降低本艇的噪声辐射，从而降低敌方主被动声呐和声自导鱼雷的探测能力）。目前降噪成果已显而易见，核潜艇最大噪声已由 20 世纪 50 年代的 150 ~ 170 分贝，普遍降到目前的 120 分贝左右，最先进的核潜艇甚至降到 100 分贝左右，接近海洋环境噪声。据报道，俄罗斯正在建造的称为"210"工程的"旋转木马"号核潜艇，其噪声水平可以如同海洋环境噪声，成为真正的"海洋黑洞"。

除了减震降噪，现代潜艇还继续采用减小红外特征（即减少船体外部发热）、消除航迹（如放射性痕迹、抛出物等）、减小雷达波反射截面、减少无线电通信中的暴露率、消磁等隐身技术。

4. 力争核动力装置更安全、更长寿。

核动力技术的发展方向主要体现在两个方面：一是通过提高核反应堆自然循环能力以提高其固有安全性，逐步达到在任何航速下或停堆后的一定时间内，核反应堆都能可靠地自行进行冷却，而不必使用冷却水泵；二

美国"弗吉尼亚"级核潜艇分段组装

是研制与核潜艇同寿命的核反应堆，即在核潜艇的整个服役期间都不必更换核燃料，减少换料所需的经费、时间和带来的污染，提高在航率。

5. 掀起"模块化"潮流。

模块化设计主要是从美国的多用途攻击型核潜艇"弗吉尼亚"级开始的。模块化是将潜艇划分为若干段，每个分段由模块、次模块、组件、部件和零件等组成。模块好似一个个独立自主的"积木"，可以任意组合成不同类型的潜艇。如：装上可发射弹道导弹的舱段模块，使攻击型核潜艇很容易变身为弹道导弹核潜艇；配置能容纳特种作战人员的舱区模块，使核潜艇可以达到特种作战潜艇的输送能力；同时还有耐压壳模块、非耐压壳模块、指挥控制模块、武器处理模块、辅助机械舱室模块、居住舱模块、指挥台围壳模块等。

核潜艇的规划、设计、建造和服役年限长达 30 ～ 40 年，在这个过程中对其进行改进和更新是必然的。虽然由于技术的不断发展，使得核潜艇在服役若干年之后进行改换装时，新设备的技术参数可能与原来预计的不尽相同，从而在一定程度上增加了改换装的难度，但由于模块化的特点及其在设计与建造时对重要设备和系统更新换代的预先考虑，可以事先预留出改换装的余度，超前提供改换装的必要条件。因此，模块化技术不仅可

美国"海狼"级核潜艇的导弹发射屏

缩短建造周期，更重要的是可提高建造质量和艇的寿命，降低建造成本和全寿期成本，比传统设计、建造模式更便于维修和改装。

6. 更加数字化。

近几十年来，飞速发展的电子技术给潜艇装备注入了新的活力，使得潜艇在水下探测、通信、导航以及作战指挥控制等方面取得了显著成果，大大提高了现代潜艇的综合作战能力。如"导航星"全球定位系统可在全球全天候情况下，提供极精确的航行定位数据；陆地上的极低频对潜通信设施可穿透100米的海水向水下潜艇发出指令，激光通信可单向达到300米；各种探测声呐更是脱颖而出，据悉最远的可探测到100海里远的噪声目标。

现代核潜艇大量采用计算机控制。美国海军"俄亥俄"级核潜艇装备的各种计算机达到29部，实现了自动化操纵与控制。核潜艇核动力装置广泛采用数字化技术，配制先进的控制监测系统，实现控制计算机化，使数据处理、综合显示、操纵管理达到先进水平。随着自动化水平的提高，可减少每艘核潜艇配备的艇员，减轻艇员的工作强度，改善居住性和提高自持能力。据悉，美国新型核潜艇已经成为全数字化核潜艇。

当然，核潜艇还有一个总体最优化问题，有时为了总体权衡，或为了确保某一指标的实现，会牺牲一点别的指标性能，如主要执行浅海活动的核潜艇，在航速和下潜深度上就可以放宽一些，但在隐蔽性方面要求则更为苛刻。

核潜艇的"明天"，是喜还是忧？

"黑鲨"能永远称霸海洋吗？

附表

国外核潜艇数量统计总表（截至 2015 年）

	攻击型核潜艇		巡航导弹核潜艇		弹道导弹核潜艇		辅助型核潜艇	合计	
	总数	在役数	总数	在役数	总数	在役数	均在役	总数	在役数
美国	142	54	5	4	55	14	1	203	73
	13级13型	3级3型："洛杉矶"（41）"海狼"（3）"弗吉亚"（10）	2级2型	1级1型："俄亥俄"（4）	4级4型	1级1型："俄亥俄"（14）	1级1型："NR-1"	20级20型	6级6型
苏联/俄罗斯	92	17	66	7	94	18	5	257	47
	8级12型	4级5型："V-3"（6）"S-2"（1）"AK-1"（6）"AK-2"（3）"亚森"（1）	4级7型	1级1型："O-2"（7）	5级10型	3级4型："D-3"（6）"D-4"（7）"T"（2）"B"（3）	2级2型："比目鱼"（2）"军服"（3）	19级31型	10级12型
英国	21	10	0	0	8	4	0	29	14
	5级5型	3级3型："快速"（1）"特拉法尔加"（7）"机敏"（2）			2级2型	1级1型："前卫"（4）		7级7型	4级4型
法国	6	6	0	0	9	4	0	15	10
	1级1型	1级1型："红宝石"（6）			3级3型	2级2型："不屈"（1）"凯旋"（3）		4级4型	3级3型
共计	261	87	71	11	166	40	6	504	144
	27级31型	11级12型	6级9型	2级2型	14级19型	7级8型	3级3型	50级62型	23级25型

注：1. 以上统计中不含尚未服役的新级别，如俄罗斯的"马驹"级攻击型核潜艇、法国的"梭鱼"级攻击型核潜艇和印度正在研制的"歼敌者"号核潜艇。

2. 有的核潜艇在服役后进行过改装，此表统计时仍以服役初期的舰种为准。如美国部分"华盛顿"级和"艾伦级"弹道导弹核潜艇曾被改装为攻击型核潜艇；美国部分"艾伦"级和"拉菲特"级弹道导弹核潜艇及部分"鲟鱼"级攻击型核潜艇曾被改装为特种部队运送艇；俄罗斯的"Y"级和"D-3"级弹道导弹核潜艇曾被改装为辅助型核潜艇和试验艇等。但是，美国改装为巡航导弹核潜艇的前4艘"俄亥俄"级弹道导弹核潜艇，列入巡航导弹核潜艇。

3. 美国早期有一艘"大比目鱼"号巡航导弹核潜艇，由于数量少且早已改为攻击型，所以归入攻击型核潜艇。

第 5 章　深海灾难何时休

5.1 核潜艇事故知多少

据粗略统计，从1954年全世界第一艘核潜艇诞生至今，美国、苏联/俄罗斯、英国、法国共建造核潜艇504艘，发生较大事故（含重大故障）322起，其中包括一些恶性事故，如核潜艇沉没事故和重大核事故。核潜艇事故已经造成惨重的人员伤亡、重大的经济损失和对海洋环境的直接威胁。

进入 21 世纪以来，虽然核潜艇事故在逐年减少，但重大事故仍时有发生。如 2000 年 5 月，英国"特拉法尔加"级"不懈"号攻击型核潜艇发生放射性泄漏事故，迫使 12 艘核潜艇停航，一时成为国际新闻热点；2000 年 8 月 12 日，俄罗斯北方舰队"奥斯卡"级"库尔斯克"号巡航导弹核潜艇爆炸沉没，震惊了世界；2001 年 2 月 10 日美国"洛杉矶"级"格林维尔"号攻击型核潜艇将日本"爱媛丸"号渔船撞沉，引起全球舆论哗然；2003 年 8 月 30 日，俄罗斯一艘退役的"N"级核潜艇在海上遭遇风暴而沉没；2005 年 1 月 8 日，美国"洛杉矶"级"旧金山"号

英国"前卫"号核潜艇

法国"凯旋"号核潜艇

核潜艇在关岛以南海域触礁，损坏严重；2007年1月9日，美国"洛杉矶"级"纽波特纽斯"号核潜艇在上浮时与日本"最上川"号油轮相撞，互有损伤；2008年11月8日，俄罗斯"阿库拉-2"型（K-317）核潜艇试航时，由于错误启动灭火系统，造成40多人伤亡；2009年2月，法国"凯旋"号战略核潜艇与英国"前卫"号战略核潜艇相撞，双方均遭到损伤；近几年，美俄英三国的核潜艇在维修时都发生过严重火灾事故。

潜艇是人类最昂贵的奢侈品之一。现在，潜艇的造价动辄几亿，甚至几十亿美元。美国"弗吉尼亚"级攻击核潜艇每艘造价约22亿美元；"俄亥俄"级战略导弹核潜艇造价高达28亿美元。美国"海狼"级攻击核潜艇每艘成本约30亿美元，其中第3艘"吉米·卡特"号成本35亿美元。它是世界上最昂贵的潜艇，堪称世界潜艇之王。

核潜艇在设计、研制、建造、使用、维修、退役的全寿期内，都有可能发生各种事故。核潜艇事故的类型繁多，教训惨痛。

下面对国外核潜艇事故进行简要的分类、分析。

一、按事故发生的国家分类。

国外核潜艇事故统计表

类　别 ＼ 国　别	美国	苏联/俄罗斯	英国	法国	总计
事故发生次数（次）	151	120	45	6	322
各国事故占全世界事故总数的份额	47%	37%	14%	2%	100%
共建造核潜艇数量（艘）	203	257	29	15	504
事故率（事故次数/每艘艇）	0.74	0.46	1.52	0.4	0.64
各国现役核潜艇数量（艘）	73	47	14	10	144

注："事故发生次数"仅是一个参考值，实际次数应该更多，因为有些事故因保密原因未公开（下同）。

由表中可看出，美国核潜艇发生的事故最多，这与美国核潜艇建造时间最早、数量较多（仅次于苏联/俄罗斯）、使用强度最大（在航率高达70%左右）、公开报道多等原因有关。

虽然苏联/俄罗斯的核潜艇数量最多，但发生的事故次数却少得多，究其原因可能是：

第一，苏联核潜艇的服役时间比美国晚5年，核技术相对来说更趋于成熟，并吸取了美国核潜艇事故教训，在安全管理方面有所防范；第二，苏联/俄罗斯历来对核潜艇事故消息实行保密和封锁，外界不易获取信息；第三，苏联/俄罗斯核潜艇的使用强度很低，在航率一般不大于30%，也就是说，他们的大部分核潜艇平时都被隐蔽在洞库、山洞或秘密港湾里，核潜艇使用少，故而事故就少。

英国的绝对事故量虽然较少，但由于核潜艇数量比美国和俄罗斯少得多，所以事故率（即平均每艘艇发生事故的次数）并不低，是四国中相对事故最高的国家。法国核潜艇事故发生得最少。

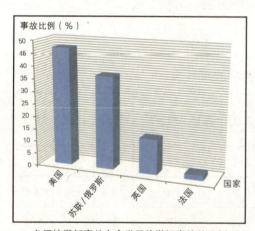

各国核潜艇事故占全世界核潜艇事故的比例

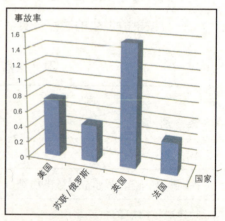

各国核潜艇事故率（事故次数/每艘艇）

美国海军曾称"长尾鲨"级核潜艇是当时世界上最先进的攻击型核潜艇，最大下潜深度为396米。它有一种当时的秘密武器——潜射型反舰导弹，可以像普通鱼雷那样发射，然后跃出海面飞行10多千米，袭击目标。

1963年4月9日上午8时，美国海军"长尾鲨"级首艇"长尾鲨"号攻击型核潜艇由约翰·哈维中校指挥，从朴茨茅斯出发与"云雀"号潜艇救援舰汇合，准备进行首次大修后的300米下潜试验。

这是一次普通的深潜试验，毫无惊险可言。开始阶段，基本正常。9时02分，潜艇在200米的温跃层，"云雀"号收到乱码的水下电话："通信…小困难，正在调试……"然后是更含混的信息。9时09分，"长尾鲨"号发动机舱的一个冷却管焊接头断裂，发生泄漏。管道破裂，没有了冷凝水，核反应堆迅速自动关机。潜艇失去动力，开始下沉。哈维艇长全力挽救，随后核潜艇开始使用备用的常规电池动力系统。

然而，最糟糕的情况发生了："长尾鲨"号开始加速下沉。9时13分，哈维通过水下电话报告，但传输都是乱码……"云雀"号军官能从扬声器里听到压缩空气喷射的"嘶嘶"声。

9时15分，"云雀"号舰长赫科尔少校询问哈维是否能控制潜艇。没有响应。

9时16分，"长尾鲨"号发出了"900"。美国海军代码中，1000表示潜艇损失，900表示潜艇遭遇危机。

9时17分，"云雀"号接收了一个短语："超过测试深度——"

9时19分，"云雀"号检测到一阵高能内爆特性的低频噪音，轰隆轰隆的响声。

9时20分后，"云雀"号继续多次联络无回答——

11时04分，"云雀"号发送消息到美国海军大西洋潜艇司令部："自9时17分后，我舰无法与'长尾鲨'号联系。我已通过水下电话和莫尔斯电码连续通信，没有成功。'长尾鲨'可能超过测试深度，潜艇爆炸……正在进行扩展搜索。"

下午，美国海军派遣15艘舰艇前往出事区域搜救。

第二天上午10时30分，美国海军作战部长在五角大楼宣布："长尾鲨"号沉没，129名艇员全部死亡。

"长尾鲨"号沉入2 300米深的海底。这是世界上第一艘失事的核潜艇，到今天仍然是世界上最严重的潜艇灾难之一。当时，美国总统约翰·肯尼迪下令降半旗志哀。

沉没前的美国"长尾鲨"号核潜艇

二、按事故性质分类。

国外核潜艇事故性质统计表

事故 类型	碰撞	核事故	火灾	沉没	爆炸	非核 泄漏	舱室 进水	其他	总计
次数 （次）	152	48	47	18	15	10	8	24	322
占比	47%	15%	14%	6%	5%	3%	3%	7%	100%

注：有些事故在统计时互相重叠，只能计一次。比如：核潜艇沉没事故是特大事故，单独列出，但它的起因却是由火灾、进水、碰撞等事故引起的；有的核泄漏事故是因为首先由碰撞引起，所以归到碰撞事故里等。但此统计表仍可基本反映出各类事故发生的大致比例。

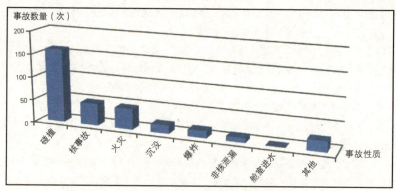

国外核潜艇事故性质与事故数量统计图

由表中可以看出，占核潜艇事故前三位的是碰撞、核事故和火灾事故。

核潜艇航海碰撞事故的次数为各类事故之首。碰撞事故后果有轻有重，轻者只是舰体损坏，重者可导致舰毁人亡。48 起核事故虽然只占事故总数的 15%，但其危害性和隐患相当严重，对海洋以及大气可能造成污染，甚至殃及其他国家，其社会影响也较大。

核潜艇发生火灾事故共 47 起（由于因火灾引起的沉没等重大事故未计算在火灾事故里，若都计算在内，则达到 58 起之多，仅次于碰撞事故）。

1992 年俄罗斯"S–1"型核潜艇与美"洛杉矶"级核潜艇相撞后

三、按事故发生的责任分类。

国外核潜艇事故责任统计表

事故类别	责任（人为）事故	设备故障	不明	总计
次数（次）	217	98	7	322
占比	67%	31%	2%	100%

责任事故占事故总数的 2/3，真正属于单纯机械原因造成的事故只占 1/3，实际有些机械故障也是因为维护保养和检查不够引起的。由此看出，提高舰船运行管理水平、提高操纵人员的操纵水平和责任心是避免核潜艇事故的关键。

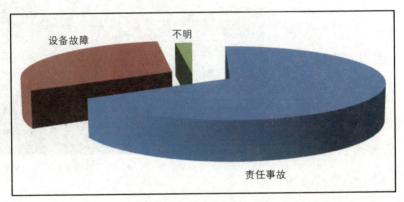

国外核潜艇事故责任所占比例

四、按事故发生的地域分类。

国外核潜艇事故发生地域统计表

事故地点	海上发生事故（水下＋水上）	港内发生事故	不明	总计
次数（次）	244（97+147）	53	25	322
占比	76%（30%+46%）	16%	8%	100%

国外核潜艇水下事故统计表

国别	水下发生的事故次数（次）	事故总数（次）	占事故总数比例
美国	56	151	37%
苏联／俄罗斯	28	120	23%
英国	11	45	24%
法国	2	6	33%
总计	97	322	30%

核潜艇发生事故是不分时间和地点的，无论核潜艇处在什么位置，在什么时间，任何疏漏都有可能引发事故。但从事故发生的频率看，核潜艇在海上发生事故的概率较大，大致有70%～80%的事故发生

美国"洛杉矶"级"旧金山"号核潜艇的头部被撞烂

在海上，所以保证核潜艇出航后的安全至关重要。核潜艇在出航前，应在码头充分磨合、检验装备，确保技术状态良好后再出航。在水面也要尽可能有一定的航行时间继续考验装备、适应海上情况，这样才可以最大程度减少潜入水下航行后发生不测。

五、按事故发生时潜艇所处的阶段分类。

核潜艇事故主要发生在服役阶段，占83%。特别是在执行训练、巡逻和试验任务时，人员高度紧张、机械运转时间长、工作状况复杂，更易发生事故。表中给出的核潜艇服役阶段发生的265起事故中，执行各种任务

时发生的事故约占 2/3，其他事故则发生在演习训练时。由于核潜艇发生事故主要在服役期间，所以各国都毫无例外地把在役核潜艇的安全问题摆在首位，尤其重视在航核潜艇的安全。

国外核潜艇各阶段事故统计表

事故阶段	建造阶段	服役阶段	修理、退役阶段	不明	总计
次数（次）	26	265	27	4	322
占比	8%	83%	8%	1%	100%

六、按事故引发的部位分类。

国外核潜艇事故发生部位统计表

事故部位	核动力装置以外	核动力装置		总计
		核反应堆及一回路	二回路及轴系	
次数（次）	253	53	16	322
占比	78%	17%	5%	100%

核潜艇的事故主要还是核动力装置以外的"常规"事故，而核动力装置（即核反应堆、一回路、二回路、轴系）发生事故的次数要大大少于其他事故。但需要注意的是，有些"常规"事故也会引起核事故，如碰撞或火灾可能会破坏核动力装置而引发核事故。

美国核潜艇内的事故演练

七、按事故发生的年代分类。

国外核潜艇事故发生年代统计表

国 别 事故次数 （次） 年 代	美国	苏联 / 俄罗斯	英国	法国	总计
1950 ~ 1955	1	0	0	0	1
1956 ~ 1960	28	1	0	0	29
1961 ~ 1965	22	9	3	0	34
1966 ~ 1970	24	19	9	0	52
1971 ~ 1975	17	13	1	0	31
1976 ~ 1980	8	20	4	0	32
1981 ~ 1985	10	18	1	1	30
1986 ~ 1990	21	19	8	0	48
1991 ~ 1995	4	5	1	4	14
1996 ~ 2000	3	4	5	0	12
2001 ~ 2005	7	5	4	0	16
2006 ~ 2010	3	4	6	1	14
2011 ~ 2015	2	3	2	0	7
不明	1	0	1	0	2
小计	151	120	45	6	322

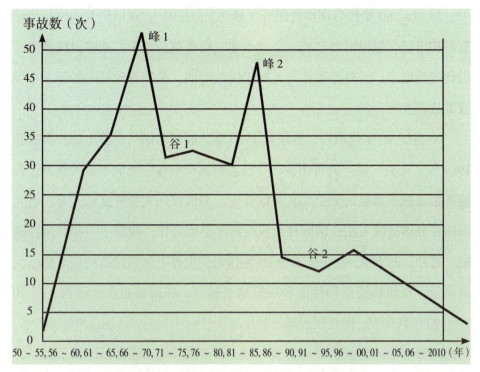

事故数（次）

峰1

峰2

谷1

谷2

50~55, 56~60, 61~65, 66~70, 71~75, 76~80, 81~85, 86~90, 91~95, 96~00, 01~05, 06~2010（年）

国外核潜艇事故随年代变化曲线（"双驼峰"曲线）

从"双驼峰"曲线可明显看出，事故高峰期为 20 世纪 60 年代后期和 80 年代后期；而其他年代特别是 90 年代以后的事故骤减。

20 世纪 60 年代的事故高峰（峰 1）主要是以下原因：

一是美国和苏联的核潜艇数量大大增加，事故量相应也随之增加。

二是 20 世纪 60 年代核潜艇仍处于初始摸索阶段，缺陷较多，质量也不高。

三是核安全意识薄弱，核安全机构不健全，管理不完善。

四是核潜艇开始执行各项特殊任务，使用强度加大，人员素质跟不上。

20 世纪 70 年代和 80 年代前期核潜艇事故虽然仍然不少，但没有大起大落现象（谷 1），这是因为世界核潜艇数量基本趋于稳定，老潜艇经前期磨合、改进完善，质量上趋于稳定；补充的新核潜艇技术状态较好；各国在使用管理核潜艇方面取得了大量经验，技术装备得到了有效的改善。

20世纪80年代后期事故回升（峰2），是因为20世纪五六十年代建造的核潜艇，服役时间已长达二三十年，设备落后老旧，面临退役报废，因此故障增多；另外苏联政局正处于混乱时期，疏于管理核潜艇等，也导致事故频发。

20世纪90年代以后，各国从1986年苏联切尔诺贝利核电站核事故和1989年"麦克"级"共青团员"号核潜艇沉没事件中吸取了血的教训，普遍开始重视核潜艇的安全尤其是核安全，不惜投入大量资金和人力，研究预防各种事故的方法；国际社会也进行了全面合作，制定了一些普遍性措施。另外，20世纪80年代末至90年代初，世界上早期建造的核潜艇已大量退役，在役核潜艇的性能和质量越来越好，核潜艇追求少而精（到20世纪90年代中期，世界核潜艇的数量减少了一半左右，且还在继续减少），因此故障减少。也就是说，从20世纪90年代开始，核潜艇的数量少了，质量高了，管理好了，人员素质加强了，安全意识提高了，国际社会干预了——这些都是促成核潜艇事故大大减少的因素。

八、按事故发生的季节分类。

国外核潜艇事故发生季节统计表

事故数（次）＼国别 季节	美国	苏联／俄罗斯	英国	法国	总计	占比
春（3～5月）	44	16	11	2	73	23%
夏（6～8月）	21	26	4	2	53	17%
秋（9～11月）	21	36	5	0	62	19%
冬（12～翌年2月）	20	16	5	1	42	13%
不明	45	26	20	1	92	28%
小计	151	120	45	6	322	100%

核潜艇在春、夏、秋三季发生事故较多，冬季最少。这是因为冬季寒冷，大多处于休整期或进行陆上训练，一般不安排大强度的海上训练。而且，新年和圣诞节均在冬季，潜艇基地很多人员要放假过节。而其他季节相对来说出海频繁，艇员易于疲劳，设备容易损坏。

综上所述，核潜艇事故主要发生在 20 世纪 90 年代以前，大多是人为因素所致，基本发生在服役期的海上航行中，以春、夏、秋三季为多，而且以碰撞、火灾等非核事故最为普遍。

由此可见，减少核潜艇事故除了要提高装备质量和安全水平以外，关键是要提高科学管理水平和人员综合素质，否则，任何高科技的武器装备都可能在其"大显身手"的同时，潜伏着可能导致"灭顶之灾"的隐患。

5.2 沉没海底的"冤魂"

时至今日，全世界共有 18 艘次核潜艇沉没（美国 3 艘，苏联/俄罗斯 14 艘次，英国 1 艘），并造成 700 多人丧生。至今，仍有 10 余艘核潜艇的残骸还躺在冰冷的"海洋坟墓"里，成为永久的"冤魂野鬼"。尽管有的核潜艇沉没后放射性物质暂未泄漏，但在海水的腐蚀和海水压力作用下，最终其核动力装置及装载的核武器（核鱼雷、核导弹等）会被彻底破坏，造成放射性物质外溢，进而污染海洋环境，危害海洋生物，因此受到世人的密切关注。

下面是一些相关资料的统计。

世界核潜艇沉没统计表（截至 2015 年）

国别	序号	艇级艇名	沉没原因	沉没时间、地点	备注
美国	1	"长尾鲨"级"长尾鲨"号舷号"593"	该艇修建好后，在进行水下 240～300 米深潜试验时，机舱内海水管路破损，艇丧失动力，沉入海底。艇被压碎，艇上装有带核弹头的"沙布洛克"型反潜导弹。据报道是直径为 15 厘米的管子破损，海水以 4.5 千克 / 分的流量漏入舱室	1963 年 4 月 10 日沉入美国大西洋科德角以东 200 海里处	129 名艇员全部丧生
	2	"鲣鱼"级"天蝎"号舷号"589"	在执勤后返回诺福克港的途中，与图上未标明的岩礁相撞，残渣抛物装置进水，艇沉没至 3 000 多米深海底，2 枚核鱼雷丢失，艇上还载有带核弹头的"沙布洛克"反潜导弹（另有报道：因"MK37"鱼雷误发射，鱼雷自击潜艇）	1968 年 5 月 21 日沉入大西洋亚速尔群岛西南 400 海里处	99 名艇员全部丧生
	3	"鲟鱼"级"犁头鲛"号舷号"665"	在系泊舾装过程中，由于船厂人员违反安全规程，发生进水事故，在即将竣工的码头附近，艇沉入 10 米深海底	1969 年 5 月 16 日沉入加利福尼亚州瓦利霍玛尔岛海军船厂码头附近	4 天后打捞；舾装施工期被迫延长一年；电子仪器受海水侵蚀，维修费追加 2 500 万美元
苏联 / 俄罗斯	4	"十一月"级（"N"级）"K-3"号	在海上执行军事任务第 56 天时，由于液压油外漏，造成 1 号和 2 号舱室起火	1967 年 9 月 8 日沉入挪威海	39 人死亡
	5	"回声"级（"E-2"型）"K-172"号	水银蒸汽造成全艇人员中毒，并导致潜艇沉没。据悉是一名受虐待的水兵为报复士官，将 16 千克水银倒入厕所水管里	1968 年 4 月沉入地中海	90 人丧生，该艇后改为"K-192"号

（续表）

苏联／俄罗斯	6	"十一月"级（"N"级）"K-8"号	由160米向40米上浮时，动力电缆短路，形成火花，火花落在不密封的"B-64"型再生药板箱上形成火灾。推进装置失灵，艇内着火，为防止火势蔓延到核反应堆舱而被迫弃艇，潜艇沉没于4 680米海底	1970年4月12日沉入大西洋西班牙西北约400～600海里处	艇员死亡52人。艇上有2枚核鱼雷
	7	"十一月"级（"N"级）	在"OKEAN-70"演习期间潜艇着火，艇员弃艇，火势蔓延到反应堆附近，只得打开通海阀使艇沉没	1970年10月沉入大西洋费罗群岛附近	众多艇员伤亡
	8	"十一月"级（"N"级）	放射性泄漏	1979年12月自沉入大西洋英国南部海域	
	9	"查理"级（"C-1"型）"K-429"号	下潜时，艇上一具鱼雷发射管泄漏（另有报道：通风道忘关闭），致使海水涌入舱室内，艇沉入300米海底	1983年6月29日沉入距堪察加半岛东海岸彼得罗巴甫洛夫斯克18海里处	90人死亡；1984年4月8日潜艇被打捞出水，大修后重新服役
	10	"回声"级（"E-2"型）"K-131"号	参加大西洋"84演习"返航途中，艇内发生火灾而沉没。当时自动灭火装置出现故障	1984年6月18日沉入巴伦支海	13人死亡
	11	"回声"级（"E-2"型）"K-431"号	误操作引起反应堆瞬发临界，爆炸起火	1985年8月10日沉入海参崴附近的恰日马角海湾船坞内	约10名艇员死亡；后被拖到岸边；损失5 000万卢布
	12	"查理"级（"C-1"型）"K-429"号	因故障沉没	1985年9月13日沉没（沉没地址不详）	后被打捞

苏联／俄罗斯	13	"扬基"级（"Y-1"型）"K-219"号	在水下执行任务,10月3日,6号导弹发射筒顶盖漏入海水,并与导弹燃料产生硝酸,发生了爆炸,耐压壳体严重毁坏。事故历时77小时。沉没于5 500米海底,同时沉没的有15枚核导弹(30枚核弹头)	1986年10月6日沉入大西洋百慕大群岛以东约680海里处(北纬31°29′,西经54°42′)	4名艇员丧生,伤14人(多为毒气伤害),艇员转移到一艘货船上;核物质泄漏。10年后,又相继死亡4人,11人残废(1970年代中期,16号发射管发生过同样的事故,后将此发射管的盖子焊死,未装导弹)
	14	"麦克"级（"M"级）"共青团员"号"K-278"号	返航时,由于机舱电气设备线路短路引起火灾,高压空气设备爆炸,船体出现裂纹沉没于1 685米海底。事故历时5小时38分。艇上载有两枚核鱼雷	1989年4月7日沉入挪威北部海域熊岛西南180千米处(北纬73°44′,东经13°18′)	42人丧生,29名艇员获救。1995年俄罗斯为该艇建造了一个可吸收放射性钚的特殊海底"坟墓"
	15	"查里"级（"C"级）	在换泊位时与其他船只相撞,沉入20米深水底	1997年5月29日夜沉入堪察加半岛阿瓦琴港湾	该艇1992年退役,已卸下核燃料
	16	"奥斯卡"级（"O-2"型）"库尔斯克"号"K-141"号	参加北方舰队军事演习时,艏舱鱼雷燃料泄漏,引发火灾和爆炸,潜艇大量进水沉没	2000年8月12日沉入巴伦支海摩尔曼斯克东北157千米处(北纬60°40′,西经37°55′)	118名官兵全部罹难;潜艇后被打捞

苏联/俄罗斯	17	"十一月"级（"N"级）"K-159"号	在拖往克拉湾拆卸途中，遇风暴，使浮筒缆绳绷断，潜艇失去浮力，沉入238米的海底。当时出入舱口盖开着，水从舱口灌入，拖船也有违反规定现象	2003年8月30日沉入巴伦支海	该艇属北方舰队，1963年服役，1989年退役，已卸下核燃料和武器弹药。9人死亡，1人获救
英国	18	"勇士"级"征服者"号"S-105"号	潜艇在进行水下试航实验时突然进水	1967年初沉入贝尔金海德造船厂	沉没时尚未编入序列，后被打捞

注：此表根据有关资料综合整理，仅供参考

1969年5月16日，美国"鲟鱼"级"犁头鲛"号核潜艇沉没在码头边

虽然核潜艇沉没的具体原因不同，但仍然有其基本的特点和规律。

一、早期核潜艇易沉没。

早期建造的核潜艇在装备质量上不够精良，艇员在操纵管理方面不够成熟，各种应急措施也不够完善，所以容易发生故障甚至重大事故。在18艘次已知沉没的核潜艇中，就有约10艘属于第一代核潜艇；虽然美国海

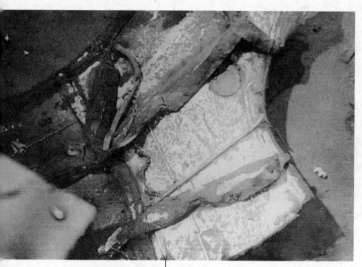

1963年4月10日，美国"长尾鲨"号核潜艇进水沉没后的残骸

军沉没的3艘核潜艇不是第一代艇，但事故全部发生在20世纪60年代，均属早期建造的核潜艇。20世纪60年代是世界上核潜艇沉没事故较多的年代，达6艘次。1970年代以后，美国、英国和法国总结经验，大力提高核潜艇装备的安全可靠性，同时加强了训练管理，近半个世纪来再未发生过核潜艇沉没事故。到20世纪80年代末、90年代初，早期建造的核潜艇大量退役，在役的核潜艇其性能和质量较好、故障率低，不易发生恶性事故，所以20世纪90年代以后虽有3艘核潜艇沉没，但其中2艘是已报废并卸载了核燃料的潜艇，另一艘则是艇上的鱼雷爆炸所致。

二、核安全意识薄弱是祸首。

20世纪90年代以前，人们对核安全的认识比较肤浅，没有真正将核安全列入议事日程上来，结果使得核安全机构不健全，核安全法规不完善，对核潜艇的研制、运行、修理、退役等过程缺乏严格的核安全监督管理，致使核事故不断发生，惨剧连连，这才幡然醒悟。特别是1986年震惊世界的切尔诺贝利核电站核事故，成为人们对核安全认识发生根本转变的分水岭。但真正使核安全被国际社会高度重视，还是从1990年开始的。人们从20

世纪90年代以前屡屡发生的核事故中尝到了麻痹思想和急于求成带来的苦果，并从中吸取了血的教训。为此，各国不惜投入大量资金和人力，研究预防核潜艇事故的各种措施和方法。1990年以后，国际社会也进行了全面的合作，制定了一系列世界性的核安全措施，人们的核安全意识大大提高，使得核潜艇事故率明显下降。

2003年8月30日，俄罗斯"十一月"级（"N"级）"K–159"号核潜艇在拖带中沉没（此照片是沉没前的绝照）

三、领教"水火无情"。

导致18艘次核潜艇沉没的主要原因是火灾和进水事故。自有潜艇以来，各国常规潜艇共约发生过323起非战斗沉没事故，核潜艇和常规潜艇沉没原因占前三位的见下表。

	第一位	第二位	第三位	备 注
核潜艇	火灾5起（占27.5%） 进水5起（占27.5%）		碰撞2起（占11%） 爆炸2起（占11%） 核事故2起（占11%）	其他2起是中毒和不明原因
常规潜艇	碰撞136起（占42%）	进水47起（占15%）	误击37起（占12%）	其他103起主要是下潜事故和不明原因

注：表中常规潜艇数据摘自《深海灾难》一书。

由此可看出，核潜艇沉没原因与常规潜艇相比，有如下特点。

1. 火灾沉没事故骤升。

1986年10月6日，苏联"扬基"级"K-219"号核潜艇导弹舱爆炸起火沉没

由于因火灾和爆炸而沉没的核潜艇事故均发生在苏联/俄罗斯核潜艇上，所以从某种角度说，这类恶性事故只是苏联/俄罗斯的"专利"，反映出其核潜艇在防火、防爆、灭火方面存在较多问题。

在常规潜艇沉没事故中，几乎没有因为火灾引起的。而核潜艇因内部火灾和爆炸起火引起的沉没事故是各类事故之冠，已成为威胁现代核潜艇安全的"罪魁"。引起核潜艇火灾的主要原因是：核潜艇自动化水平提高后，用电设备猛增，并且使用易燃、易爆物质过多，以及设备陈旧、保养不善和消防能力差等。火灾不但对艇员的生命威胁最大，而且殃及核反应堆的安全，因此火灾发生时，核潜艇不得不采取沉艇"保"堆的办法。

2.进水沉没事故居高不下。

进水均为核潜艇与常规潜艇沉没事故的主要原因之一，这说明对不同潜艇来说，由于进水事故引起的沉没概率都比较大，是不容忽视的共性问题。

3.碰撞沉没事故锐减。

在323起常规潜艇的沉没事故中，有136起是各种碰撞引起的，占42%，居沉没事故原因之首；而沉没的 18 艘次核潜艇中，只有 2 艘是因碰撞引起的，只占 11%。这是因为核潜艇吨位大，艇体钢板强度也不断提高（有些已用钛合金），抗撞击性加强。另外，不少艇体为双壳体结构，外层船壳可起到较好的缓冲保护作用，撞击后可减轻内层的耐压艇体受损程度，故不易沉没。

1966 年美国第一艘核潜艇"鹦鹉螺"号碰撞后受损

常规潜艇属于"潜浮"艇，需经常上浮充电和活动，其自持力弱，续航力小，往返港口、海峡等"繁华"海域的次数多，一般需自行离开和靠泊码头，碰撞的可能性较大；又加之吨位较小，艇体多为单壳体，早期的潜艇钢板强度较低，所以碰撞后易遭损坏，沉没较多。这里还要说明一点，常规潜艇经历了两次世界大战，所以被盟军或本军误击沉没的比例很高，占沉没事故的第三位。而核潜艇是战后才出现的，所以误击问题不突出。

从以上分析可以看出，核潜艇沉没的风险多出自本身（如爆炸、火灾、进水、核事故），而常规潜艇沉没的危险多来自外界（碰撞和误击），这是由两类潜艇的本身特点和所处的大环境决定的。

四、苏联 / 俄罗斯多海难事故。

苏联 / 俄罗斯核潜艇沉没事故最令人深思。从沉没数量上看，世界上总共沉没的 18 艘次核潜艇中，仅苏联 / 俄罗斯就有 14 艘次，占 4/5；从年代来看，1970 年以后，世界沉没的 12 艘次核潜艇全部被苏联 / 俄罗斯

"囊括"，也就是说，自 20 世纪 70 年代以来，世界核潜艇的沉没史就是苏联/俄罗斯核潜艇的沉没史。苏联/俄罗斯核潜艇海难事故如此之多，不仅仅因为核潜艇数量占世界首位（共建造 257 艘，占世界核潜艇总数的 1/2），更主要的是以下因素所致。

1. 型号过于庞杂。

苏联海军时期，建造核潜艇的级别和型号太多太杂，50 多年里共发展了战斗用核潜艇 3 个舰种、19 个级别、31 个型号。如此杂乱的艇型存在很大弊端，主要体现在维修保养、后方支援和教育训练等方面，都必须同时保持若干个保障系统，势必造成机构庞大、标准化程度低下、组织管理困难，无法确保质量和安全，增加了诱发事故的因素。鉴于此，俄罗斯海军加快了老旧杂牌核潜艇的退役步伐，逐步由一两种多用途攻击型核潜艇取代原有攻击型核潜艇和巡航导弹核潜艇；计划 2010 ～ 2020 年，战略导弹核潜艇也仅保留 15 艘左右的"台风"级和"德尔塔 –4"型，这两级核潜艇最终又将被更新型的"北风"级战略导弹核潜艇所取代。

2. 国内政局混乱。

20 世纪 80 年代，苏联恶性事故频繁，不但沉没了 6 艘核潜艇，而且发生了世界上迄今海上和陆上最严重的两次核事故：一次是 1985 年一艘"回声"级核潜艇发生核反应堆瞬发临界爆炸事故；一次是 1986 年震惊全球的切尔诺贝利核电站爆炸事故。从这些现象可折射出当时苏联国内政局不稳、人心涣散、管理松懈的严重程度。苏联于 1991 年解体，但国内政局动荡早在 20 世纪 80 年代就已显露出来，党和国家机关中的官僚主义、不正之风和特权腐败现象泛滥，执政党和整个社会动荡不安，并直接波及军队建设和管理。

3. 装备质量堪忧。

苏联在 20 世纪 60 年代前后建造的核潜艇装备存在重大缺陷——安全

标准低，安全性差，据悉有些设备连常规指标也未能达到。在沉没的核潜艇中，由于电器老化、电气设备线路配置不当以及误操作等造成的电器故障、短路和爆炸火灾事故占相当大的比例。由于潜艇内各舱室密封较差，加上艇内不少电缆材料等物质含有易燃有毒成分，一旦着火，迅速蔓延，不但直接危及人员，而且很快威胁到反应堆舱和反应堆控制舱室的设备仪表安全。1989年沉没了一艘较先进的"麦克"级"共青团员"号核潜艇后，苏联才痛下决心改善潜艇设计，提高装备可靠性，使以后建造的核潜艇质量得到明显提高。

4. 人员素质低下。

一是士气低落，责任心不强。如北方舰队潜艇基地位于高寒地区，生活及工作环境十分艰苦，不少官兵不安心服役，造成思想松懈、麻痹。二是业务水平不高。由于装备问题和经费不足，核潜艇长年停泊在基地，在航率仅为20%多，大大低于美国的70%，由此造成艇员训练不足，专业知识缺乏，业务素质较低，应急处置能力差。三是实行义务兵役制使人员轮换频繁，一些技术部门的人员不符合要求。

5. 应急准备不足。

一是救生设备失灵。"共青团员"号核潜艇发生火灾时，艇上的各种救生筏无法正常启用：投放的2艘救生筏或未自动充气，或翻扣漂离；飞机投放的3艘救生筏也未能自动充气。"库尔斯克"号核潜艇多年来一直在违规出海，艇上的应急救援装置根本不能正常工作。二是在高寒海区执勤的潜艇均未配备特种防寒服，致使落水人员难以自救。三是潜艇内部及对上级的请示报告程序繁琐，往往贻误或丧失妥善处置突发情况的时机。四是现有灭火设备不完善，可靠性差，在舱室压力增高的条件下不能有效工作，难以抑制一场大火。为此，苏联于1990年装备了新型的胀气式救生筏；1991年开始装备呼吸混合气净化组件和灌装系统，并批量生产新型水下救生衣，该救生衣可允许人体在冰块中逗留6个小时。俄罗斯海军已逐步舍弃传统的救生方法，而采用新概念救生技术。

从以上分析可以看出，如果说美国、英国核潜艇为数不多的沉没事故属于偶发事件的话，那么苏联/俄罗斯屡屡发生的核潜艇沉没事故就有它的必然性。

各国核潜艇沉没原因及沉没年代见下表。

世界核潜艇沉没原因统计表（截至2015年）

数量（次） 国别 原因	苏联/俄罗斯	美国	英国	法国	合计（比例）
火灾	5				5（27.5%）
进水	2	2	1		5（27.5%）
爆炸	2				2（11%）
核事故	2				2（11%）
碰撞	1	1			2（11%）
中毒	1				1（6%）
不明	1				1（6%）
小计	14	3	1		18（100%）

世界核潜艇沉没年代统计表（截至2015年）

数量（次） 国别 年代	苏联/俄罗斯	美国	英国	法国	总计
20世纪60年代	2	3	1		6
20世纪70年代	3				3
20世纪80年代	6				6
20世纪90年代	2				2
21世纪10年代	1				1
小计	14	3	1		18

5.3 葬身火海的"共青团员"号核潜艇

1989年4月7日，苏联"麦克"级（"M"级）"共青团员"号（"K-278"号）攻击型核潜艇在北大西洋以北挪威海的熊岛西南180千米海域完成了例行的潜艇巡航任务后，在水下350～400米以8节的速度返航。在整个航行期间，装备的技术状态没有什么问题。10时55分，各舱室开始检查。艉舱（即第7舱，推进电机舱）值班员发现左舷首部发生了火灾。他在立即向

苏联"共青团员"号攻击型核潜艇

中央指挥部人员报告了火灾并关上舱室密闭门后，试图用舱室中的泡沫灭火系统将火源扑灭。但由于火势太猛烈，他没来得及将火扑灭，反而被火

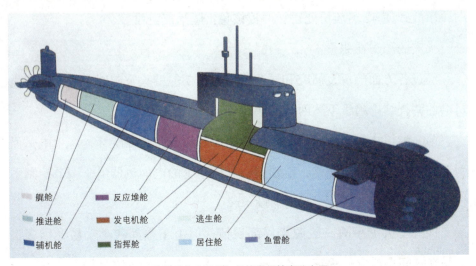

艉舱　　反应堆舱

推进舱　　发电机舱　　逃生舱

辅机舱　　指挥舱　　居住舱　　鱼雷舱

苏联"共青团员"号核潜艇舱室分布图

舌吞没。就在这时，全艇整个电网中的照明灯开始闪烁，电网的电压骤降，在中央指挥舱的控制台上显示"7舱温度超过70℃"，实际最高时达到800～900℃。第5部门的部门长通过内部通信系统的广播呼叫第7舱，但没有回答。

11时6分，全艇响起了事故警报，接7舱火灾报告后，6舱受命向7舱供给卤化烃灭火剂，遗憾的是不知为什么没能扑灭7舱的火，许多艇员还将事故警报当成"演习"，轻装上岗，未带任何防护器材。紧接着，3舱、4舱、5舱6舱也相继发生火灾。由于大火产生高温高压，将尾轴填料函冷却系统的橡胶金属软管烧坏，从而辅助推进电机电缆引出口填料函处也失去了密封，使舱室紧密性被破坏。当舱室压力下降后，海水不断涌进舱内，造成艇尾倾。13时，只有1°的尾倾，15时便增加到1.5°～2°，艇吃水8米左右。14时以后，海水开始进入耐压壳体内，至15时进入7舱的海水已有20吨，艇吃水10余米，尾倾达到6.2°。艇员们进行了约5个小时的英勇扑救和损管，最终在17时22分左右，潜艇沉到1 685米深的海底。潜艇在下沉过程中海水进入1舱，与蓄电池电解液作用产生大量氢气，在撞击海底时发生爆炸。

事故致使42名艇员死亡，两枚核鱼雷随潜艇沉没。

火灾的源头在哪里？

经过各方面的反复研究和试验后，关于7舱的火灾起因，政府调查委员会的调查结论趋于下述两种说法。

第一种说法是，液压操舵泵启动器故障造成接触器烧坏，产生电弧而引起火灾；第二种说法是，滑油离心分离系统的电加热器由于调节控制系统故障造成滑油过热，引起电器设备起火。

核潜艇火灾事故一般源于局部火情，但由于空间狭小、易燃物多，极易在瞬间形成立体火灾。"共青团员"号核潜艇的火灾是局部转立体，还是瞬发就是立体，虽说法不一，但"由于舱室中的高压空气管路在火灾高温下失去紧密性，结果向舱内漏入大量的含氧量很高的空气造成立体火灾"的说法却是一致的。

那么，高压空气管路又是如何失去紧密性的呢？海军方面认为：是因为向舱室供气的控制阀门的聚酰胺密封面烧毁，造成该阀门泄漏，使舱内进入过量的氧浓度较高的空气。设计部门认为：火灾时舱内温度高达八九百度，内部压强达到 15 个大气压，此时，进行应急吹除主压载水舱的管子强度不够而破损，使高压空气不断漏入舱室。根据计算，从 11 时 6 分至 11 时 58 分的 52 分钟内，从高压空气系统中进入 7 舱的空气约 6 500 千克，比该舱的容积多 20 倍。由于容纳了这么多的空气，使之比一般的火灾火势强三四十倍。在如此高的温度下，铝合金和铜合金都能被熔化，而耐压壳体的钛合金也可热到再结晶。

就这样，在高温的作用下，高压空气总管的密封在几分钟内就被破坏。高压空气冲入舱室起到助燃的作用，释放出来的大量热量使 6 舱和 7 舱及其相邻的主压载水舱上的一系列系统和设备丧失紧密性，导致海水进入耐压壳体内和尾组主压载

沉没的苏联"共青团员"号核潜艇隔舱顶盖

水舱中。结果潜艇丧失了纵向稳性，在储备浮力耗尽时，以最大的尾倾下沉。

事故发生后，采取了一系列的应急措施。

首先发出警报并紧急上浮。11 时 06 分，艇上发出紧急警报，潜艇逐渐上浮到水面状态，升起警戒搜索雷达、潜望镜，然后切断相应电源停止向火灾舱室送风。

核潜艇上浮后，大火已弥漫全艇 5 个舱室。在指挥舱反应堆控制操纵台上的遥控组组长最后决定关闭运行中的核反应堆，以降低核反应堆内裂变反应的强度；同时所有冷却反应堆的冷却泵都在运行（主泵的高速绕组已被烧毁，但幸运的是低速绕组还能维持）。反应堆关闭后，艇上电源转为可靠电源供给。可靠电源供电，仅能保证核反应堆余热排出系统的运行。此时液压油已流失殆尽，这样潜艇上就丧失了一个最有力的生命力系统和损管手段，许多设备不得不采用手动，有的甚至无法动作。全艇 67 名艇员的生命危在旦夕。6 舱和 7 舱的艇员都已集中到 5 舱，与中央指挥舱也联系不上，因为扬声系统和内部通信电话都已无法工作，好像没有了手脚和耳朵，只得用敲击法通过 4 舱（反应堆舱）与指挥舱建立联系。

潜艇浮出水面后，他们与横倾作斗争但屡有误操，使潜艇的倾斜更加严重；由于连续误操又加速了尾倾，促使艇的下沉。

11 时 37 分，他们发出事故求救信号，但北方舰队没有回复。中午 12 时左右，通信联络无果后，艇长命令未值班的人员都到甲板上去。声呐兵、操舵兵、计算机员等不从事损管工作的人员都爬到舰桥上去了。鱼水雷部门长从一开始到最后一直在中央指挥室填写值更日志。

12 时 15 分，再次发出求救信号。12 时 25 分，北方舰队司令部才收到较清楚的事故信号电文。海军总司令马上命令有关船只、飞机相继赶赴现场，包括从事谍报活动的舰船（含国外的）、距事发地点 71 海里的水道测量船"科勒杜也夫"号、救援船"卡拉巴赫"号、"伊尔 –28"型飞机，正在作战训练靶场的核动力巡洋舰"基洛夫"号也载上"共青团员"号核潜艇的另一套艇员直奔出事地点。北方舰队副司令员乘直升机抵巡洋舰上指挥营救。

12时35分,艇长下令将秘密文件送至漂浮救生舱中。飞机于12时40分低飞看见了事故潜艇,发现潜艇的6舱和7舱处有大量水泡。飞机与潜艇建立了通信联系,拍摄了照片,并引导舰船驶向出事地点。然而,潜艇通过飞机向上级报告:"火在继续燃烧,但已被控制,未再扩大,没有什么要求。"由于来了飞机,官兵们松了一口气,以为厄运已经过去,甚至把他们的救生装备全部忘在了烟雾弥漫的潜艇内。15时,尾倾明显,此时本应呼叫:"救命,潜艇要沉没!"但潜艇领导没有勇气把事故的真相如实上报,16时35分之前的报告还是:"艇上的损管工作在有步骤地进行着,火势已得到控制,海水未进入耐压壳体内。"其实潜艇已经尾倾严重,由于没有客观地报告事实,延误了外界对潜艇及时、恰当地救援。16时35分,潜艇才向北方舰队指挥所报告:"火势增强了,在15分钟内尾部隔壁的温度从70℃升至110℃,7舱和6舱发生再生药板箱爆炸,必须撤离艇员。"6分钟后,尾倾2.53°,估计浮力储备已经损失760吨,进入耐压壳体的海水达到120吨~200吨,潜艇再次报告"艇员已经准备好撤离"。

这时北方舰队总司令才意识到问题的严重性,他通过舰队航空兵指挥所命令失事潜艇"准备漂浮救生舱"。16时42分,艇长下达了交出秘密文件准备撤离的命令。事故后期,大部分艇员都已经转移到了上层建筑上。当潜艇纵倾太大时,艇员纷纷落入水中。艇内没有来得及出来的包括艇长在内的5名艇员进入漂浮救生舱,可笑的是他们居然不会进行漂浮舱与潜艇脱离的操作程序,只得临时看说明书,后来只有1人逃出。潜艇的充气浮筏也使用不当,几次被海水冲走,费了很大力气也充不了气。飞机投下的充气救生艇,艇员也不会用,失去了不少逃生的机会。艇员多死于溺水、碰撞、中毒、烧伤、冻死等,甚至有2人是因为极度虚弱而盲目吸烟,即刻被尼古丁毒死。电工大队长滞留在2舱永远没有出来。

18时左右,离失事海区最近(51海里)的渔业部浮动加工船"A·赫洛贝斯托夫"号和拖网渔船"CPT-162"号赶赴"共青团员"号失事现场。把筏上和留在水中的幸存者共30人救起后,用小汽艇将他们转送到其他船上,并打捞死者,其他船只在飞机的引导下继续寻找幸存者和尸体。最后确定42人遇难,27人生还(22人从救生筏上救起,4人从水中救起,1人从漂浮救生舱中漂出后从海上救起)。获救的艇员换乘"基洛夫"巡洋舰,并于9日送到摩尔曼斯克海军医院检查和救治。

"共青团员"号潜艇火灾事故是一场典型的"多方位""立体型""贯通式"的火灾事故,大火和有毒气体相继在几个舱室肆虐。主要原因是:7舱高压燃烧物通过全艇的氧气分配管路、空气再生管路、二氧化碳排出系统、纵倾平衡系统的空气管路、遥控附件用的高压空气管路、液压系统的回油管路和主循环水泵的蒸汽轮机密封系统等通道进入其他舱室;4舱的火灾是由从反应堆一回路主泵的起动器蹿出的一股火花引起的。

苏联海军运输和修理总局认为"共青团员"号核潜艇在结构设计上存在不少问题,比如第7舱的装备布置过于拥挤,没有油雾净化装置;结构设计时没有充分考虑通舱管子以及轴系隔壁填料函的密封;第5舱没有对汽轮循环泵机组的密封装置泄漏的蒸汽—空气混合物抽气系统设置阀门,在结构上也没有考虑5舱和6舱之间的隔壁密封,结果导致5舱空气污染,舱室压力升高,以及随之而来的滑油蒸汽的燃烧;在结构设计中没有考虑将事故舱室中的电气设备全部断电的保护措施,结果使4舱也发生火灾并使事态发展;在发生纵倾和海上有浪的情况下,主压载水舱无通海阀的结构形式大大降低了潜艇的纵向稳性。

事后，塔斯社报道了事故消息。同时开始陆续进行了人员、装备、失事潜艇的善后事项处理，在北方舰队的所有舰船上都降半旗志哀，并举行了追悼会；在海上再次举行了追悼仪式；之后建造了一个"共青团员"号核潜艇遇难艇员纪念碑。

事故后，政府调查委员会提出打捞"共青团员"号的建议，并获得海军和工业部门的支持。但由于潜艇有很长的纵向开裂，打捞过程中一旦失手或潜艇断裂，大量的放射性物质可能顷刻污染周围海域，核安全问题将会很严重。负责打捞的荷兰公司只负责打捞不负责核安全，加之即使潜艇打捞上来后，如何去污和处理也是一个很复

苏联最高苏维埃主席团发布关于向"共青团员"号核潜艇艇员授予"红旗勋章"的命令。幸存的27名艇员，其中18人留在驻防部队中，其余调至新的岗位或退至预备役。牺牲的艇员家属从国防部和北方舰队获得数量不等的抚恤金。所有牺牲的军官家庭都分到了城市住房。1990年4月7日，建成"共青团员"号核潜艇纪念馆。在潜艇装备方面，制定了一系列改进艇员在损管方面和专业技术方面的训练措施，提高潜艇防火和自救能力，并增加了"黑匣子"。

苏联"共青团员"号核潜艇遇难艇员纪念碑

杂的问题，在当时技术、财政均困难的时期，只好放弃了打捞计划。据悉，1995年俄罗斯利用潜艇非耐压壳体建成一个专用棺，为沉没的"共青团员"号核潜艇建造了一个可吸收放射性钚的特殊的海底"坟墓"。

5.4 可怕的核潜艇核事故

什么是核潜艇的核事故？简单讲，核潜艇的核事故是与核反应堆、一回路有关的事故，是由于核动力装置因故失控或放射性物质失控所造成的放射性物质外泄或异常照射，对人员和环境构成危害或威胁。

核潜艇"核事故"是在几千年来传统舰船事故上新增加的一种事故；是自从核动力、核武器用于舰船以来，开始出现的更加神秘的核潜艇事故。

核潜艇的核事故来自两个方面：

一是来自核反应堆装置。核潜艇与其他核动力船舶以及核电站一样，都使用了具有一定潜在危险性的核反应堆装置，在执行任务或训练中如有不慎就有可能酿成核事故。有些"非核事故"如碰撞、火灾等也可能殃及核装置而引发核事故或核事件；

二是来自其他核活动。如核潜艇在建造、试验、维修、退役等过程中，核燃料在运输、贮存、更换等过程中，核废物在保管、运送、处理、处置等过程中，都可能因管理疏漏、技术落后、人为破坏、自然灾害等原因发生意外事故。

核潜艇核事故的特点是事故地点不确定、外部支援难度大、对公众以及环境的危害相对较小，但政治影响大。

发生核潜艇核事故的主要标志是：核反应堆装置的三大基本安全功能被破坏。这三大基本安全功能是：1. 对反应堆功率的有效控制；2. 对堆芯核燃料的良好冷却；3. 对放射性物质的绝对密闭。

关于核潜艇核事故的等级划分，国际原子能机构于 1990 年出台了一个针对核电站的《国际核事件分级表》。中国参照此表，在国家军用标准《潜艇核动力装置核事件等级划分》中规定了潜艇核动力装置的核事件分级及评定准则，见下表。

潜艇核动力装置核事件分级及评定准则表

级别 / 评定准则	艇外影响	艇内影响	纵深防御能力下降
7级 特大事故	放射性物质大量释放到艇外，导致严重的环境影响和健康影响。放射性数量等价超过 10^{16} 贝可 ^{131} 碘	——	——
6级 重大事故	放射性物质显著释放到艇外，影响到环境和公众健康。放射性数量等价为 $10^{15} \sim 10^{16}$ 贝可 ^{131} 碘	反应堆及辐射屏障严重破坏，放射性物质严重释放到其他舱室。有1%以上的燃料熔化或1%以上的堆芯裂变产物从燃料组件中释放出来	——
5级 较大事故	放射性物质有限释放到艇外。放射性数量等价为 $10^{14} \sim 10^{15}$ 贝可 ^{131} 碘	反应堆及辐射屏障明显破坏，大量放射性物质释放到其他舱室。有1%以下的燃料熔化或1%以下的堆芯裂变产物从燃料组件中释放出来	——
4级 事故	放射性物质少量释放到艇外，公众受到相当于年剂量限值（1毫希）的照射。艇外受照射最多的公众人员剂量仅为几个毫希	反应堆及辐射屏障局部破坏，放射性物质明显释放到其他舱室，造成艇员受到致死剂量的照射（或多个艇员受到可能发生早期死亡约5戈瑞的过量照射）	——

3级 重大事件	放射性物质释放到艇外的数量极少，公众受到低于年剂量限值的照射。艇外受照射最多的公众个人剂量不超过1毫希	辐射屏障局部破坏，放射性物质明显扩散到其他舱室，造成艇员受到急性放射效应的照射。如全身照射为1戈瑞量级和体表或皮肤照射为10戈瑞量级等	安全系统及安全保护层全部失效，接近发生事故
2级事件	——	辐射屏障局部破坏，放射性物质扩散到其他舱室，造成一个艇员受到急性放射效应的照射或多个艇员受到超过年剂量限值（50毫希）的照射	安全措施部分失效
1级异常	——	——	超出规定运行范围的异常工况

注：1. 安全上无重要意义的事件定为零级，并称为"偏离"；
2. 核事件级别评定时，按艇外影响、艇内影响和纵深防御能力下降三个准则分别进行，然后选择三者中定级最高者确定核事件最终等级。

《国际核事件分级表》和我国的《潜艇核动力装置核事件分级表》都把核事故和核事件分为7个等级，原则是按纵深防御能力下降及事件后果与影响大小进行划分，其中构成"事故"的为4～7级，不构成事故但已出现事故苗头或隐患的称"事件"（2～3级）或"异常"（1级），等级越高表明危害程度越严重。

所有核设施的核事故的共同特点是：具有核辐射危害，发展迅猛，持续时间长，损失严重，波及区域大（可影响邻国）以及救援工作复杂。

由于核潜艇长期在远海活动，核潜艇的核事故又有其特殊之处：

一是核事故发生频率高。由于核潜艇在海上的活动环境恶劣，引发核事故的外因较多（如碰撞、触礁、摇摆、颠簸、振动以及遭受武器攻击等），发生核事故后的判断和处理情况也复杂，对核潜艇艇员形成一定的心理压力。

二是核事故救援难度大。核潜艇是海上移动的核设施，"漂泊在外，行无定居"，没有确定的地点，无法设置固定的就近应急保护设施，一旦发生核事故，外部支援"鞭长莫及"，主要靠自救脱离险境，对核潜艇艇员的故障排除能力要求极高。

三是对公众以及环境的危害相对较小，但影响面大。核潜艇一般是在远离大陆的海洋活动，所以一旦发生核事故，对民众的威胁较小；另外，海水对泄漏的核物质也有稀释的作用，减轻了对海洋环境的污染。但放射性物质泄漏毕竟是有害的，国际上已通过的《1972年防止倾倒废物和其他物质污染海洋的公约》及对其修正后的《1996年议定书》规定："在海上不允许倾倒任何放射性物质。"所以，如果核潜艇在公海发生核泄漏，定会受到国际舆论的密切关注甚至谴责，造成不利的国际影响。

从目前收集的材料来看，还未发现对人类造成严重影响的核潜艇核事故。尽管如此，造成艇员超过剂量致死或潜艇核动力装置报废的事故却常有发生。如1961年7月4日，苏联"H-2"型"K-19"号弹道导弹核潜艇，由于反应堆舱冷却剂系统管路破损抢修，造成22人患急性放射病死亡。1985年8月10日，苏联"C-2"型"K-431"号巡航导弹核潜艇在船坞内排除故障时因误操作引起反应堆爆炸，造成10余人死亡，环境受到污染，潜艇严重损坏。

核事故主要分为核反应堆失水事故、核反应堆欠冷事故、核反应性引入事故和辐射事故，具体如下：

——核反应堆失水事故，也称"反应堆冷却剂丧失事故"，是由于反应堆一回路管路破损或人为误操等，导致冷却水向外泄漏的事故。发生失水事故意味着核反应堆中的核燃料因冷却水流失而得不到充分冷却，造成核反应堆堆芯的工作条件恶化，核燃料元件的温度迅猛升高，可能使核反应堆堆芯熔化。它不但会危及人员和环境，而且会使核动力系统瘫痪，可能贻误战机而导致战场被动。失水事故是核潜艇发生概率最高的核事故，约占 50% 以上。大部分发生在苏联早期建造的核潜艇上，且后果都十分严重，造成核反应堆堆芯裸露、部分核燃料熔化、大量放射性物质外溢、核潜艇艇员受到剂量照射、部分人员死亡等恶果。例如 1989 年 6 月 26 日，苏联一艘"E-2"型"K-129"号巡航导弹核潜艇在水下航行时，核反应堆一回路冷却管突然爆裂漏水，造成停堆和火灾，核潜艇紧急上浮灭火，由辅助船向核反应堆补充冷却水，但还是造成部分核燃料熔化，所有艇员遭过量的剂量照射，放射性元素碘 -131 弥漫到大气中，使周围环境包括基地受到污染。

发生核反应堆失水事故的原因是多方面的，一是早期核潜艇在设计上存在缺陷，一旦发生失水事故，难以快速向核反应堆内注水，从而导致事故后果扩大，典型的例子是 1961 年苏联"H-1"型"K-19"号弹道导弹核潜艇，由于在设计上没有考虑事故冷却系统，导致发生失水事故后无法及时冷却核反应堆，最终酿成数十名艇员死亡的悲剧；二是建造质量问题，如管道焊接质量差、关键设备密封不过关、技术检测和验收不严格等；三是早期核潜艇的维修缺乏核安全监督和质量保证；四是人为失误，苏联核潜艇压水堆发生的失水事故中大部分与人为因素有关，这里既有管理不严、违反技术规范，又有责任心不强、误操作等原因。

——核反应堆欠冷事故，也称"给水丧失事故"，是由于反应堆一回路的冷却水流量减小或温度升高，造成反应堆冷却能力不足导致的事故。如一回路冷却水泵卡死或管道被阻塞，导致一回路的流量意外减少，其中极端的事故是全船断电（备用电源也接不上），引起冷却剂泵全部停运，一回路冷却水停止流动（称为"断流事故"）；再如，由于二回路的冷却能力不够，继而造成一回路冷却水温度升高，最终致使反应堆堆芯的冷却效果下降。

核反应堆欠冷事故可能造成核反应堆堆芯得不到充分的冷却，影响反应堆的正常运行，严重时可能烧毁反应堆堆芯。欠冷事故在国外核潜艇上发生得较少，有记载的只2起。

——反应性引入事故。反应性引入事故是指向核反应堆内突然引入一个意外的反应性（即向核反应堆内瞬间引入的中子数量过多），使核反应过于猛烈，导致反应堆功率急剧上升、核反应堆运行失控而发生核事故。国外核潜艇发生反应性引入事故约7起，仅次于失水事故，且都发生在苏联。

——辐射事故。主要是由于设计缺陷或误操等原因，造成放射性物质（或放射线）外泄。事故可能造成环境污染和人员受超剂量伤害等。这类事故也比较常见。

核潜艇核事故造成的人员伤害和设施损坏是严重的，而苏联/俄罗斯的核事故最频繁，损失也最大。各国核潜艇发生的核事故近60起，发生在苏联/俄罗斯的占一半以上；而且死伤人数也最多，死亡的达到55人，过量辐射及受伤人员200多人，死伤人数占总数的90%。而很多资料在注明核潜艇核事故伤亡情况时，都用"大量""很多"表示，所以伤亡人数要远远大于此统计。

时至今天，各国核潜艇核事故已经造成一艘核潜艇沉没、一艘核潜艇报废、6台核潜艇反应堆堆芯熔化、数枚核鱼雷和核导弹丢失、29艘核潜艇的设备遭到损坏。

核潜艇核事故的发生趋势呈"山峰"走向。20世纪50年代由于核潜艇数量少，对总的核事故"贡献"也就小；20世纪60年代到80年代的30多年里，两个超级大国疯狂进行核军备竞赛，核潜艇数量急剧增加，核安全问题也凸现出来，核事故数量居高不下。从1990年代开始，俄罗斯接受重大核事故频繁发生的教训，开始对核安全加以重视，使得核事故数量陡然下降。

虽然核潜艇的核动力装置有非常完善的安全保护措施，但仍不能保证万无一失。国外核潜艇核事故的惨痛教训告诫人们，如果人员的核安全意识放松，如果操纵上发生人为的严重失误，如果关键核设备的质量出现意想不到的缺陷，如果核潜艇遭到战争损伤或意外碰撞，如果遇到天灾……都有可能引发核事故。所以，为了控制并减轻突发的核事故及其辐射的危害，有核国

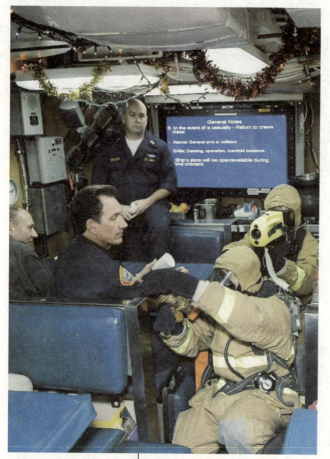

美国"洛杉矶"级核潜艇中进行应急救援演示

家都会预先制定出一整套应对核事故的紧急救援方案，使核潜艇在可能或已经发生放射性物质意外泄漏时，能立即进入应急状态，启动应急预案，进行人为干预，尽量减小核事故对人员、环境、设备等造成的损失。各国一般都把应急计划和准备当成核安全的最后一道屏障，目前世界上有核国家都建立了核应急管理体制，确立了相应的核法规标准体系，使应急准备工作成为法定的政府行为。

5.5 震惊世界的"K–19"号核潜艇核事故

　　"K–19"号核潜艇(舷号"294")属于苏联早期的"旅馆–1"型("H–1"型)核潜艇,也是苏联第一艘弹道导弹核潜艇。1961年该艇发生过一次重大的核事故,险些引发苏美两国的核大战,事故被隐瞒了30年后才逐渐被公之于世。

苏联"K–19"号核潜艇

　　"K–19"号核潜艇由红宝石设计局负责设计,1958年10月17日在北德文斯克造船厂开工,1960年11月12日服役,隶属北方舰队,1991年退役。该级核潜艇是苏联"高尔夫"级("G"级)常规弹道导弹潜艇和"十一月"级("N"级)攻击型核潜艇相结合的产物,共分为10个耐压舱室,其中第4舱装有3座可水面发射"SS–N–4"型"萨克"核导弹的发射筒,第6舱是核反应堆舱,装有2座压水型核反应堆。

　　"K–19"号核潜艇是苏联海军最倒霉运的一艘核潜艇。首先,该艇在1959年4月8日下水时,用于寻求好运的香槟酒就没能准确地在核潜艇上抛碎，从此就"埋下了"不祥的种子。在系泊试验时，核反应堆一回路系统便发生了严重的超压事故，经济损失达1 000多万卢布；1960年服役后更是大小事故接连不断，被戏称为"广岛号"和"寡妇制造者"。比较典型的事故有：1961年在潜航时为躲避美国的"鹦鹉螺"号核潜艇而撞到海底，同年又发生核反应堆舱密封失效事故和核反应堆重大失水事故（死亡22人），1963年发生核动力装置重大故障（死亡8人），1969年与美国"小鲨鱼"号核潜艇相撞后艉部受损，1972年潜艇内爆炸失火严重受损（死亡21人）……

本文只介绍"K–19"号核潜艇1961年7月发生的重大失水核事故。

一、事故经过及应急操作。

1961年6月18日，在紧张的"冷战"时刻，苏联为了向美国展示强大的核力量，举行了代号为"北极圈"的军事演习，开展北极的冰下航行训练。"K–19"号核潜艇参加了演习，曾到达北纬82°。根据演习预案，全副武装的"K–19"号将扮演"敌人"的角色，在进入北极地区后上浮，用导弹对苏联沿岸实施核攻击。在上浮时，"K–19"号的外壳受了些小伤，但总算顺利完成了任务，按时返航。

7月4日凌晨，"K–19"

苏联"K–19"号潜艇1961年7月4日事故地点示意图（事故红点左面是丹麦格陵兰岛，左下是冰岛，右面是挪威）

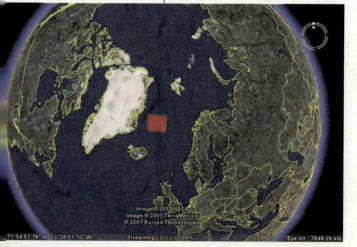

号在水下 200 米用满功率航行，行驶至挪威海域，在距离挪威伊马印岛上的美国海军基地约 100 海里的地方，事故发生了。

凌晨 4 时 07 分，核反应堆操纵员报告："艉部核反应堆一回路压力降低，启动了辅助循环水泵……"

——随后应急保护系统正确实施保护动作，核反应堆控制棒掉棒，自动关闭核反应堆。

——启动补水泵向一回路注水，但压力继续下降。核反应堆一回路密封失效！核反应堆冷却系统的功能迅速衰退！

——核化（"核安全防化"的简称）军官报告主机舱放射性异常升高。

——核潜艇核动力装置的密封遭到了破坏，发生核泄漏，一回路中大约 20 兆帕的高压把放射性的水汽喷射出来，仪表显示一回路压力急剧下降，趋近于零。

——核反应堆一回路的两台主冷却剂泵相继破损卡死，稳压器中的水位也降低了。反应堆舱室温度骤升，舱室充满了高温水蒸气，压力迅速上升。初步判断核反应堆冷却剂系统管道破损，但艇上没有安全注射的系统或设备。在用尽一切可用的远距离应急手段之后，核反应堆的活性区域仍在急剧升温，核反应堆舱的放射性照射量已远远超过正常标准。

为了对内稳定人员情绪，对外掩盖军事行动，必须缩小事故知情范围，所以艇长一方面命令暂对无关艇员保密，一方面决定保持潜艇在原航向、原深度继续潜航。

事故在继续扩展：核反应堆舱里用于排放水和蒸汽的自动释放阀失灵，高达 900℃ 的放射性水蒸气向其他舱室蔓延，核反应堆舱开始起火（可能是铺板油漆涂料在高温下自燃引起），核反应堆堆芯开始沸腾，核燃料开始熔化，并随时有可能发生蒸汽爆炸——到此时，艇长不得已命令拉响一级战斗警报。

事故中的苏联"k–19"号核潜艇

4日6时左右，潜艇在潜航数周后第一次紧急上浮至水面。这时，他们可以弃艇逃生，甚至可以寻求美军帮助，但他们没有这样做，而是自己开始了拯救核潜艇的生死战斗。

艇长尼古拉·扎杰耶夫中校面临着极其复杂的难题，当务之急是尽快使核反应堆冷却下来，但必须迅速弄清核反应堆故障的症结，采取进一步措施防止更大的灾难发生。他心里明白，"K–19"号核潜艇装有两个核反应堆，还搭载着3枚核导弹，总威力相当于美国1945年投在广岛原子弹的70倍！一旦核反应堆发生爆炸，核导弹破坏或引爆，生态灾难在所难免；而且大西洋的强劲季风，会把核释放产生的有害物质带到沿岸的西欧国家。

更可怕的是，当时正处于"冷战"最紧张的时期，事故当天又恰好是美国独立纪念日的敏感日子，美国和苏联的战舰都处于"一触即发"的战备状态，如果"K–19"号核潜艇在美国海军基地旁边发生爆炸，很有可能被美国当成苏联试图对美沿岸实施核攻击的军事挑衅。那么，北约将可能立即还击，而这很可能将导致苏美之间核大战的爆发，甚至是第三次世界大战的爆发。因为北约组织的宗旨是：缔约国实行"集体防御"，任何缔约国同他国发生战争时，其他成员国必须给予帮助，包括使用武力。

二、进入核反应堆舱抢修过程。

在所有远距离应急措施都不奏效的情况下，艇长立即和艇上的技术专家商议对策。一名老机械师科济列夫提出，只有将舷侧水箱里的淡水引入核反应堆进行强制冷却，才有可能缓解危急形势。艇长当即采纳了这一建议，决定由 8 名年轻水兵组成几个精干的抢修小组接力工作，去完成冷却管的临时加装焊接任务。每个抢修小组 5 ~ 10 分钟一换，冒死进入核反应堆舱，把管子接到水泵上并和水箱连通，以便将水注入反应堆内。为了灭火，艇长率先进入核反应堆舱，把从鱼雷发射器上割下来的一段管子接到储水罐上，并迅速向核反应堆喷射，扑灭了核反应堆周围的明火，避免了事态的发展，但是核泄漏已成为事实。

一名艇员进入堆舱手动打开了失效的疏水阀门，从而泄掉了堆舱内的压力，排除了蒸汽垫（即形成的压力蒸汽层），但他的皮肤和呼吸道被蒸汽烫伤，脚踝以下也被烫伤。

为了再制造出这样一套堆芯临时冷却系统，以主机大队长巴夫斯季耶夫中尉、自动化分队鲍里斯·科尔奇洛夫中尉为首的损管分队的水兵，明知核反应堆舱内的辐射早已超过了人体承受极限，还是在没有任何防辐射措施的情况下，只穿一件普通的雨衣，戴一副防毒面具，义无反顾地冲进核反应堆舱（由于防毒面具的有效使用期短、视镜结雾也不便施工，很多人进入堆舱后又摘掉了）。在作业地点，艇员们暴露在大约 1 000 伦琴/时的剂量当量下工作（事后医生透露，他们受到的辐射伤害超过了致死剂量 3 倍以上）。第一个进入核反应堆舱实施抢修的是年仅 20 岁的鲍里斯·科尔奇洛夫中尉，5 分钟后当他出来时就开始大口大口地呕吐。接下来，一批一批置生死于不顾的志愿者进入"死亡舱室"。

凡是进入核反应堆舱的人都开始出现轻重不同的放射性反应，他们无法正常活动、言语不清，数小时后口吐白沫、面目肿胀、皮肤发红并出现血点，艇长都认不出这些朝夕相处的伙伴了。

经过 2 个小时轮番奋战，通过临时冷却管路开始向核反应堆注水，临时冷却系统证明是有效的，避免了燃料元件温度持续上升和堆芯中可能的蒸汽爆炸，堆芯的温度下降到了安全水平，制止了事故的进一步发展，这都是那些直接参加抢修行动的水兵们用生命的代价换来的。

后来临时冷却管路也出现泄漏，副艇长和舱段班长等 3 人进堆舱排除泄漏。

三、外部救援过程。

核潜艇上浮后，由于主发报机的天线绝缘失效，无法与岸上取得联系，核潜艇无助地在海面慢慢行驶着，这时潜艇距离基地还有 1 500 海里。艇长命令不值班的艇员和不直接参加抢救的艇员都转移到艏部甲板上去，并决定反航向行驶与其他在演习区域的舰艇靠近。唯一的希望是用小功率应急发报机与兄弟舰艇联系，发出求救信号："反应堆发生事故，潜艇遭到辐射，急需救援。北纬 66°，西经 4°，K-19 号艇长。"幸运的是，他们联系上了两艘演习返航的 W 级常规潜艇"C-159"号和"C-270"号，

苏联"K-19"号核潜艇事故救援情景

救援潜艇将事态向海军和北方舰队的指挥所上报，并要求前去救援，但未得到舰队指挥所的同意。

4 日 14 时，"C-270"号潜艇艇长冒着违抗军令的危险，"擅自"系靠在出事的核潜艇旁实

施人道救援，这时已经离出事 10 个小时了。

核潜艇艇长请求转运 11 名重伤员，但"C-270"号潜艇出航时将跳板留在了基地码头，最后只得把核潜艇的艏水平舵张开，代替跳板，费了很大力气才从核潜艇上撤下了 11 名重伤员。当将这些伤员安排在第一舱（鱼雷舱）中，舱内的剂量水平一下变得较高，只好将他们的衣服都脱下来扔到舷外，采取这个措施后，舱室内的照射量立即下降。

"C-270"潜艇曾试图拖曳事故潜艇，但由于涌浪很大，系缆绳又被拉断了，无法拖曳。两位艇长商量，由"C-270"号救援潜艇准备两枚战雷，如一旦出现美国军舰，先撤走核潜艇上的所有人员，再将"K-19"号核潜艇击沉。

苏联海军司令部获悉"K-19"号核潜艇出了事，指示北方舰队进行紧急救援，北方舰队在西里察湾海军基地组建了一支应急救援分队。

4 日 23 时，核潜艇艇长再次通过救援潜艇向岸上报告了事故情况并请求全部撤离到救援潜艇上，但岸上始终保持沉默。

5 日凌晨 3 时，"C-159"号和"C-276"号常规潜艇也到达救援地点，由于留在核潜艇上的人员仍然处在很危险的境地，舰队指挥所这才命令所有的艇员转移到 3 艘潜艇上来，保持与"K-19"号核潜艇 1 海里的距离，等待调用水面舰艇支援。核潜艇艇长在确认核潜艇处于安全浮态、核泄漏没有威胁海洋生态、核潜艇上所有机械设备都已经处于关闭状态后，便命令剩余的艇员都撤离到救援潜艇上去。根据条令的规定，扎杰耶夫艇长怀着复杂的心情最后一个离开自己的核潜艇。

所有的艇员都脱光了衣服，手持卡宾枪，沿着艏水平舵的舵板转移到救援的潜艇上。他们一无所有，唯一跟随他们转移的物品是：用大麻袋包的秘密文件、装在密封的弹药箱中的党员证、共青团员证和钱。共有 99 名艇员被转移到"C-270"号潜艇上，扎杰耶夫艇长和其他人则转移到

"C-159"号潜艇上。这时舰队指挥部又通知救援的2艘潜艇全速返回基地，并派出救援舰半途接应。

返航途中暴风雨骤起，巨浪席卷而来。

7日凌晨，即事故后的第3天，救援的潜艇与3艘救援船会合。由于风浪太大，潜艇无法与救援船靠近，勉强搭好跳板也只能换乘30名相对最健康的艇员到救援船上。

9日，天气好转，剩余的核潜艇人员转移到另外两艘救援船上，被送往基地后，再由直升机转送到莫斯科和列宁格勒的医院。

"K-19"号核潜艇停留在原地，几艘来看热闹的北约舰艇围绕在"K-19"号周围，北约的飞机也在"K-19"号上空盘旋。救援船接近"K-19"号后，辐射剂量测定员报告说，"K-19"号核潜艇上的辐射非常强。"全副武装"的人员带着防辐射装置进入"K-19"号核潜艇检查完毕，救援分队意识到，"K-19号"核潜艇已无法自己回到基地——它的蓄电池已经没电了，艇上漆黑一片。尽管当时的天气十分恶劣，前来救援的舰艇还是将拖绳系到了"K-19"号的艏水平舵上，然后在北约飞机、军舰的"护送"下，将"K-19号"拖回了科拉半岛某海军基地。

四、损失情况及原因。

人员伤亡：直接参加抢修行动的水兵长时间暴露在核辐射和温度极高的环境中，受辐射伤害和烫伤最严重的鲍里斯·科尔奇洛夫中尉等8人在10天内相继去世，另有14人在2年内病故，其他人的身体也出现了不同程度的辐射损伤。艇长本人在最危险的时刻第一个冲进核反应堆舱灭火，弃艇时又最后一个离开事故现场，表现了大无畏的精神，起到了表率作用，事故后他在病床上躺了一年半，更换了全部的骨髓和血液后才挽回了生命，直至1998年溘然去世（当年艇上总共139名官兵中，许多人没有活过50岁，但45年后尚有48人幸存）。

设施损坏：一座核反应堆堆芯熔化报废。

污染情况：在临时冷却系统建立之前，反应堆中的核燃料就已经破损，且测量到了裂变产物。又由于艇员反复进入反应堆舱灭火和维修，反应堆舱的舱壁门不得不经常打开，堆舱及其他舱室都受到了严重污染，但释放到环境中的放射性物质较少。

事故的直接原因是反应堆一回路压力安全系统的不锈钢管子因焊接质量问题而破裂；在核反应堆发生失水事故后，又没有应急冷却系统去冷却核反应堆堆芯的衰变热，造成事故不断恶化和扩展。

五、后事处理。

事故后，那些英勇献身的水兵们被认为带有强烈放射性，在夜间被装进铅制的棺木秘密埋葬在莫斯科郊外的库兹明公墓里，他们的家人和朋友只知道他们为国捐躯；受伤的人员被送到医院救治疗养，所有幸存下来的人因身体或其他原因全部离开了核潜艇岗位。

1962年夏至1963年12月，苏联对"K-19"号核潜艇进行了彻底修理，并对其导弹系统做了改进，使之可以水下发射"SS-N-5"型"塞尔布"导弹；原来的反应堆舱被整个切除换新（连同前后隔壁）；旧舱室由于污染严重，被填满了凝固的混合物，搁置几年衰变减弱后，于1965年将反应堆舱连同里面的两个反应堆都被倾倒在新地岛沿岸斯捷波夫海湾东部和马托奇金海峡以南苏联核潜艇核反应堆埋葬场。

1990年6月1日，在苏联解体和"K-19"号核潜艇退役前夕，被封存了近30年的海上核事故真相才首次由《真理报》披露出来。而在此之前，"K-19号"核潜艇的事故是绝对保密的。

1990年7月，"K-19"号核潜艇转入后备役，7月12日～14日，潜艇基地热烈庆祝苏联第一艘导弹核潜艇服役30周年，"K-19"号核潜艇的第一任艇员们从全国各地汇集到一起，老艇长尼古拉·扎杰耶夫与幸存者们互相拥抱、问候，悲泣缅怀逝去的战友。

1991 年，"K-19"号核潜艇从海军序列中除名。"K-19"号核潜艇的那次事故也得到政府的重新评价，经历了此次事故的每一位"K-19号"上的官兵都得到了勋章，艇长被授予"苏联英雄"称号。后来，这些老兵每人每月都能领到退休金以及 100 美元的伤残补助金。此外，莫斯科郊外还有一个专供此次事故受害者疗养的疗养院，"K-19 号"的老兵还可在圣彼得堡的一家医院得到系统的治疗。

1998 年 7 月 4 日，在"K-19"号核潜艇事故 37 周年的那一天，莫斯科某股份公司投资在库兹明公墓修建的一座纪念"K-19"号核潜艇的纪念碑群揭幕。

2002 年，美国好莱坞根据"K-19"号核潜艇事故拍摄的影片《K-19："寡妇制造者"》上映，轰动一时。

苏联"K-19"号潜艇上的老艇员们回访核潜艇

5.6 "库尔斯克"号核潜艇的灭顶之灾

"库尔斯克"号巡航导弹核潜艇，属于"奥斯卡-2"型，排水量达18 300吨，艇长154米，装有2座核反应堆，配备24枚"SS-N-19"型垂直发射的潜对舰巡航导弹。该型潜艇共建造了11艘，"库尔斯克"号是1994年10月服役的第10艘艇。2000年8月12日，该艇因鱼雷意外爆炸沉没而震惊世界，这一事件被多个世界权威机构评为当年10大国际新闻之一。

俄罗斯"奥斯卡-2"型巡航导弹核潜艇

一、出航前的"不祥"之兆。

2000年夏，俄罗斯海军北方舰队的"库尔斯克"号核潜艇远航归来，疲惫的水兵们上岸后脚跟还未站稳，又接到司令部继续训练演习的命令。

演习是 3 个月前就安排好的，演习方案中有一幕假设"库尔斯克"号核潜艇因事故躺在海底的情景。其他一切也早已设计好：首先，"米哈伊尔·鲁德尼茨基"号救援船接到救援命令，"风驰电掣"般驶向假想失事地点；然后，放下特种救生钟，艇员将从 100 多米深的水下借助特种救生钟一个个浮出海面。整个援救过程应环环相扣，有惊无险，皆大欢喜。而恰恰就是这个不吉利的假想，使演习真的滑入了灾难的泥潭，而一切自救和援救手段又无济于事。

"库尔斯克"号核潜艇出航前吊装鱼雷的过程更是令人沮丧。当一枚绰号为"胖子"的"65-76"型笨重鱼雷吊至半空时，缆索突然断裂，重达 4.5 吨的鱼雷重重地砸在码头上。经检查认为没有可疑之处后，艇员们仍把它装进潜艇的鱼雷舱（首舱）。事后分析，很可能就是这枚鱼雷，成为核潜艇葬身海底的元凶。

二、意外爆炸撕裂核潜艇"铠甲"。

2000 年 8 月 9 日，北方舰队集结了包括"库尔斯克"号核潜艇在内的 30 余艘舰船，在北冰洋的巴伦支海拉开了军事演习的序幕。

8 月 12 日，"库尔斯克"号核潜艇当日的演习任务是在战术背景条件下发射鱼雷。11 时 28 分 27 秒，挪威卡拉谢克地震台记录到演习海区传来的一声爆炸，2 分 15 秒后又记录到第二声爆炸，分别相当于 1.5 级和 4 级地震。

第一次爆炸与"库尔斯克"号开始发射鱼雷的时间几乎相同。艇长吉纳迪·利亚钦按计划应在 11 时 30 分开始用一枚试验鱼雷攻击"敌目标"，俄方当时误认为是"库尔斯克"号核潜艇正在发射鱼雷（搜索飞机和舰船后来没有找到这枚没有弹头、发射后应漂浮在海面的鱼雷，因为核潜艇没来得及发射它，它就已经被另一枚意外爆炸的鱼雷提前熔成了一块废铁）。直至 12 日晚上，指挥舰始终没有接收到"库尔斯克"号的通信信号。

13日，坐镇指挥舰"彼得大帝"号核动力巡洋舰的演习总指挥、北方舰队司令波波夫上将向俄海军总司令库罗耶多夫上将报告了这一情况，并在指挥舰召开了紧急会议，分析与核潜艇失去联系的原因，随即展开了全面的搜寻行动。

14日，俄海军总司令库罗耶多夫向俄总统普京报告了此情况，搜寻工作继续进行，使用声呐等确定"库尔斯克"号的位置。14日7时以后，俄深水微型救援艇发现了已沉入海底、向一侧倾倒的"库尔斯克"号核潜艇。该艇的首舱（鱼雷舱）被强劲的爆炸力撕开一个大缺口，许多部位的特种钢像是被刀子切开的一样；船体上也有许多致命的裂缝，一条大裂缝从艇艏直插到指挥塔；艇上发射报警求救信号的装置已严重受损。船体周围未发现超量核射线。14日14时以后，俄海军总司令库罗耶多夫下令尽一切可能营救潜艇艇员。此后，俄海军司令部向新闻媒体宣布了"库尔斯克"号核潜艇失事的消息。

15日，俄罗斯成立了由副总理克列巴诺夫领导的事故调查委员会。此时估计艇上还有人活着，但由于船体横向倾斜60°，且逃生舱口变形，救生钟很难与其对接。

16日，普京与克林顿通话后表示将接受外界帮助。

20日，英国"诺曼底先锋"号救援船装载着"LR5"救生

爆炸事故后的惨状

爆炸事故后的惨状

潜艇及救援小组抵达出事现场，由于船尾部逃生舱口有一条严重裂缝，"LR5"救生潜艇也无法与其对接。

21日，俄宣布停止救援行动，救援失败，艇上118名官兵全部罹难。

三、核潜艇内曾有一场绝望的求生之战。

就在俄罗斯当局"不紧不慢"地讨论救援方案时，身陷"水深火热"之中的水兵们，尽管与外界失去了一切联系，但从险情出现到全军覆没的8个小时内，他们每分每秒都在与死亡搏斗。一场徒劳的自救，一场无效的援救，谱写了一曲死亡悲歌，整个过程感人至深。

2000年8月12日11时15分～11时20分，鱼雷兵们在做鱼雷发射前的准备时，发现一枚"胖子"鱼雷顶盖脱落，鱼雷班长伊利达罗夫立即向潜艇中央指挥台报告，同时按下火警按钮。艇长利亚钦马上发出事故警报并下令："紧急上浮！准备发射'胖子'鱼雷！"随即又向演习总指挥部紧急报告："一枚鱼雷发生事故，请求发射。"潜艇快速上浮到潜望状态，按照事故警报程序，艇员们立即关闭了各舱室之间的密封舱门。根据战斗条令，艇长在非常情况下有权机动行事。此时艇长想尽快把这枚鱼雷连同灾难一起推出潜艇之外，他等不及上级回话，决定发射"胖子"鱼雷。

在短短的几分钟里，艇上的高级军官们冲到鱼雷舱实施援助，然而，距爆炸只剩下几秒钟的时间了。

鱼雷舱在潜艇的艏部，火舌猛烈吞噬着鱼雷，氧气渐渐稀薄，人们感到呼吸困难，烟气熏眼。水兵们一面奋力灭火，一面艰难地将"胖子"鱼雷顺着导轨拖向发射管。从伊利达罗夫向中央指挥台报告至11时28分，大约有8分钟的时间。在这最后可怕的8分钟内，必死的水兵们试图制止爆炸，但没有奏效。

11时28分，一道耀眼的闪光把鱼雷舱照得惨白，而在这仅仅几十分之一秒的一闪之后，几乎与此同时发生了爆炸，舱室内的温度高达数千摄氏度，鱼雷舱里的所有人瞬间化为乌有，永远找不到尸首。其中包括总队参谋长巴格良采夫上校、艇长利亚钦、政委舒宾、鱼水雷部门长拜加林等。

135秒钟后（即11时30分15秒），由于第一次爆炸引爆了鱼雷舱中的其他鱼雷，导致了一场更大的爆炸。威力强劲的冲击波把首舱摆放鱼雷的沉重台架连同未爆炸的弹药残骸抛到了第2舱（其中一些残片竟重达数百千克，事后在第4舱也发现了第2舱的仪器残片），第3舱、第4舱，甚至第5舱都被冲击波击穿，舱室"内脏"被彻底捣碎；第二次大爆炸摧毁了第5舱以前的所有生命（全艇共有9个舱室，第6舱是核反应堆舱）。幸亏承压能力较大的核反应堆舱壁顶住了势头已经减弱的冲击波，保护住了核反应堆和后面舱室人员的安全。在那最后的135秒内，3舱至5舱的水兵们根本来不及穿救生衣进入2舱的"集体漂浮救生舱"。他们曾有过逃到艉舱的机会，但他们一个都没动，坚守到最后一刻，在第二次爆炸中全部牺牲。因为他们知道，如果跑到艉舱，势必要打开通向艇艉的隔舱门，这就意味着给强大的火龙打开了一条通道，极有可能危及核反应堆舱和后面暂时还有生存希望的战友们。

第二次爆炸时，核反应堆因失电而自动关闭熄火，进行自我保护。但爆炸毁坏了贯穿核反应堆舱的通风管和纵倾平衡水管，尚未冷却的核反应堆装置把涌进来的海水变成了蒸汽，弥漫在舱室。此时全船一片漆黑。5名核反应堆专业兵在离开第6舱进入7舱之前，在黑暗中用手动装置把核反应堆舱密闭门上滚烫的螺栓逐一检查拧死。他们的从容和司职精神令事故调查者震惊。当第6舱的5名艇员进到第7舱时，海水和蒸汽已经紧随他们大量涌入。专家们事后估计，仅10分钟，第7舱内的水已齐腰深。

这时，全船只有第7舱至9舱有生命存活。而全船3处"个人逃生舱口"都分布在潜艇前部的1舱、2舱和4舱，但通往那里的路已被封死，只剩下唯一的紧急救生舱口在第9舱。

第7舱内，电和通信均被切断，地板开始崩裂，冰冷的海水继续涌入。通往8舱的过道舱门被不知详情的另一方锁着，没有命令是不准随便打开的。由于对核反应堆情况不明，第7舱指挥员、27岁的德米特里·科列斯尼科夫大尉下令艇员们穿上防辐射服（每人的防护服上都缝有一块以颜色表明职务的帆布标签，后来人们就是按这些标签识别出尸体身份的）。

第8舱内，弥漫着灼热的烟气，窒息的危险越来越近。他们此时完全可以撤到第9舱的应急救生舱，但该舱指挥员萨吉连科在渴望生还的水兵面前，没有做出这个决定，他在等待7舱伙伴的确切消息。

12时46分，现存人员中职务最高的科列斯尼科夫大尉被迫下令向第9舱转移。第8舱的难友打开过道舱门把危在旦夕的7舱伙伴救出。然后，20名疲惫不堪的水兵随身携带着氧气再生装置"B-64"、用于紧急上浮的呼吸器"IDA-59"，从过道舱门鱼贯撤向第9舱。

12时58分，当时全船仅剩下的23名幸存者集聚在9舱。在108米深的水下，他们面对死亡反而镇静起来。9舱是最后一个舱室，他们已经没有退路，生死在此一搏。他们视第9舱为救命舱，大家心里明白，在有限的氧气被耗尽之前，必须离开。接近冰点的海水在身边慢慢上涨，水兵们穿上絮有人造纤维的保暖衣，开始检查紧急救生舱口。糟糕的是，潜艇在爆炸（或撞击海底）时，救生舱门变形，无论如何也打不开。另外，水兵们还不知道，救生器与艇身的结合围栏处也出现了裂缝，即使打开舱门，也无法使救生器浮上海面。

17分钟后（即13时15分），一切努力宣告失败。水兵们最终也明白了一切：如果没有外援，只有等死，他们唯一可做的就是让死神来得稍晚一点。此时，科列斯尼科夫用铅笔在纸条上写道："第6、7、8舱的全体人员转移到第9舱。我们一共23人。由于事故，我们做出了这一决定。现在我们中的任何人都已无法升上海面。13时15分。"即使这样，绝望的水兵们仍在继续试图打开根本打不开的救生舱门，他们不断用铁器甚至拳头敲打着舱壁，发出微弱的求救信号，他们企盼奇迹出现。然而，水兵们哪里知道，在他们死后数小时，救援行动才开始。

15时15分，又是2小时过去了，科列斯尼科夫在一张纸条上写道："这里很黑，我试着摸索着写。生还的可能似乎没有。我希望有人能看到纸条。这里有在第9舱的全体人员名单。2000年8月12日15时15分。"这张名单给后来的援救人员提供了很大的帮助。潜水员们知道需要打捞多少具尸体，并把确定死者身份的范围缩小了。

海军大尉德米特里·科列斯尼科夫临终前留下的纸条

不知又过了多久（大概舱内已无任何光源，或钟表都已损坏），科列斯尼科夫写下了最后一段未注明时间的话语："第9舱23人，感觉不好，二氧化碳使人衰竭。氧气再生药板用完了，我们坚持不了一天。"后来，人们在他的笔记中还发现了他写给家人的绝笔信："申列奇卡(他对妻子的爱称)，我爱你！不要太难过，给妈妈(岳母)代好，给亲人们代好。米佳。"

水兵们尽了一切努力试图自救，他们想延续生命的一分一秒，渴望外面战友的援助。在最后一刻，他们决定给再生呼吸装置补充原料。调查表明，这个本来可以延长他们生命的行动，却意外地加速了他们的死亡。3名体力耗尽的水兵抬着装有再生药板的料槽开始作业，突然料槽倾翻，刹那间，氧化剂与混有机油的海水发生化学反应——又是一次爆炸。从死者身上的烧伤可以推断，3名水兵和附近的人立即死亡，其余的人也未能活多久。爆炸使舱内不多的氧气燃尽，同时放出大量一氧化碳（尸检表明，艉舱中大部分水兵死于一氧化碳中毒）。

"胖子"鱼雷爆炸后大约8个小时，"库尔斯克"号上已无人存活。

又过了4个小时，救援行动才开始。但，一切都晚了。

2001年10月8日，

俄罗斯"库尔斯克"号核潜艇遇难官兵遗像

"库尔斯科"号由"巨人–4"号驳船从水下拖带至摩尔曼斯克的罗斯利亚科沃船坞，但被炸坏的艏部仍长眠在海底（为了减轻打捞重量）。

2001 年 10 月 23 日，"库尔斯克"号沉没了 14 个月之后终于浮出水面。连同被打捞上来的还有 22 枚"SS–N–19"型反舰导弹和 2 座核反应堆。经检查，导弹完好无损，核反应堆也没有发生放射性泄漏，这真是不幸中的万幸了。

打捞上来的水兵遗体至今不足 100 具，其他尸骸仍不知在何方。

四、"艇内鱼雷燃料泄漏引发爆炸"已成定论。

从打捞上来的残破潜艇看，破损的外壳均向外卷曲，说明冲击力是由内向外发出的，即致命的爆炸是从艇内起源的。

2001 年 10 月 29 日，俄罗斯政府事故调查委员会正式声明，"库尔斯克"号核潜艇曾与外国舰船相撞的说法没有根据，首次承认沉没的直接原因是潜艇自身配置的鱼雷爆炸。俄罗斯总检察长乌斯迪诺夫也说，从首舱的破坏程度看，只有鱼雷的能量可以撕破钢板。

2002 年 6 月 19 日，俄罗斯政府宣布，"库尔斯克"号核潜艇沉没是由于该艇携带的一枚鱼雷突然爆炸所致。后正式明确爆炸是因为鱼雷燃料泄漏。俄罗斯鱼雷专家分析，"库尔斯克"号核潜艇上鱼雷使用的高浓度过氧化氢（HTP）燃料因某种原因泄漏，这种燃料与某些金属（如铜）接触后会发生强烈的化学反应，分解成氢、氧和大量蒸汽。而高浓度过氧化氢接触热气后，又会膨胀 5 000 倍，鱼雷外壳经不住高压而爆破，加之舱室里的氧气和氢气浓度过高而起火，又引发其他鱼雷战斗部爆炸。

2002 年，俄罗斯设计核潜艇的"红宝石"设计局通过实物试验，从对潜艇破损钢板的扭曲程度和残留物的分析，进一步证实了上述结论。

英国地震台在爆炸事故发生时测出来的震动线形显示的也是典型的爆炸线形，而不是地震、火山爆发或硬物撞击所特有的线形，这是一个可靠的旁证。

五、"鱼雷燃料泄漏原因"说法不一。

人们已公认,"库尔斯克"号核潜艇沉没是艇载鱼雷的燃料泄漏引起爆炸所致,但鱼雷燃料泄漏的原因还需进一步澄清,这是问题的焦点。目前有几种说法:

一是受损的"胖子"惹的祸。燃料泄漏的鱼雷很可能就是那枚起吊时受损的"胖子"鱼雷,它在装入发射管之前就已经开始泄漏。

二是潜艇碰撞所致。可能是潜艇为躲避不明目标而一头撞向海底岩礁,导致艇艏鱼雷发射管严重变形,已上膛的鱼雷随同损坏,燃料从破损处流出。这个说法可以从水兵拉希德·阿鲁阿罗夫身上一份包在塑料袋里的遗书得到证明,上面说,导致潜艇撞上海床的第一次爆炸是一枚鱼雷没有发射出去引起的。

三是操作失误。可能有人意外地在舱室里开启了鱼雷引擎,引起高浓度过氧化氢燃料细管破裂。

也有其他一些说法,如:可能鱼雷发射管的出口盖未打开,造成鱼雷膛内爆炸;试验一种新型鱼雷时短路起火;爆炸的是艇上装配的另一种1956年设计的、早该退役的"53-65"型鱼雷等。但这些猜测尚缺乏说服力,要想真相大白,大概需鱼雷舱打捞上来后才能见分晓。

令人吃惊的是,造成"库尔斯克"号的灾难还有更深层次的缘由。据2002年2月18日俄罗斯总检察长乌斯迪诺夫透露,"库尔斯克"号沉没的原因是演习时艇上的官兵违反操作规定和北方舰队多年来无视正常操作程序。"库尔斯克"号核潜艇多年来一直在违规出海,艇上的应急救援装置根本不能正常工作。这次演习该艇是在紧急事态天线系统关闭的情况下出海的;释放事故浮标的支架没有按要求除掉,救生浮标因此无法浮出水面;艇上的"黑匣子"未按规定在鱼雷发射前的2小时(即12日9时40分)

准时接通录音，"黑匣子"无法为事后调查提供任何帮助。

"库尔斯克"号失事后，俄罗斯对失职的军官和政府官员做了严肃处理：北方舰队的各级指挥官们已于 2001 年 12 月被撤职的撤职、调离的调离。2002 年 2 月 18 日，主管武器发展规划的俄罗斯副总理伊利亚·克列巴诺夫被解职。

整理调查失事核潜艇残骸

（注：本文参考了 2002 年第 7 期《世界军事》转载的俄罗斯《共青团真理报》"库尔斯克号是这样沉没的"一文。编译：包文贵）

5.7　最后的生存希望

核潜艇具有下潜深度深、隐蔽性好、技术先进等优点。但是任何事物都有两重性，核潜艇下潜越深，海水对船壳的压力就越大，核潜艇就越危险；核潜艇在水下的观察识别能力较差，稍有不慎还可能发生触礁、触底、碰撞、被渔网或电缆缠绕等事故；至于核潜艇内部的爆炸、失火、人员窒息等事故更是屡见不鲜。所以，各国海军对潜艇救生技术给予了特别的关注。

潜艇救生分为自行逃生和外部救援两种形式。自行逃生为主动式活动，主要凭艇员自救；外部救援为被动式活动，主要依赖外援。

一、自行逃生。

美国海军规定，出现下述险情应考虑逃生：进水或起火且无法控制；二氧化碳的浓度接近6%，并仍在增高；氧气浓度接近或低于13%；失事潜艇内部的气压达到1.7个大气压或7米高海水压力之前、且救援不能有效进行时。如果失事潜艇内的情况并不紧急，营救希望较大，则应等待营救，以减少逃生风险。

不借助耐压容器的逃生在海水深度上有着严格的限制。现代人体生理学的研究表明，200米将是失事潜艇艇员能够自主逃生的最大深度，超过这一深度只能采取外援救生。另外，由于艇员在自救上浮过程中要承受海水压力由大到小的变化，所以在200米以内的较大深度自行逃生，也只有经过严格逃生训练的艇员才有可能获得成功。因为自主逃生一般从逃生舱口或鱼雷发射管"钻"出来（逃生舱口和鱼雷发射管都有前后两个密封盖，逃生人员备好呼吸器和救生浮标等脱险装具，首先打开后盖钻进；然后关上后盖，并注入海水和压缩空气使内外压力平衡；最后再打开前盖，人员钻出，顺着拴在救生浮标上的浮标绳缓慢上浮）。

俄罗斯"塞拉"级核潜艇安装漂浮救生舱

这种逃生技术必须经过反复演练，防止海水倒灌进艇内，造成更大的事故。另外，要精确掌握好上浮速度，若作用于人体的海水压力减压太快，会使人得上一种置人于死地的"减压病"，因为人体在高压下会吸收较多的氮气，当失事艇员从深水向水面上浮的速度过快（即减压过快）时，氮气会在关节、血管和大脑中形成氮气泡，可造成人员肌体剧烈的疼痛，以致上浮人员瘫痪和死亡。

一名美国海军特种兵在核潜艇"夏威夷"号上进行舱外训练

从水下失事潜艇逃生到海面的艇员，在海洋气象和寒冷条件下的生命力十分脆弱。例如1989年沉没于挪威海域的苏联"共青团员"号核潜艇，当时的69名艇员中，有34名便是由于在海面上体温过低、心力衰竭以及溺水而亡。目前美国和英国使用的"Mark-10"型潜水服可以把逃生艇员的身体全部包裹和覆盖起来，具有保温功能，使用方便，而且带有一个独立的救生筏。

现代潜艇一般在指挥台围壳里带有可与潜艇脱离的漂浮救生舱，失事艇员可以在毫无外援的情况下使用该救生舱逃生。俄罗斯的"台风"级核潜艇上甚至装备了两个这样的漂浮救生舱，可以容纳全部艇员。俄罗斯"库尔斯克"号核潜艇爆炸沉没时，由于舱室和艇壳遭到了毁灭性的破坏，使得漂浮救生舱和人员逃生口（如鱼雷发射管和逃生舱口）变形损坏，均无法使用。

有的国家在潜艇主压载水柜内装备了应急吹除系统——当潜艇失事时，系统内的固体燃料快速燃烧，产生高压燃气排出水柜的水，迫使潜艇上浮。

二、外部救援。

目前较为成熟的外援救生技术是深潜救生艇（DSRV）和救生钟（SRC）。

深潜救生艇——1963年美国海军"长尾鲨"号核潜艇失事沉没，由于沉没深度远远超过当时救援装置的下潜深度，使得美军迫切认识到研制深

"DSRV-1"型潜艇救生艇准备进入运输机

潜救生艇成为当务之急。1966年，美国洛克希德公司开始为美海军研制"DSRV-1"型（"神秘"号或"密斯狄克"号）深潜救生艇，1971年服役，造价4100万美元；1977年，深潜救生艇"DSRV-2"型（"阿维龙"号）服役，母港均在加利福尼亚州的圣迭戈。"DSRV"是世界上最先进的深潜救生艇，该艇长15米，宽2.4米，排水量38吨，装银锌电池和电动机，航速4节，最大下潜深度1524米，最大救援深度610米。它的耐压艇体由3个彼此相通的球形结构组成，前部球形舱是操纵室，布置有控制设备，可容2名驾驶操纵人员；中部为救生舱，其下部有一个可与倾斜45°的失事潜艇对接的半球形对接口，一次可救出24人；后部为机械和动力舱。艇的前端装有搜索声呐和导航系统。

"DSRV"的主要任务是为被困在海底的失事潜艇提供救援。平时，"DSRV"停放在机场，当接到呼救信号后，由"C-141"型喷气运输机把深潜救生艇及其附属设备空运到距失事潜艇最近的港口，再由水面舰船或者经过特别改装的潜艇运往失事现场实施营救。作业中，"DSRV"边下潜边以声呐定位，通过水下电话与被困潜艇内的人员取得语音联络。在确定了失事潜艇的救援逃生舱口位置后，即与其进行对接，并根据现场的水深、海流及失事潜艇角度自动调整，确保对接口的水密性，最后利用电磁线圈将深潜救生艇牢牢固定在失事潜艇上。接着排干深潜救生艇对接舱内的海水，失事潜艇的艇员也将救援逃生舱内的海水排干，当两侧的压力一致后，打开逃生舱盖转移到"DSRV"上，同时"DSRV"向失事潜艇内运送氧气瓶、锂氢电池（照明用）、水、食品、药物等。

当年，俄罗斯"库尔斯克"号核潜艇失事后，就是因为艇上的救援逃生舱口严重变形，英国的"LR5"型深潜救生艇无法与其对接，再次痛失救援的机会。

目前，除了美国海军现有的两艘"DSRV"型深潜救生艇外，瑞典海

美国"洛杉矶"级核潜艇正在对接"DSRV-1"型潜艇救生艇

军的"URF"型、英国海军的"LR5"型、意大利海军的"MSM-1"型、日本的"千寻"号以及中国的深潜救生艇，也都可不同程度地实施深潜救援任务。但这些深潜救生艇都是用水面舰船投放和回收的，救援活动往往受到海面天气条件的限制，并且在冰层覆盖的海面上不能使用，救援深度也有限。所以，美国海军利用核潜艇作为深潜救生艇的运载平台，是最为有效的救援系统。

目前，美国多艘经过改装的核潜艇可搭载"DSRV"型深潜救生艇，英国和法国为了能在必要时借用美国的深潜救生艇，也对几艘核潜艇进行了相应的改装。现在，美国海军正在研制一种被称作"潜艇救援潜水再加压系统"的水下救援系统，准备接替以后退役的"DSRV"型深潜救生艇。

美国"SRC"型潜水救生钟

救生钟装置——这是一种价廉实用的救援装置，必须由水面舰船携带到失事潜艇的上方，利用绞索把救生钟放到失事潜艇上，并与失事潜艇的逃生舱口对接，将连接通道调节到正常压力，然后打开救生钟底盖和失事

俄罗斯核潜艇甲板上的橘黄色失事救生浮标

潜艇的逃生舱口盖，失事潜艇人员便可进入救生钟内。当重新关闭救生钟底盖后，便可由停泊在水面的救援船只把救生钟起吊到救援舰船上。

法国海军研制了一种可自航的救生钟，重约13吨，可对沉没在1 000米深的失事潜艇实施救援。由于利用了拖带电源电缆，因此在动力方面有足够的保证。

救生钟的不足之处是，必须有水面救援舰船的配合才行，且容量较小。但其结构简单，技术成熟，造价低廉，因此仍被广泛使用。

另外，在潜艇的前后甲板上一般都各设一个多为橘黄色的圆形"失事救生浮标"，内装电话、求救闪光灯、电源插头等。紧急时可使其脱离失事潜艇上浮到水面，失事浮标与失事潜艇之间由几百米长的钢索和电缆连接，便于救援人员与失事潜艇通信联系，以及提供电源。

第6章 东方镇海神龙——中国核潜艇

6.1 "核潜艇，一万年也要搞出来"

1958 年 6 月 27 日，对中国核潜艇来说是一个神圣而难忘的日子。那一天，聂荣臻元帅向中央秘密呈报了《关于开展研制导弹原子潜艇的报告》，该报告编号为"238"号。第二天，周恩来总理就在这份绝密报告上做了批示。随后，其他有关的中央领导也都进行了快速传阅，最后由毛泽东主席圈阅批准，从此拉开了中国研制核潜艇的序幕。这份不寻常的绝密报告，就这样被永远铭记在中国核潜艇发展史册上。

1959 年 10 月，毛泽东又发出"核潜艇，一万年也要搞出来"的号召。这是一句气势如虹的名言，也是一句掷地有声的誓言，还是一种坚不可摧的信念，更是调动千万人为之奋斗的号令。这个号令立刻传遍了全国有关工厂、部队、院校和科研单位，激励了几代"核潜艇人"。

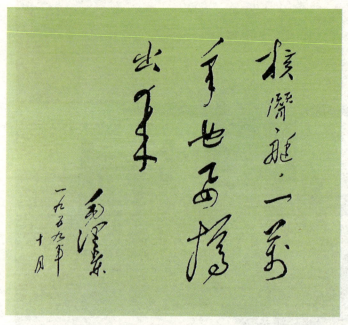

核潜艇总装厂用毛泽东主席的草书组合的"核潜艇，一万年也要搞出来"

这句话并非凭空而来，他是被苏联的一系列做法所激怒后的誓言；也是为了给国内一些对自己实力持怀疑态度的人鼓气。

首先，是对合建大功率超长波电台一事的愤慨。

1957年8月，苏联的第一艘核潜艇下水，很快将实现潜艇远洋航行的愿望。随之而来的问题是远航的水下潜艇与本土的通信联络问题。苏联海军经过反复讨论，向国防委员会提交了两个方案。第一个方案是在苏联本土建立大功率长波发射电台，但因其耗资巨大且通信质量没有可靠的保证而被否决；第二个方案是在中国的海南岛建一个超长波发射台，承担与在南太平洋航行的潜艇舰队联络的任务。赫鲁晓夫认为在海南岛建立长波电台不仅是可行的，而且不会有任何困难，因为中国与苏联有共同的安全利益，况且中国海军也是在苏联的帮助下发展起来的。

大功率超长波电台是岸上指挥所与远洋之下的潜艇进行通信的唯一手段，对潜艇活动具有重要意义，而中国当时不能独自建造大功率超长波电台，只有几座"鞭长莫及"的中小功率长波台。严格地说，没有大功率的超长波电台就没有真正意义上的潜艇部队。可见，建立大功率的超长波电台是双方共同的需要。所以，中方也提出了同样的要求。

1957年底，海军司令员萧劲光向苏联首席顾问阿夫古斯切诺维奇提出请苏联政府给予支持援助的要求。1958年1月6日，苏联海军上将普拉顿诺夫发给萧劲光大将一份函件，提出将中国已有的3个小型超长波电台纳入其在远东的通信网络中，以保证苏联海军在南太平洋中部洋区活动的指挥，同时提交了一份协议草案。4月18日，苏联国防部长马林诺夫斯基元帅又给中国国防部长彭德怀来函，正式提出中苏两国在中国华南地区合建大功率超长波电台和远程收信中心的问题。中央军委经慎重研究并报经中共中央批准，于6月12日以国防部长彭德怀的名义复函苏联国防部，婉言谢绝了中苏合建超长波电台的提议，表示愿意自建，请苏方只给予技术时任苏共中央委员会第一书记、苏联部长会议主席的赫鲁晓夫在他晚年的回忆录里曾有如下的记述：我们刚开始生产内燃机潜艇和核动力潜艇的时候，我们的海军就提出建议，要求中国政府允许我们在中国建立一个无线电台，以便我们能同在太平洋的苏联海军潜艇联络。结果，中国人就是不合作，他们的反应既愤慨又激烈。当我们驻北京的大使尤金向中国提出这个建议时，毛泽东嚷了起来，说："你怎么敢提出这样的建议？这种建议是对我们民族的尊严和主权的侮辱！"

……

1959 年 9 月 13 日，苏联超长波电台台长伊林中校带着 8 人专家组来到中国，与中方技术人员共同组成了工程设计办公室，开始投入大型超长波电台的工程设计和建造。

在这座长波台建成不到 4 年，经毛主席批准，海军又建设了另一座功率更大的长波台。这座新的长波台，完全由中国自己设计和施工。自 1980 年建成投入使用后，出色地完成了对潜艇的通信联络任务。1985 年这项工程获得"国家科技进步奖"一等奖。

上的帮助即可。6 月 28 日，由苏联海军通信部长助理列特文斯基率领的专家组来华，带来了苏联海军给彭德怀的信和协议草案，其内容与彭德怀的观点相差甚远。草案提出，两国在中国境内共同建设一个超长波电台，投资分配是苏方 70%（技术设备和材料），中方 30%（土建）；并规定超长波电台由中苏双方共管，苏方派一个 15 人的小分队常驻电台，电台的使用权按投资比例划分，这就是说，超长波电台主要由苏方管理使用。毛泽东知道后，气愤地指出："使用权七比三，在我们的国土上我们却只有三分的使用权，这比袁世凯的卖国条约还厉害！"

7 月 21 日，彭德怀再次复函苏联国防部长，重申了中国坚持自筹费用建造超长波电台的原则立场，欢迎苏联只在技术方面给予指导。

鉴于中国当时迫切需要建设大功率长波台，中国政府与苏联政府于 1958 年 8 月 3 日签署了一份设计和建设大功率超长波电台的协定，这个协定强调："长波电台由中国自己建设，主权属于中华人民共和国。"

经过几年的奋战，克服艰难险阻，电台胜利竣工——1965 年 10 月 24 日，中国的"龙宫信使"第一次钻到海底送信成功，潜游在碧海深处的常规潜艇终于第一次收到了我们自己的长波信号。

其次，是对建立核潜艇联合舰队一事的不满。

1958 年 7 月 21 日，苏联驻华大使尤金要求紧急约见毛泽东，说有重要的事情汇报。当晚 10 时，毛泽东在中南海游泳池旁会见尤金，尤金向毛泽东转达了赫鲁晓夫和苏共中央主席团关于苏联同中国共同建立一支核潜艇舰队的建议，并希望周恩来、彭德怀去莫斯科进行具体商量。毛泽东当即表示："首先要明确方针：是我们办，你们帮助？还是只能合办，不合办你们就不给帮助，就是你们强迫我们合办？"

尤金走后，毛泽东非常气愤。

尤金等人回到使馆后，连夜进行讨论，最后得出结论：毛泽东反对建立中苏联合舰队。尤金随即起草了致苏共中央的报告，并于天亮时发出。

第二天，毛泽东又将尤金等人召到中南海谈话，这次中方参加的人员包括中共中央政治局在京的全体委员——毛泽东似乎是在强调，他的谈话表达了所有中国领导人的看法。毛泽东重申了不搞联合舰队的立场，并宣布撤回请苏联援助的要求。他的用词比前一天更加激烈，指责苏方"只搞了一点原子能，就要控制，就要租借权"。还对尤金说："你昨天说，你们的条件不好，核潜艇不能充分发挥力量，没有前途，中国的条件好，海岸线长，等等。你们从海参崴经库页岛、千岛群岛出大洋，条件很好嘛！"他还气愤地说："都是由于搞核潜艇'合作社'引起的。现在我们决定不搞核潜艇了，撤回我们的请求……你们搞你们的，我们搞我们的。我们总要有自己的舰队……"关于建立潜艇舰队的问题，毛泽东坚定地指出："这是个方针问题：是我们搞你们帮助，还是搞'合作社'，这一定要在中国决定。"

第三，对拒绝向我国提供核潜艇技术援助的彻底失望。

为了争取苏联对我国的核潜艇技术援助，1958 年 10 月中国政府专家代表团去莫斯科，商谈弹道导弹核潜艇的技术援助等问题。然而他们不但没有见到苏联核潜艇，甚至被拒绝讨论核潜艇技术问题。那次访苏后，中国依赖外国建造核潜艇的希望完全破灭，不得不下决心走自行研制的道路。代表团的访苏过程和有关情况，毛主席是很清楚的，他对苏方的态度很是失望。

苏联是从核技术领域开始封锁中国的，两弹（原子弹、导弹）和核潜艇首当其冲。1959 年 6 月 20 日，苏联致信中国，提出暂缓向中国提供原子弹教学模型和图纸资料，这迫使中国高层对"两弹"做出"自己动手，从头摸起"的决定；同时做好了自力更生搞核潜艇的思想准备。

第四，对无视中华民族感情的回应。

毛泽东认为，苏联政府在核潜艇、潜艇联合舰队和与核潜艇有关的超长波电台等方面的一系列做法，其意图都是为了控制中国，因此是绝对不能容忍的。所以，他把他长期积压的不满情绪，都爆发在这句震惊世界的名言里。

这就是毛泽东下决心要自己造核潜艇的主要缘由，也符合毛泽东主席等第一代领导人的不屈性格和思维原则。对中国人民来说，无论何时，国家存亡和民族尊严永远是第一位的。

第五，对国内持不同观点者的表态。

据罗舜初（曾任海军副司令员、中央核潜艇工程领导小组组长）当年手稿披露，随着核潜艇预研工作的逐步深入，在初步摸到门路并取得一定成绩的同时，也遇到许多困难。当时工作中所

1958 年 7 月 31 日至 8 月 3 日，赫鲁晓夫到我国访问期间，曾亲自解释和商讨建立联合舰队一事，又遭到毛泽东的严正拒绝。

有关苏方提出与中国建立核潜艇联合舰队一事，《毛泽东文集》第七卷"同苏联驻华大使尤金的谈话"一文做了较详细的记载。

苏方参加会见的还有使馆参赞安东诺夫和魏列夏金，中方参加的还有刘少奇、周恩来、朱德、陈云、邓小平、彭德怀和陈毅。

《聂荣臻年谱》第 691 页也记载："1959 年 10 月，毛泽东在同周恩来、聂荣臻、罗瑞卿等谈研制尖端武器时指示说：'核潜艇，一万年也要搞出来！'"

据聂荣臻的女儿聂力回忆："在核潜艇研制工作开展不久，1959 年 9 月，赫鲁晓夫来华，周总理和我父亲在同他的谈话中，提出核潜艇的技术援助问题。可是赫鲁晓夫说：'核潜艇技术复杂，你们搞不了，花钱太多，你们不要搞。'对此，毛主席十分坚定地表示：'核潜艇，一万年也要搞出来！'……它代表了父亲那一代人的雄心壮志，那就是，无论如何，中国必须拥有自己的核潜艇。"

遇到的主要困难：一是技术力量薄弱，人数少，水平低，缺乏经验，达不到工作的需要；二是缺乏试验设备，工作基本上停留在理论计算、纸上谈兵阶段，无法通过试验加以验证；三是研究试制队伍尚未报请列入国家计划，因此，所需设备、材料不能逐年得到解决。

在上述困难情况下，参加核潜艇研究工作的绝大部分同志都是积极的，但仍有一些人对自己搞核潜艇信心不足，有些人还产生了截然不同的看法：认为在当时中国工业和科学技术基础薄弱的情况下研究设计原子动力潜艇，是主观主义、浪费人力；认为只要有常规动力潜艇就可以了，没有必要费很大力量去研究制造原子动力潜艇，怀疑原子动力潜艇的战略价值。

为此，毛主席说出"核潜艇，一万年也要搞出来"这句话，坚决而不容置疑，坚定了中国搞核潜艇的信念，使国内各方面的意见达到高度统一，步伐达到高度一致。这句话有调动千军万马的号召力，不达目的决不罢休！其实，"核潜艇，一万年也要搞出来"是一句战略誓言，弦外之音是"一万年太久，只争朝夕！"正是这短短的一句话，激励了中国几代"核潜艇人"，使他们一直保持着激昂的情绪和战胜任何困难的信心，并渗透到几代核潜艇研制工作的方方面面，成为核潜艇研制过程中最鼓舞士气的一句名言。15年以

事情过去很久以后，赫鲁晓夫也承认，苏联当时的那些建议和做法"触及了这个曾长期受到外国征服者统治的国家的敏感问题"，"触及了中国的主权，也伤害了毛泽东他们的民族感情"。赫鲁晓夫曾亲口对儿子说："当时我们有些急躁……"并在回忆录中后悔地说，"如果我们事先知道会有这样的反应，那我们无论如何不会提出这个建议"。

1960年，赫鲁晓夫最终撕毁所有技术合同。毛泽东指出："要下决心搞尖端技术。赫鲁晓夫不给我们尖端技术，极好！如果给了，这个账是很难还的。"

后，这句誓言终于变为现实。

6.2 饿着肚子搞核潜艇

　　俗话说："万事开头难。"1958 年，中国刚开始核潜艇技术的探讨研究就"生不逢时"，各种困难接踵而来：首先是 1958 年国内极"左"思潮的影响；接着从 1959 年开始连续遭遇 3 年困难时期；再到 1960 年苏联停止对中国的一切技术援助。天灾人祸给刚刚起步的核潜艇预研带来巨大的困难，并使中国依赖外援研制核潜艇的步伐戛然而止，被迫在逆境中走上自力更生的道路。中国核潜艇诞生的历程，是一部可歌可泣的艰苦创业史，即使在最困难的时候，中国要建造核潜艇的决心也从来没有动摇过。

核潜艇研制初期的技术人员在简陋的房子里工作

有人说我国核潜艇是"啃着咸菜造出来的"，这固然是一种形容，然而，可以毫不夸张地说，初期那些年确实是在饿着肚子搞核潜艇。1958年的"大跃进"浮夸风使中国并不富饶的土地变成虚假的高产田，造成国家政策上的严重失误；三年自然灾害如雪上加霜，使中国经济建设陷入极度困难的境地，受灾的严重程度在 20 世纪的中国乃至世界灾害史上，都是极不寻常的。直到 50 多年后的今天，亲历过那个饥饿年代的中国人都感触深刻。

首任中国核潜艇总设计师彭士禄院士对当年的清贫生活记忆犹新，他说："（20世纪）60年代初，正是困难时期，也是核潜艇研制最艰难的时候，我们都是吃着窝窝头搞核潜艇，有时甚至连窝窝头都吃不饱。粮食不够，就挖野菜和白菜根充饥。"

当时国家经济非常困难，每个月每人一斤肉、三两油，吃的是粗粮和清炖白菜、萝卜，而大部分时候是咸菜，营养不良致使人们体弱多病。时任潜艇核动力设计组组长的赵仁恺保留着这样一组数字记录：在少粮缺营养的最困难年月，全组45名同志中有27人生病（其中肝炎13人，浮肿14人），占60%；特别是反应堆专业小组，14人中竟然有11人生病。但他们仍然怀着强烈的责任感和使命感坚持工作。在这支英勇的"破冰之旅"中的所有科技人员，个个像垦荒牛

彭士禄，中国核潜艇首任总设计师。中国共产党早期的著名领导人、中国农民运动领袖、海陆丰苏维埃政权的创建人彭湃之子。彭士禄很小时父母双亡，还被作为小政治犯抓捕关押过。后来，组织找到他并把他送往延安学习。1951年，被派往莫斯科学习化工机械。后应国家需要，改行学习原子能核动力专业。

建成核潜艇，核动力专家做梦都想。核潜艇的关键是核反应堆。核反应堆怎样设计和安装到潜艇里？怎样运行、维护和防止事故？这一切对中国的专家而言，都是空白。彭士禄遗传了父辈气魄，办事果断、敢于创新、事必躬亲、严肃严谨。对于核潜艇的设计思想、学术论证、系统设置、图纸描绘、试验运行，敢于尝试敢于拍板，同事们评价他为"彭大胆"；"彭拍板"。有同事说："在决策中，他都是用科学和数据说话，从事业出发，不考虑个人利益，不推诿责任。"

人们称彭士禄为"中国核潜艇之父"。他谦逊地说这个名号不该安在他头上，他认为自己"只是祖国的一颗螺丝钉"。

一样，吃的是"草"，挤出来的是"奶"。

1960 年 7 月，苏联撕毁和中国的所有技术协议，撤走所有苏联专家。当初从南方迁移到旅大市（现大连市）的 150 多名科技人员面临的是北方粮食、副食的极度短缺。旅大地区提出"低标准，瓜菜代"的办法解决粮食严重不足的问题。科技人员到山区采集当地称为"菠萝树"的枯叶，装入麻袋拿回去碾碎，和在玉米粉或高粱粉里做成饼子吃。东北山区的冬季冰天雪地，滴水成冰，寒风凛冽刺骨，南方的同志在零下十几度甚至几十度的环境里要爬到树上采摘枯叶，其生活的艰辛程度可想而知。但在这种情况下，大家昼夜奋战，加班加点，数百名职工家属精神饱满，全力支持，毫无怨言，置个人家庭和艰苦生活于脑后，一心一意要为国争光。

1969 年，在渤海湾的一个荒凉的半岛上从事核潜艇工作的工人、科技人员，是在极为艰苦的条件下生活和工作，他们工资很低，加班也没有加班费，连自行车也买不起。让人难以置信的是，有位工程师的妻子分娩前一天只能被搀扶着走到医院。由于医院人手缺少，设备简陋，临产时当丈夫的竟然还要进入产房亲自帮忙。

中国第一任核潜艇总设计师彭士禄在 20 世纪 60 年代使用过的计算尺

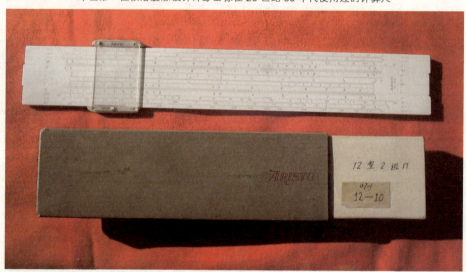

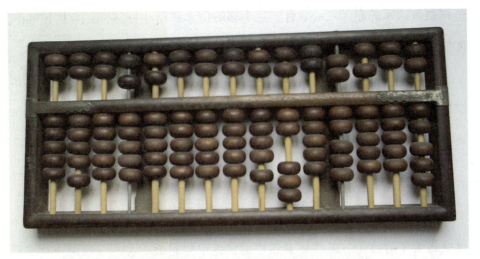

中国第二任核潜艇总设计师黄旭华从 1958 年开始使用的算盘

　　生活条件的艰苦相对容易克服，而创业中科研条件和经验的缺乏，成了真正的"拦路虎"。但是中国核潜艇的前辈们怀着报国之心、强国之志，在一无权威、二无经验、三无外援的情况下，不怕难，不信邪，没有条件创造条件也要上，完全靠自力更生、自主设计在建造核潜艇。

　　我国第一艘核潜艇的研究人员来自四面八方，绝大多数是年轻人，对潜艇仅有的知识都是从转让产品中得来的，对导弹核潜艇仅仅都从情报资料中了解到一鳞半爪，在专业知识上可以说是一穷二白。

　　那时没有电脑，就拉计算尺，打算盘。那么多的数据，就是这样没日没夜地算出来的。在中国核潜艇研制初期，是计算尺揭秘出神奇无比的核反应堆，是算盘珠拨动出千千万万个钢铁数据，是使用这些简单计算工具的人创造出感天动地的奇迹，他们为中国核潜艇的研制工作铺就了通往胜利彼岸的道路。

　　在新中国诞生后的十几年里，虽然科技并不发达，国家并不强大，人民并不富裕，但人们似乎不知道苦，不觉得累，很少听到怨言，很少看到懒惰，为了国家只知道勤奋地学习、勤劳地工作、乐观地生活。人们都有一颗报效国家的赤子之心，有坚定不移的信念和奋斗目标，全国上下一心，才使得难度极大的奋斗目标得以实现。

已故的中国核潜艇副总设计师赵仁恺院士在海上试航时曾写过一段浪漫而深情的话语：

"深夜，核潜艇在海域巡航。我坐在核潜艇的舰桥顶上，舷外浪花飞溅，海风拂面。我抬头遥望北方，祖国大地笼罩在夜色蒙蒙中。想此时，辛劳了一天的祖国人民，为了迎接更加美好的明天，正在幸福中安心休息；嬉戏困累了的幼儿，正在母亲温暖的怀抱中甜甜地睡去——祖国一片宁静安详。心中不由得浮起：祝福您，我的祖国！我们的核潜艇正在保卫您，正在保卫祖国的繁荣富强和人民的幸福安康！为了您，我们愿意付出一切，再苦、再累，也值得！"

6.3 难忘1974

1974年8月1日，中国第一艘核潜艇问世，那是怎样的激动，那是怎样的对艰辛岁月的回报！

从1958年开始，中国就开展了第一艘核潜艇的初步调查和预先论证研究工作，并分别于1960年和1962年完成了潜艇核动力装置的初步设计草案和核潜艇总体初步设计基本方案。

1968年，中国完成了第一艘核潜艇设计工作并正式在东北悄悄开工，那是一个被称为葫芦岛的荒芜半岛，对于这个"宝葫芦"中隐藏的秘密，外人一无所知。

核潜艇体积庞大，设计建造工程比常规潜艇复杂得多，而我国在开始研制核潜艇时，连常规潜艇都没有自行设计建造过。为了避免建造中由于缺乏经验发生过多的技术问题和质量问题,核潜艇总体建造厂在开工前,首先建造了一艘"33"型常规潜艇"新中国66"号,主要用于技术"练兵",练习潜艇耐压壳体的切割、弯曲和焊接等工艺。该艇于1972年下水,1974年服役。潜艇的耐压壳体建造质量对核潜艇的安全至关重要,核潜艇潜入深水后,能否经得住强大的海水压力,关系到全艇人员的生命安全。所以在正式建造前,用一艘常规潜艇练练手,不失为一种稳妥的过渡办法。

核潜艇的设备、系统复杂繁多,必须合理地在有限的空间里进行布置,才能保证核潜艇内尽可能优良的工作和生活环境。当时,除了极少数人参加过常规潜艇的仿制设计外,绝大多数人都是第一次参加潜艇设计,所以没有十分的把握。为了确保安装质量,设计人员决定再设计建造一个1:1的木质核潜艇模型,期望通过这样的方法解决潜艇上所有设备、仪表、系统管路、电缆的合理布置和精确定位问题,并取得全艇总布置的协调平衡,以便预先给工厂一个直观形象的核潜艇,做到先暴露矛盾,解决问题,为施工提供准确的设计依据。

1969年,千余名设计人员和工人花了两年时间,用廉价的木料、金属、塑料管和硬纸板等材料,终于建造了一个逼真的1:1全尺寸的核潜艇木模型,这个"木潜艇"不仅有外壳,内部还装着千百台与实际设备一样大小的木制设备模型和纵横交错的"电缆管路"。艇内的各种设备好似一块块"积木",现场人员整宿整宿地待在模型旁,反复挪动摆弄,寻找每一台设备的最佳位置。通过现场设计、模拟安装、模拟操作、模拟维修,反复推敲,不断调整完善,发现和解决了大量安装、维修、操纵等方面的问题,以此来指导实艇的施工图纸绘制,为首艇设备装艇之前提供了样板,保证总体施工设计和建造安装可以一次成功。也就是在这场孩童似的积木游戏后,第一艘核潜艇的建造紧锣密鼓地启动了。

1970年4月,核潜艇完成总体试水后,进入设备安装阶段。设备安装前的油漆工程是在十分恶劣的环境下进行的，在短时间内完成12万平方米的任务绝非易事。六七月的酷暑天气，舱室温度高，通风条件差，油漆毒性大，工人们日夜连轴转，有的工人被熏倒，醒来接着干。安装铅屏蔽时，铅尘的毒性使不少工人身上起红斑，流鼻血，可是没有一人叫苦，没有一人计较待遇和报酬，仅用了一个月的时间就完成了两个月的工作量。在敷设消磁电缆时，打破了工种的界限，不分男女，上下一起干，一个月的敷设任务只用了10天就完成了。

潜艇设计的要素之一是艇的稳性要好，否则就会造成翻艇事故。设备安装"是一种极其高超的艺术"，核潜艇的内部空间小，要安装上万台设备，还要达到稳性要求，难度是很大的。为了万无一失，核潜艇总体研究设计所的科技人员事先都要到设备制造厂弄清每台设备的重量和重心，所有的设备在装到潜艇上之前，全部都要过秤并记录在案。在安装过程中切下的边角余料、过剩的管道和电缆等也都要过秤，并从总重量中扣除。这虽然是一种"斤斤计较"的"笨"方法，但却可以得到精确的重量和重心数据。然后，再经过计算、调整和合理的配置，使艇的稳性达到设计要求。

1970年12月26日，我国第一艘鱼雷攻击型核潜艇下水，庞大的钢铁身躯终于在东北的寒冬亮相于蓝天之下——造船工人们振臂高呼；艇艏扎着一簇巨大的红花，这在中国是一种极高的"待遇"；艏水平舵上，八面

知识卡

核潜艇下水的方式与普通潜艇不一样，常规潜艇下水一般是在一个船台的斜坡上，把缆绳松开，潜艇靠重力滑下海去。而核潜艇则不是在船坞里建造的，是先在陆地上一个大厂房里基本造好后，让其坐落在几十台小车上，小车沿着铁轨把核潜艇从大厂房里慢慢运到船台，再从船台运到船坞的一个特大浮箱上，最后浮箱被灌满了水沉下去，核潜艇就浮在了水面。

红旗一字排开，象征着"八一"；毛主席的画像高悬在潜艇指挥台正上方，画像下面横拉着一条巨幅标语，体现了造船工人向祖国报喜和表达祝福的激动心情。

1971年4月1日，核潜艇完成了下水后的舾装工作和绝大部分的设备安装工作，进入系泊试验阶段。系泊试验分为单机单系统和联合调试两步进行。而启堆试验又是系泊试验中最关键、最重要的一步：4月底，反应堆的核燃料等部件被装入压力壳内，进行了反应堆本体和堆顶部件的安装；5月底，反应堆安全地达到冷态临界；6月，反应堆达到热态临界。在进行码头启堆联调前，6月25日，周总理在人民大会堂福建厅主持中央专委会，听取核潜艇试验情况汇报。这次会议批准了核潜艇码头启堆联试。周总理指示：我们第一次搞核潜艇，试验工作要稳当一些，一步一步把工作做好，多花一些时间充分试验，取得经验；并再三指出，"试验要先码头、水面、浅水，然后再深水，分四个阶段，每个阶段都要把试验工作做好，要组织好……要把四个阶段的试验做完，搞好了才能交船"。他还语重心长地说：试验时间要充分一些，不要急，急了漏洞很多。试验本身就是摸索，要摸清楚……要把工作做细，要取得全部必要的数据，要积累经验。

中国第一艘核潜艇胜利下水的盛况

1971 年 7 月 1 日，反应堆提升功率，蒸汽发生器开始向二回路供汽、暖机暖管、启动蒸汽辅机，汽轮发电机组开始供电。这是在潜艇上第一次实现核能发电。7 月 6 日，主机在船坞内低速运转，反应堆带功率运行，两台发电机并车，功率为满负荷的 3%，一回路系统和设备运行正常。在完成主机跑合试验后，又顺利完成了主机速关、正倒车试验和蒸汽排放试验。整个主动力系统经过联合试验，通过初步考核，在低功率状态下的核反应堆性能达到了设计指标，具备了用核动力推进潜艇的能力。8 月 16 日，系泊试验在历时四个半月后结束，共完成试验项目 592 项，反应堆启动 10 次共运行 400 多小时，反应堆功率达到 52%，圆满完成了码头试验任务。

1971 年 8 月 23 日，中国第一艘核潜艇开始进行航行试验。在海上进行了核动力装置的机动性能试验、核动力和应急动力的转换等操纵性试验，进行了观通导航设备性能试验、噪声震动测量、辐射防护测量、综合空调试验以及鱼雷发射装置试验等。

第一艘核潜艇的航行试验并非像人们期待的那样一帆风顺。

首先，是国内

第一代核潜艇的四位科技"巨人"聚于核潜艇前（左起：赵仁恺、彭士禄、黄纬禄和黄旭华）

政局的影响。当时正值"文革"期间，航行试验刚刚开始不到一个月，就发生了震惊中外的林彪叛逃事件。这时有人把核潜艇工程与林彪反党集团挂上钩，说它是"黑工程"。

中国第一艘核潜艇试航

叶剑英副主席气愤地说：研制核潜艇是周总理亲自抓的一项重要工程，是"红工程"，谁说是"黑工程"呀！

其次，航行试验中曾经发生过严重的设备故障。核潜艇在进行第 16 航次试验时，主机由低速转高速时蒸汽发生器出现故障，技术人员和工人冒着高温、强辐射，奋不顾身地钻入反应堆舱抢修。

遵照上级的指示，核潜艇先后共出海 20 多次，进行各种试验接近 200 项，反应堆运行数千小时，主机运行数百小时，累计航程 6 000 多海里。

1974 年八一建军节这一天，在渤海湾核潜艇的诞生之地，隆重举行我国第一艘核潜艇交艇命名大会。临时搭建的简陋主席台上及会场周围彩旗招展，锣鼓喧天。近万人聚集在码头空地上，他们内心激荡，脸上都洋溢着喜悦之情。

大会开始，首先由海军司令员萧劲光代表中央军委宣布《第一艘核动力潜艇命名》的命令："……现决定，将该艇命名为'长征-1'号，正式列入海军战斗序列，并授予军旗一面……"命

核潜艇试航期间，中央领导很关心试验情况。一些中央领导不仅听取核潜艇航行试验情况汇报，观看八一电影制片厂拍摄的核潜艇研制纪录片，还来到核潜艇的停靠码头，视察了处于试航阶段的核潜艇，并与现场科技人员、工人和水兵亲切交谈，鼓励大家努力协作，继续把弹道导弹核潜艇搞上去，为建设强大的海军而努力！

1974 年 8 月 1 日，
中国第一艘核潜艇交艇
命名大会现场

令宣布完后，许多人都流出了热泪。当时，核潜艇首任艇长杨玺更是怀着无比激动的心情正步向前，庄严地从海军副司令员高振家手中接过军旗。随后，在码头边的核潜艇上庄重地举行了升旗仪式。

从此，我国成为世界上第五个拥有核潜艇的国家，人民海军进入了核海军的行列。

时任核潜艇副总设计师的赵仁恺回忆起当时的情景，很动情地说：

"1974 年 8 月 1 日，我国第一艘核潜艇交付海军使用。在服役典礼上，海军司令员萧劲光大将在检阅舰上检阅了我国第一艘核潜艇。我荣幸地作为科技工作者的代表，接受了萧劲光大将的检阅，我是站在核潜艇舰桥上唯一的"老百姓"。军旗飘飘，军号嘹亮，检阅舰彩旗满挂；上下各层舷侧，整齐划一地排列着身着白色军服的海军将士，在舰桥、桅杆、舰炮背景的衬托下，军容整肃，军威浩荡。核潜艇做着各种操作从检阅舰旁缓缓驶过，核潜艇支队长、艇长、信号兵在舰桥上向司令员行举手礼，我行注目礼。此情此景，有幸一遇，足慰终生。"

是啊，那时人们少有功利之心，他们对中国核潜艇的研制使命无比忠诚，信念极为坚定。

中国人民解放军的伟大缔造者之一、当时已 88 岁高龄的朱德委员长得知中国造出了核潜艇后，异常兴奋。1974 年 8 月 19 日，他在海军司令员萧劲光的陪同下，乘坐指挥舰"223"号导弹驱逐舰，在秦皇岛海区检阅了刚刚服役的"长征 -1"号核潜艇等海军新型舰艇。当核潜艇驶过时，老元帅庄重地抬起右手，向雄伟的核潜艇、也是向制造这条"钢铁巨鲨"的科学家和工人们致以崇高的敬礼。

在研制核潜艇的过程中，特别是在困难时刻和关键环节，毛泽东、周恩来都亲自过问，及时做出各种部署，采取果断措施。

中国核潜艇的研制成功，突破了七大技术难题，被称为"七朵金花"。

第一朵金花：核动力装置——提供水下长期

1974 年 8 月 19 日，朱德委员长（中）视察核潜艇

后来，在纪念朱德委员长逝世 30 周年时，《解放军画报》记者曹雄杰在《朱德视察海军攻击型核潜艇》一文里比较详细地描述了当时的情景：

1974 年 8 月 19 日，是一个令我难以忘怀的日子。那天一大早，我们带着摄影器材到达北戴河海区军事码头。8 月的北戴河海滨，艳阳高照，微风拂面，蔚蓝的天空下，波涛荡漾，威武的驱逐舰翘首挺立。不久，朱德委员长在海军司令员萧劲光、副司令员刘道生等陪同下，驱车来到码头，我立刻举起了手中的照相机，开始了这一历史性时刻的记录。朱老总稳健地登上我国自行研制的导弹驱逐舰，并和舰上的水兵一一亲切握手。当我们乘坐的驱逐舰驶进操演区后，朱老总走上总指挥台，检阅了核潜艇、导弹驱逐舰等 4 种国产新型舰艇的军事表演。他十分关心核潜艇的发展，我清楚地听到他询问萧劲光司令员："这完全是自己制造的吗？"萧劲光答道："艇上所有设备，没一件是进口的！"当他看到经过 20 多年艰苦奋斗，人民海军已步入现代化行列时，非常高兴。他在接见全体指战员时说："我们做的事情是光荣的，是有前途的。谢谢同志们，为建设一支强大海军继续奋斗吧！"并题词勉励海军指战员："增强革命团结，加速人民海军建设。"

航行的能力。

我们跟随朱老总在海上航行了几个小时，看到88岁高龄的朱老总精神矍铄，谦和慈祥，视察过程中一直兴致盎然。通过这次短暂而亲切的接触，他质朴而崇高的形象，深深地印在我的脑海中，成为我一生永不磨灭的记忆。

有人把核潜艇比作"鲸鱼"，其实这只是有些形似而已，把核潜艇比作"鲨鱼"更合适，因为鲸鱼还要不断地"浮"到水面进行呼吸，而鲨鱼更加凶猛，可以长久地潜"伏"在海里。虽然这"浮"和"伏"的读音一样，但从隐蔽性来说差别很大。造成这样的差别，是因为核潜艇上装备了一套核反应堆装置，由于几乎不用添加燃料，也不需要空气，所以可以使核潜艇长期隐蔽在水下，其技术难度是最大的，同时，核安全问题也备受关注。

第二朵金花：水滴形艇型——提高水下航速。核潜艇外形是设计人员花费了十几年的时间量身打造的。艇身是大直径耐压艇体，还有相当部分的锥形壳体结构，身体圆滚滚的，比中型常规潜艇大一倍左右，称为"水滴形"艇。它最大的优势是水下阻力比常规型艇体小，利于在水里跑得更快；再就是螺旋桨布置在最后，一根主轴，一个螺旋桨，利于操纵。

第三朵金花：大直径艇体结构强度——提高极限下潜深度。

核潜艇分为7个舱室，采用水滴形后，艇外形短粗，加上艇的排水量大，从而使其耐压艇体直径比中型常规潜艇

我国第一代核潜艇获1985年度"国家科技进步奖"特等奖

增大近一倍，当时现成的设计规范和计算方法已不适用。在深海，必须能承受住海水层的巨大压力，所以对核潜艇的结构强度要求极高，任何一点疏忽都可能导致艇毁人亡。我国核潜艇经过极限条件下的深水试验，证实水下耐压强度完全符合设计要求。

毛泽东先后为研制核潜艇做过近10次重要批示，其中，仅在核潜艇开工前后的一年里就有5次。周恩来主持10余次中央专委会议，讨论核潜艇研制工作，并亲自做出各项部署。中共中央和国务院十分关注这项工程的进展情况，不仅下达了一系列指导性文件，还及时解决研制中的重大问题和技术协调工作。中国老一辈革命家为中国核潜艇事业付出了大量的心血。

第四朵金花：远程水声系统——水下远距离接收声信号。

核潜艇在水下采用新技术的远距离噪声测向站，它是被动式的声呐设备，任务是搜索与跟踪本艇周围的噪声目标（主要是接收其他舰船发出的噪声），并测出目标方位，在对目标发起攻击前将目标方位数据送至武器装备指挥系统。

第五朵金花：可发射反潜电动声自导鱼雷的大深度发射装置和数字式鱼雷射击指挥系统——加强反潜攻击能力。

我国核潜艇的鱼雷发射装置及鱼雷在 20 世纪六七十年代研制成功；1984 年 12 月，先进的"鱼-3"型被动声制导反潜鱼雷生产定型后，使核潜艇在服役多年后装配上了新型鱼雷；1988 年，更先进的"中华鲟-2"型鱼雷通过鉴定，核潜艇更是如虎添翼。

第六朵金花：惯性导航系统——保证水下准确定位。

核潜艇对导航定位系统的要求很高，潜艇在水下，惯性导航系统是唯一能为潜艇准确定位、安全隐蔽航行提供必要数据的设备。惯导系统最为突出的特点是工作完全独立，依靠自身的惯性元件进行导航，所以隐蔽性好。

第七朵金花：综合空调系统——人工制造水下长期生存环境。

综合空调系统包括制造氧气的装置、二氧化碳清除装置、有害气体燃著名作曲家雷蕾被"核潜艇人"的奉献精神所感动，曾为歌词《一代核动力人》谱曲。这首歌中写道：

从北京到峨眉山下，又沿长江闯沿海，历尽艰难痴心不改，为了事业埋心头。

激情燃烧干核动力，深山海疆都有你，从设计到建造工地，自主创新核动力。

一代核动力人热血铸就，不计报酬献春秋。为了核潜艇下水，为了核能的发电，建功立业你说为了谁？建功立业无怨无悔！

烧装置、各种净化过滤器、空气成分监测仪和大容量的船用制冷机组，所以核潜艇的生活设施和条件比常规潜艇要好。

另外，核潜艇还装备了远距离超长波收信机以及大功率超快速短波发信机，可以从 1 万多千米以外向国内报告信息；核潜艇使用了自动舵，提高了潜艇操纵的自动化水平。在 20 世纪 60 年代中期，国家的经济、技术基础都很薄弱的情况下，要在不长的时间里攻克这些技术难关，任务是相当艰巨的。如果没有全国大协作的精神和"一盘棋"的规划，就无法攻克这些坚固的"堡垒"。

中国核潜艇是中华民族聚合力的结晶，凝聚着千千万万个科学家、技术骨干、工人、水兵为之付出的心血，正是他们智慧"裂变"产生的巨大能量，才闯过了核潜艇研制中的重重难关，最终为国家奉献出第一艘核潜艇。

6.4 从"36 棵青松"起家……

很多人可能不知道，中国第一支核潜艇部队是从"36 棵青松"发展而来的。

1968 年，当中国第一艘核潜艇开始建造时，核潜艇基地的建设也同时开工。1969 年 7 月，中国海军从 4 个常规潜艇支队和一个护卫舰支队精选了 36 名官兵，组成了中国第一支核潜艇接艇队。那时，革命现代京剧"样板戏"《沙家浜》正红遍华夏，剧中新四军指导员郭建光有一句唱词：18 个伤病员就像 18 棵青松。后来，大家就把这 36 位核潜艇艇员称为"36

棵青松"，以赞扬他们不怕困难的英雄气概。

虽然这36人品质好、技术强，有勇往直前的战斗精神，是冲锋陷阵的英雄，但是他们的文化程度很低，大多只有中小学文化程度。解放战争时就参加革命的艇长杨玺参军时只有小学文化，后来经过多年的文化知识补习和有关专业培训，调来之前已经是"03"型常规潜艇艇长；政委崔桂江是抗美援朝战场上敢于刺刀见红的战斗英雄，获得过朝鲜二级战士荣誉勋章，脸上还存留着一道长长的弹痕。他回国后参加过速成识字班和潜艇专业培训，后来当上了常规潜艇的副艇长、政委。

这些被誉为"36棵青松""36颗种子"的年轻军人，面对的是一项从未接触过的新式装备，在队伍组建之前，他们甚至不知道核潜艇为何物。

他们面临的第一个困难就是缺乏管理使用核潜艇所必需的知识和技能。当时正值"文化大革命"，高等院校停课"闹革命"，他们无法进院校学习。于是，这些人稍加集训后，便按照各自专业奔向全国有关研究部门和工厂实习。其中，核动力专业的人员从1969年10月开始，在位于峨眉山麓的核潜艇陆上模式反应堆培训，时间一年。参加培训的除了第一批的36人中的大部分外，还有1970年陆续赶到现场的一些新战士，加起来共有四五十人。这是一支神秘的队伍，他们身着便装，大都沉默寡言，既不游山玩水，也不主动与当地人交往，而是肩负重任拼命地学习。因为他们知道，矗立在他们面前的是一座座科学技术的高峰，驾驭核潜艇要学习掌握有关核物理、热工水力、辐射防护、高等数学、化学、电子学等几十门学科，要操纵上万种机械设备——他们面对的对手是何等的强大，他们深感浑身是劲却使不上。但他们发誓："不怕起点低，就怕没志气！"他们要迎难而上翻越科学的巅峰。他们谁也没有退缩，人人心里都有这样一个念头：就是天大的困难也要克服！这是向党负责，向人民负责，向历史负责！

那时的核潜艇教员都是国家的一流专家,他们要费很大劲把深奥的理论知识深入浅出地讲出来,真是"台上教员讲得一身汗,台下官兵听得汗一身"。对于那些难以理解的专业术语,更得形象地打比方,如把原子核的"核裂变"比作电影散场后奔向四面八方的人流。

攀登科学巅峰的道路艰难无比,几十人挤在一个大通铺上,连一张学习的课桌也没有,所有的教科书和辅导资料都是刻蜡板油印的,但大家的求知热情异常高涨,就连每天轮流做饭的时间都觉得是浪费,最后大家决定到大食堂和工人们一起买饭吃。实习结束后,大多数人都掉了一二十斤肉,但行囊里却增加了一本本写满了学习笔记的本子。

一年后,经过专家考核,笔试、口试、实际操练,全部合格,无一人掉队。艇长杨玺自豪地说,是强烈的责任感和使命感驱动大家战胜困难,我们就是要为祖国争气、为中国军队争气!

最早的核潜艇艇员于 1970 年在天安门前的合影(前排左一是首任艇长杨玺)

1970年10月，在第一艘核潜艇下水前，接艇部队全体人员从全国各实习点陆续赶到核潜艇总体建造厂集中，准备接艇试航。首批核潜艇艇员按编制配齐后，终于登上核潜艇，进入自己的岗位。为了顺利完成试航任务，接艇部队一边熟悉核潜艇的结构以及专业设备、系统、仪器仪表的位

中国第一艘核潜艇
艇长杨玺（摄于1989年）

置，一边请船厂技术人员和研究设计人员讲解潜艇总体性能、构造、核反应堆等理论知识，进一步提高理论水平。官兵们不顾高剂量的放射性辐射，一次又一次地长时间钻进反应堆舱，查系统、摸管路。他们在一无教材、二无教员的情况下，发动全体艇员的主观能动性，依据自己的实习笔记和有关说明书，抓紧编写操纵条令、条例，参照常规潜艇的做法，先后与设计单位制定了40多种条例条令。通过一年来的理论学习和实习，艇员们的专业理论知识得到很大的提高。在以后的试验阶段，配合研究机构和工厂参加了核潜艇各种试验试航项目，在实战中得到了进一步的锻炼提高。

杨玺陪同张爱萍视察核潜艇

核潜艇是我军现代化武器装备中的骄子，核潜艇第一支艇员队就是率先驾驶现代化装备的排头兵。经过多年的摸索、试验、总结，艇员队在船厂交艇队和科技人

年轻时的崔桂江

中国第一艘核潜艇政委崔桂江（摄于 1990 年）

员的帮助下完成了独立操作、管理、使用核潜艇的任务。艇上指挥军官对核潜艇水面航行、水下航行、机动和下潜、上浮等各种性能有了全面深入的了解。在试航过程中，他们根据实际操纵的经验体会，在原有 40 多种条令条例的基础上，进行修改补充，使之增加到 100 多种；并在业务部门的指导下，参照常规潜艇的科目训练内容，初步制定了适合核潜艇训练特点的第一部《核潜艇训练大纲》，为后续艇员队的接艇训练提供了可靠的第一手资料和依据。从 1971 年开始参加码头试验到 1974 年交艇的三年中，他们参加了核潜艇三个阶段共 26 个航次的海上航行试验，成功地完成了我国第一艘核潜艇的试验试航任务。36 名核潜艇骨干艇员就是凭着这样一种精神和顽强的毅力，战胜了科学道路上的一个个拦路虎，像一棵棵葱郁的青松，巍然耸立在科技之峰。

在中国核潜艇部队的创建、发展壮大过程中，这 36 颗种子发挥了火种的作用，其拼搏的精神像燎原之火，向四处传播，带动了更多的官兵，影响着整个核潜艇部队。

核潜艇第一任政委崔桂江曾感慨地说："第一批艇员队的同志们是背负着民族的期望攻克文化和科学上的拦路虎的，高等数学、反应堆理论是靠神圣的使命感和自强不息的精神战胜的！"他动员自己的女儿嫁给了核潜艇上的干部，第一任机电长张盛钦把自己的儿子送到了核潜艇部队当兵，他们把对核潜艇的深厚情怀寄托在后代身上。后来，第一批核潜艇兵大多都成为军地各个岗位的骨干力量。

1965年，中央专委在决定核潜艇重新"上马"的同时，批准核潜艇码头、基地选址和建设。1967年12月，毛泽东主席亲自批准建设大型核潜艇综合保障基地，并将该工程列入国家重点工程；工程设计主要由海军工程设计研究局负责，国家有关部、委和科研部门给以协助。1968年，核潜艇基地正式开工，海军从军地近10个单位调集了几百名设计人员展开设计工作，设计人员分成总体（含强电、废水处理和设备）、雷弹、舰艇修理、动力和建筑结构五个专业组。由于这项工程规模大，技术复杂，专业门类多，尤其是一些特殊专业如核防护、剂量、三废处理等给设计工作带来很大困难，但他们凭着对海军事业的一腔热情，团结协作，不分昼夜和节假日，边学习、边工作。他们大胆地采用当时很多新技术、新结构、新工艺。

核潜艇基地于20世纪60年代后期开始兴建，投入施工的兵力达到12 000多人。由于当时要求工程建成的时间紧，广大官兵采取四班三倒制，日夜奋战。有人形容当时的工地环境是"远看像村庄，近看草料场，住的是草棚，吃的是粗粮"。

工程兵在洞库作业的工作环境更艰苦：浓重的石尘粉末、滚滚的炸药硝烟，还有空气压缩机的柴油废气等，严重地污染着洞中的空气，即使戴着口罩在洞中待上10来分钟，两个鼻孔都会变得黑乎乎的。洞里到处是渗漏的滴水，阴冷潮湿，冬季作业时汗水从棉衣里向外洇，滴水从外面向里渗，很快棉衣就湿透了。

施工中还时常发生塌方，塌方最多的时候，在同一地段一昼夜竟达到8次。在那几年里，直接牺牲于施工现场的烈士就有32人，受伤的官兵更是不计其数。有一次塌方，一名排长不幸被掩埋，几天后找到遗体时，少了半个头和一条腿，可怜他那双目失明的母亲从河北老家赶来，泪水长流，并要求最后摸一摸自己的孩子。为了让老人如愿，医生和领导们怀着深厚的感情为烈士身体做了精心的修补。最后，他们把着老人颤抖的手，让她从头到脚抚摸了孩子一遍……有多少烈士的父母，在失去孩子后，表现得深明大义，在与自己的孩子永别时，忍着巨大的悲痛，没有额外的要求，说得最多的话是感谢部队的培养和教育，为自己有一个好儿子而自豪。在核潜艇基地的建设中，年轻的官兵们就是这样，不但用汗水而且用自己的鲜血和生命浇筑了坚不可摧的核潜艇保障工程。

有一次，解放军总后勤部的领导们来现场看望施工部队，当他们看到从山洞里出来的官兵们穿着被石头磨出棉絮的湿漉漉的棉袄时，首长们动情地搂着战士们的肩膀，眼圈湿润了。后来总部以最快的速度给工程兵部队增加了棉衣数量，保证了战士们在施工中能及时更换。

当年的生活是如何地艰苦，今天的人们很难体会，如果没有顽强的革命意志和坚定的理想信念，是无法完成如此宏大的工程的。

由于中国缺乏建设核潜艇基地的经验，因此在设计、施工、设备安装等各个环节都遇到不少困难。广大设计、施工人员先后到全国 100 多个单位调查研究，收集资料，大胆采用先进技术，解决了核潜艇更换核燃料、装卸导弹、潜艇消磁、潜艇修理、防核污染以及土建结构等一系列难题。经过一年多的突击，按时完成了第一期工程的设计任务。

核潜艇基地第二期工程于 1984 年开工。经过建设，核潜艇基地各种配套设施更加完善，可以保障一支相当规模的核潜艇部队进驻。

就是因为有了几代核潜艇人的艰苦创业和不懈努力，才有了今天中国核潜艇部队的勇往直前、势不可当！

6.5 大洋下的长征路

1985 年 11 月 20 日至 1986 年 2 月 18 日，中国海军"长征 -3"号核潜艇首次完成了 90 昼夜最大自持力考核试验（也称长航），航程相当于绕地球赤道一周，其中大部分时间为水下航行（最长的一次水下连续航行 25 昼夜，创造了人民海军潜艇远航史上的奇迹），超过了美国"海神"号核潜艇连续远航 83 天零 10 小时的纪录。

"长征 -3"号核潜艇属于中国第一代攻击型核潜艇，是"091"型核潜艇的第 3 艘（舷号"403"），刚刚交付海军使用，便承担了艰巨而光荣的任务。

1985 年 11 月 20 日上午 10 时，"长征 -3"号核潜艇松开最后一根缆绳，离别军港，驶向海洋，去开拓中国潜艇尚未涉足的航迹。

"前进四！"艇长孙建国清晰地下达口令。顷刻，艇艏扎入水下一米多深，一叠一叠弧形的波浪向两侧闪开，形成一个一个圆形花环。舰桥下，舷边两侧两个硕大的漩涡呼呼作响。舰艉螺旋桨搅起的浪花，仿佛是海底的珍珠和白珊瑚，成串地跳出水面，形成一条喷银溅玉的雪莲。

这次最大自持力考核是检验攻击型核潜艇的重要设计指标之一，其目的主要是考核核潜艇的装备能否满足 90 昼夜的连续使用，同时锻炼部队，积累对核潜艇的组织指挥、操纵管理、后勤保障等工作的经验。内容主要有：检验核潜艇的战术技术性能，检验艇员长期海上生活的体质消耗情况，检验各种装载（如水、电、再生药板、化学药品、高压空气、各种油料等）的实际消耗，检验远航食品和被装的配备标准，获取长期水下航行后舱室剂量辐射和空气污染数据等。

参加核潜艇长航的人员共 125 名，执行这次航行任务的第 11 艇员队

出航前，"长征-3"号副艇长程文兆自豪地与核潜艇合影

是中国组建的第一支核潜艇艇员队，这支特别能战斗的队伍已经换了好几茬人。时任海军潜艇基地副司令员的杨玺曾是第一任核潜艇艇长，在这次长航中担任海上总指挥和临时党委书记；核潜艇艇长孙建国是1983年初任职的，他在回忆文章里曾经写道："有幸参加这次试验，倍感无上光荣。"他后来成为中国人民解放军副总参谋长。

中国核潜艇是头一次连续进行90昼夜的航行，水下长航随时充满着风险，虽然我国核潜艇已经尝试过几次30多昼夜的航行，但毕竟时间短，缺乏更多的经验积累。为了确保长航的成功，一切准备工作都在有条不紊地进行着。在核潜艇里，在海军领导机关的办公大楼里，都充满了期待。

这样长时间的海上远航试验，不仅是对核潜艇机械设备的考核，也是对人员体力和意志的严峻考验。长期在水下封闭的环境里生活，为了保证空气的新鲜，他们尽量不吃蒜、葱、韭菜等有异味的食物；数百台机械运转时发出隆隆、轰轰的响声，艇员们在高温、高湿、噪声和空气混浊的环境里，每天工作十几个小时，疲劳、失眠、厌食侵袭着他们的肌体。在这样的水下环境中，有两盆带到艇上的花草没出20天就蔫了。

90昼夜的航行，并非一帆风顺。有几次上浮到海面航行时遇到八九级大风，偌大的核潜艇在海中好像是一片树叶，在浪涛中颠簸摇摆，人员在舱室里像醉汉一样站立不稳，90%的艇员晕船呕吐，有的吐出了黄水和血丝，但没有一个人离开自己的岗位。在核反应堆控制屏前的几名"学生官"（泛指大学生军官）一边紧紧盯着令人

鱼雷舱室里的水兵

眼花缭乱的仪表盘，一边不时地呕吐。有的休更艇员为了不摔下来，便把自己牢牢地绑在吊床上。

水下航行是很枯燥的，有个艇员出航前录下了女友唱的《十五的月亮》等歌曲反复播放；艇内收音机播放的中央人民广播电台的节目也会使艇员们感到比以往更加亲切；核潜艇偶然的上浮也会激起一片企盼，水兵们多么盼望能登上舰桥吸上几口新鲜空气呀。被获准出去"放风"的艇员，在登梯前要交出水兵手册，并从值更官手里接过系有红绸布条的牌子挂在脖子上，而后才能登上舰桥。当水兵们轮换爬到舰桥上后，都会利用那短暂的时间，大口大口地呼吸着空气，让心肺清静清静，让头脑清醒清醒；烟瘾大的更是不失时机地深深抽上一两根烟。水兵们在舰桥上看见浪花、海鸥、蓝天、白云，顿时感到这一切竟是那么的美好。

中国核潜艇上早期使用过的 24 小时机械铜钟

尽管面临着许多很大的困难，但和有些险情比起来，这些根本就算不上什么。

一次，潜艇正在按预定深度潜航，在海底犹如一条巨鲨，游刃有余。突然，潜艇断电，后辅机舱蒸汽安全阀起跳，220 ℃的高温蒸汽在30个大气压的推动下，带着尖厉的响声向外喷射。情况万分紧急，必须立即切断气源。副机电长果断命令："关闭左、右隔舱阀！"辅机军士长等人冲过去，被水雾笼罩的舱室早已一片迷雾，他们在灼热呛人的蒸汽中，握住烫人的隔舱阀拼尽全力地关闭。这两个平常要用电动机才能转动的大阀门，大家竟然用双手转动了120多圈——终于关闭了阀门，阻止了蒸汽的进一步肆虐。当险情排除后，英雄们

中国核潜艇准备下潜

却昏迷过去了。他们的脸被蒸得通红浮肿，手被烫得血肉模糊……

长航中，有一次甲板上的扶手钢缆被风浪打断，残留的钢缆随着风浪拍打着艇体，发出叮当的响声。为了避免这根钢缆卷进螺旋桨带来更大的危险，需要一名水兵冒着风浪，在摇摆幅度达到几十度的溜滑钢板上砍断那段残留的钢缆。在严峻的考验面前，许多同志争先恐后地请战，而在这个紧急关头，一名副艇长不由分说地站出来喊道："谁也不要争了，我去！"他在腰上拴了两根绳子，一手持一把"太平斧"，一手抠着艇体上的一个个流水孔，慢慢地在甲板上艰难地爬行。他用绳子把自己绑在甲板的流水孔上，身体浸在冰冷的海水中，肆虐的浪涛不断掠过他的头顶，拍击着他的身躯。在这寒冬里，他僵冷的手紧握着太平斧，一下一下砍着指头粗细的钢缆——当他完成任务回到舱室时，战友们以热烈的掌声欢迎这位英雄。

核潜艇在海上航行的前 70 昼夜，艇员身体普遍较好，可以进行正常的操作和活动；但是 70 昼夜后，艇员们的体质明显下降，产生失眠、反应迟钝、记忆力衰退、血压降低等现象，官兵们的饭量减了一半，平均每顿只吃二三两；人的生物钟也开始错乱，有的睡不着，有的睡不醒，浑身无力，艇员们的体力达到了极限。这恰好也验证

"长征 -3"号长航中，一天突然接到核潜艇发生故障的报告——在远离祖国的万顷碧波之中出现这种情况，这实在太危险了。一旦排除不掉，后果不堪设想。

挂在铁壁上的日历告诉人们，那天恰好水下远航 70 昼夜。按照上级的规定，航行 70 昼夜，即是完成任务。这时有人悄悄拉着杨玺的衣角劝阻说："杨司令，怎么样？不行就返航。""返航？"杨玺转身瞪了那人一眼严肃地说，"是的，返航是容易，我们这时候返航，将意味着中国核潜艇自持力考核失败。我们是新中国第一代核潜艇上的水兵，一定要经受住大海的考验，向祖国交一份合格的答卷。返航的电报咱们不能发！"

在严峻时刻，杨玺和孙建国双眉紧锁、绞尽脑汁，极力想办法排除故障。惊喜！奇迹！核潜艇终于恢复正常。

70！80！90！这次航行是中国乃至世界航海史上前所未有的一次"水下长征"。

参加长航的部分水兵

了美国核潜艇之前的试验结果：就人员的耐力而言，远航潜艇的最佳航行时间为 60 昼夜左右。

在关键时刻，是继续前进扩大战果，冲过极限，还是"明哲保身"，返回港口？艇政委在官兵中进行了一次"民意测验"，90%以上的艇员选择了继续航行，向90昼夜冲刺。他们发誓要像中国女排一样，捧个奖杯，拿块金牌，打破美国潜艇的远航时间纪录。

在狭小的会议室里，临时党委书记杨玺及时召开党委会议，积极做艇上骨干的思想工作。在干部们的带领下，全艇官兵士气大振："核潜艇金贵，驾驭核潜艇的人不能娇贵！""美国人能做到的，我们也一定能够做到！"……

于是，一场生动活泼的"团结奋战创佳绩"

核潜艇在无垠的海面航行时，偶有海豚或鲨鱼好奇地跟随。一天，有6条两米多长的海豚出现在核潜艇的前面，仿佛在为潜艇开路护航。它们跳跃着，忽而穿越水面疾速前行，忽而潜入水中无影无踪。但它们不离开潜艇左右，跟随着潜艇转向、加速……看到这些，舰桥上的水兵们发出一阵一阵喝彩。

教育活动迅速在全艇展开，大家发扬"特别能吃苦，特别能耐劳，特别能战斗"的精神，艇政委和副政委都深入到各个战位促膝谈心，官兵的情绪被调动起来了，全艇叫响了"再接再厉，争取胜利"的口号。

时任"长征-3"号核潜艇艇长的孙建国在舱室里为大家鼓劲

长航中恰逢新春佳节，为了让大家过个愉快的节日，艇上组织干部战士利用休更时间包饺子，想方设法开展丰富多彩的文体活动，并录制下来在除夕夜为大家反复播放。这些自编自演、兵味儿海味儿家乡味儿十足的节目，引起大家一阵阵欢快的笑声。

在耐力极限的考验下，全体艇员打起精神，一鼓作气，勇敢地跨越了极限。时任艇长孙建国回忆说：

"核潜艇里没有白天和黑夜，我们只能凭着挂在各岗位上的24小时铜钟判定昼夜。到后期，多数艇员浑身乏力，吃不下，睡不着，或是睡着了起不来。尽管这样，艇员意志不垮，一上岗就精神十足。有的为了解困，就往太阳穴上抹风油精；有的嚼干辣椒，以此刺激神经。"

在核潜艇上，用水是比较充足的，但是长期在海上生活，为了保证造水机的正常使用和减少水下航行的污水排放，对生活用水还会人为地加以限制，规定十几天

水兵们在核潜艇里
阅读自编的《海上快报》

洗一次澡，每人的洗涤时间不得超过5分钟；饮用水也是每天定时供应。

在90昼夜的航行中，大家以红军两万五千里长征宣传队为榜样，积极开展形式多样的水下文体活动，如编印《海上快报》，成立水下广播站，举办"水下摄影展览"、长航知识问答、猜谜活动和水下演讲会，放映激发斗志的电影、录像片，举办体育比赛和棋类比赛，写长航日记，甚至举办了一次水下舞会，这些活动大大丰富了海上文化生活，鼓舞了士气，释放了压力，减少了疲劳，激发了艇员们必胜的信心和革命乐观主义精神。

《海上快报》编发的《水下长征诗刊》用诗词抒发情感、鼓舞士气，表达为"09"（"09"是中国核潜艇的代号）献身的精神，收到了特殊的效果。官兵们拿起笔，追逐90昼夜的航程，描绘两万海里的航程。一首首小诗像一朵朵小花在战风斗浪中怒放，像一簇簇浪花洁白无瑕，像一片片珊瑚绚丽多彩。那些或情意融融或心潮激昂的诗词和对联贯穿始终，给枯燥的舱室带来大海的浪漫、蓝天的惬意。

这些刚毅的水兵从心窝窝里迸发出来的诗联

航行中，共收集到各种题材的诗歌近200首、对联100多副，是中国核潜艇艇员在较短的时间里集中发表诗词最多的活动，也成为这次自持力考核航行中的又一"之最"。

曾经与海浪共鸣，在茫茫大海中传遍了核潜艇的每一个战位，像一阵一阵海风吹拂着每一个人的心，现在读起来仍令人激情澎湃、回味无穷。

核潜艇离开港口时，艇长孙建国以一首《念奴娇》，庆贺"403"号（即"长征-3"号）核潜艇胜利出航：

"晴透千里，天公笑，东岭拂去尘草。寒港如春，平似镜，更有官兵轩昂。废寝备战，为九十日，众助八方好。关怀激励，立群飞渡挥毫！别云魂断忧愁，抛出军令状，水中拼了。六方同舟，偏向险，青壮年华多少？显出英豪，佩剑准备好，巳时发号。百二十五，雄姿英发离岛。"

随着在海上航行时间的延长，艇员们的思乡之情渐渐萌生出来。一名副机电长两年没有回家探亲，女儿快两岁了都不知爸爸是啥模样，他以深情的笔触给爱妻写了一首情诗：

"怅望大海沉梦思，花落絮败断肠时。艳春易失勿易远，夜夜难眠明亦迟。条条归心随雁去，每每春梦唯我知。寄意寒星传佳语，鹊桥重会是何期？"

还有一些诗句表露着思念之情：

"新春不夜城，未闻爆竹声。夜喧望星空，唯有思乡情。"
"良宵佳节话除夕，醒来却是相思梦。归心似箭飞千里，嫣然回眸是归程。葡萄美酒千百盏，元宵月夜长航情。"
"归心弦上箭，思念梦中情。碧波追明月，佳节倍思亲。"

在水下征途中，核潜艇迎来了1986年元旦。为庆祝佳节，很多水兵挥笔写下了大量对联，表达了125名官兵坚决完成任务的决心，抒发了艇员们为"09"事业献身的壮志豪情，展示了水兵的革命乐观主义精神。

海上过元旦，浪歌鱼跃，无酒心也醉
水下庆佳节，艇舞人笑，有曲情更高

血汗洒海疆，辛苦为谁？为国旗军徽振奋
海水洗征程，幸福在哪？在〇九部队扎根

仰望天空遥祝亲人幸福美满
俯首战位盼望机械隆声清馨

核潜艇海底安家承蒙日月相送
神官兵舱中熟睡感谢风浪轻摇

骑蛟龙劈波斩浪上下一心难中取胜
逐海燕欢歌笑语官兵同舟苦里有甜

机隆隆笛声声将士勇创千古业绩
风萧萧浪滔滔铁鲸驰骋万里海疆

　　核潜艇即将胜利返航，全艇上下一片激奋，孙建国高兴地填词《卜算子》：

　　"南去追秋高，北来迎春兆。满岸鞭竹照夜明，庆我归来早。赤道已环游，四海忽觉小。之最夺来志未酬，定到合恩角。"

　　在航行接近尾声时，每一天都是在疲惫、忍受和期待中度过的，第86天、第87天、第88天，在海上的最后两天，有多名艇员相继发生极度疲劳性休克，但他们都咬牙坚持，直到潜艇上浮后向军港靠近，直到看到祖国的海岸线。

　　核潜艇返航前，所有人都理了发，穿上干净的衣服。当英雄潜艇徐徐驶进军港时，码头上已经是军乐高奏、鞭炮齐鸣，人们都在挥手致意，迎接长征勇士们凯旋。孙建国在舰桥上激动但从容地指挥着潜艇向码头靠拢，他在扩音器前，眼含热泪地大声说："同志们，不要趴下，我们已经完成了党和人民交给的艰巨使命，我们要站着迎接祖国的检阅！"这铿锵有力的声音立即通过传话筒传遍了每一个战位，全体将士们群情激奋，等待着踏上祖国的土地。

核潜艇基地杨玺副司令员向前来迎接的海军首长汇报

潜艇缓缓停靠在码头上后，艇员们急不可耐地用力把缆绳抛向码头，一条条缆绳像一只只孩子的手臂紧紧缠住母亲的身躯。首先从舱口出来的是杨玺副司令员，他虽然疲惫但满怀激动地稳步走向海军领导，立正并行举手礼，报告胜利完成任务后，所有勇士们拖着虚弱的身躯，振作精神，一个接一个地钻出舱口，接受祖国的检阅。

"403"号核潜艇的军官与迎接的领导在码头合影

我核潜艇首次远航告捷

航时、航程、航速创国内最高纪录

航行中的核潜艇。

新华社记者 郑钧熙 摄

新华社北京12月31日电（记者 黄彩红）我国海军核潜艇首次远航训练获得圆满成功，潜艇部队的干部和水兵驾驶着核潜艇，在辽阔的海洋上完成各项训练任务，创造了我国海军潜艇水下航行时间最长、航程最远、平均航速最高的纪录，参加这次远航训练的核动力潜艇，是我国自行设计和制造的，全部机械和设备都是国产。它具有续航力大、航行速度高、潜航时间长、隐蔽性能好等特点。核动力潜艇远航训练成功，是我国海军现代化建设的一项新成就。

据悉，我国自行设计和制造的这种核动力潜艇，已在海军部队服役。

1987年《人民日报》
对核潜艇长航做了报道

孙建国后来在一篇回忆文章里写道：

"试验成功的原因是多方面的，但我在试验中深深感到有一种既无形又有形的巨大力量在推动着试验，这就是被许多人称颂的'09精神'……它是团结协作、科学求实、勇于探索、顽强拼搏、勇于牺牲的精神，是它为试验开辟了一条胜利的航线。"

1987年元旦，新华社发布了题为"我核潜艇首次远航告捷"的消息：

"我国海军核潜艇首次远航训练获得圆满成功。潜艇部队干部和水兵驾驶着核潜艇，在辽阔的海洋上完成各项训练任务，创造了我国海军潜艇水下航行时间最长、航程最远、平均航速最高的纪录。……"

6.6 "四大步"

中国核潜艇的发展是一步一个脚印，直至登上科学的高峰！

中国核潜艇从1958年开始预研，经历了从无到有、从小到大，直至今天形成一支具有强大战斗力的核潜艇部队，走过了将近 60 年的历程。中国核潜艇在研制初期是绝对保密的，直到 1982 年 10 月 12 日，在一枚中国自制的运载火箭从水下发射成功后，中国才首次掀开核潜艇的神秘面纱。当时国内媒体将此"爆炸"新闻纷纷在头版头条做了报道。"一石激起千层浪"，这个"石破天惊"的消息证实中国已具备从潜艇发射战略核武器的能力，即刻引起世界各国对中国核潜艇的密切关注。这一年，标志中国国防力量发展进入了一个新纪元，从此中国官方开始逐步揭示有关核潜艇研制、试验和使用的内幕，中国核潜艇的雄姿悄然浮出水面。

中国核潜艇的研制、建造和发展自始至终是在中央的高度集中统一领导下实施的，协作配套项目涉及全国范围。然而很少有人知道，半个世纪以来，这个"上通中央、下联万民"的庞大工程，曾经走过一段非常艰苦的创业发展之路，这条漫长而难忘之路可以归纳为四个发展阶段。

第一阶段：探讨摸索阶段（1958 ~ 1964 年）——顶住内外交困，痛下研制决心。

1954 年，美国第一艘核潜艇服役，1957 年苏联的核潜艇又下水，这对我国是严峻的挑战。但是当时我国的科学技术水平很低，不具备马上研制核潜艇的能力。

1957 年，由苏联"转让制造"的"03"型常规潜艇建成；1958 年，中国第一座外援的实验性核反应堆投入运行。这使潜艇加核动力的设想有了初步的基础，如果进而把核潜艇作为核武器的运载发射平台，对于提高一个国家的军事战略地位来说，将具有更加重大的意义。就在这一年的 6 月 27 日，聂荣臻元帅提交了关于开展研制中国核潜艇的绝密报告，并得到中央批准。为此，一个高度机密的研制计划被提上了中央军委的议事日程。7 月 28 日，中央军委在《关于海军建设的决议》中强调：海军要以发展潜艇为重点，并应特别注意采用核动力和导弹等新的技术成果。在当时特殊的社会背景和急于打破国外核大国核垄断的形势下，中央军委确定的目标是首先研制弹道导弹核潜艇。

然而，中国在研制核潜艇的初期就遇上了种种阻力和障碍，可谓是天灾人祸、一波三折。

正当中国核潜艇的预研工作要起步时，首先是苏联"老大哥"突然发难，他们先是拒绝援助，进行技术封锁，然后提出我国不可接受的种种条件，妄图控制中国，这一变故引起了毛泽东主席的极大愤慨，毅然于 1959 年发出"核潜艇，一万年也要搞出来"的誓言，激励中国人民要自力更生，奋发图强，不达目的绝不罢休。

为了不使核潜艇的研制工作中断，中央军委同意陈赓将军的建议，及时在中国人民解放军军事工程学院增设原子工程系，开始自己培养原子专业的研究设计人才；并于第二年调整加强了核潜艇研制工程领导小组；原国务院二机部也决定把建设铀浓缩工厂作为重中之重；1960 年，原子能研究所提出了第一个《潜艇核动力装置初步设计（草案）》。核潜艇的论证研究工作，就这样在为了捍卫民族尊严的气氛中拉开了帷幕。

1960 年，苏联变本加厉，又单方面撤走了在中国的全部技术专家，中断了和中国签订的所有技术援助协定，迫使我国更加坚定了走"独立自主、自力更生"的道路。为了实现建造核潜艇这一目标，核潜艇工程被列为国家的重点工程项目，周恩来等老一辈革命家运筹帷幄，亲自部署落实。

然而，"天有不测风云"，20 世纪 60 年代初，中国又恰逢三年自然灾害，国家经济遇到暂时困难，科研力量也不足，难以保证同时开展多个重大项目。何况弹道导弹核潜艇如果没有核弹头和导弹就没有威慑力，所以国家决定集中人力和财力先保证核弹头和导弹的研制，其他大批工程项目纷纷"下马"，核潜艇也被列为"暂缓"项目，正常的研究工作于 1962

年面临中断。为了不使核潜艇研究工作完全断线，1963年3月，中央专委批准保留少数技术骨干，重点开展核动力装置和潜艇总体等关键项目的研究，摸索探讨有关研制工作的道路，为将来调用技术力量、恢复技术研究作储备，但作为国家的整体工程项目暂时停止，先让步于核弹头和导弹的研制。

但核潜艇研制的前期准备工作、基本的技术准备工作和研究机构建设并没有停止。1963年，即使在核潜艇工程调整紧缩的情况下，仍开展了潜艇核动力装置总体方案的论证、设计工作；铀浓缩工厂取得了高浓缩铀合格产品，半年后生产出合格的核燃料元件；1964年，我国成功完成了第一颗原子弹爆炸试验，国家成立了反应堆工程研究所，第一艘装配建造的"31"型常规动力导弹潜艇胜利下水。

到了20世纪60年代中期，国家经济状况明显好转，常规潜艇的仿制和自行研制获得成功，核动力装置开始初步设计，核反应堆的主要设备和材料研制工作取得了进展，海军第一座对潜大功率长波电台竣工……研制核潜艇的前期准备已经比较充分，具备了正式开展型号研制的技术基础和必备条件。

第二阶段：正式研制阶段（1965～1976年）——力排十年动乱，解决"有无"问题。

1964年，为弹道导弹核潜艇的导弹进行前期试验的"31"型常规动力导弹潜艇建成。

1965年6月，国家成立了核潜艇总体研究设计所。后又从大连、上海和武昌造船厂抽调近3 000名职工参加核潜艇制造厂的建设和核潜艇的建造。为此，毛泽东主席曾两次签发电报抽调部队支援核潜艇总体建造厂的建设。

1965 年 8 月 15 日，周恩来总理主持中央专委会，批准核潜艇的研制工作重新全面启动——在客观分析形势后，确定了循序渐进的步骤：第一步研制鱼雷攻击型核潜艇；第二步研制弹道导弹核潜艇；同时要求进行核潜艇陆上模式堆和海军核潜艇基地的建设。这次重要会议秘密宣告了中国第一代鱼雷核潜艇正式开始研制。

　　1966 年，核潜艇总体研究设计所终于开始了核潜艇总体方案论证和设计工作。然而，就在核潜艇研制工作重整旗鼓，出现新开端的关键时刻，一场延续 10 年的"文化大革命"爆发了。核潜艇的研制计划又一次面临中断。

　　庆幸的是，中央军委在当时果断地动用了强劲措施，于 1967 年 8 月 30 日向参加核潜艇工程的所有单位和广大参试人员紧急发出了一份《特别公函》，提出核潜艇工程是国防尖端技术项目，要求所有承担工程项目的单位和人员，群策群力，大力协同，排除万难，保质保量按时完成各项任务。

中国"092"型弹道导弹核潜艇准备下潜

当时这一号令发挥了巨大作用，在全国停课、停产，中国经济被政治运动干扰的大环境下，承担核潜艇研制任务的数百家工厂、研究所仍然坚持工作，中央关注的核潜艇基地也于20世纪60年代后期开始兴建。

1967年，海军提出了弹道导弹核潜艇的作战要求，举行了导弹核潜艇及潜地导弹方案论证审查会，审查了战术技术任务书，对导弹核潜艇的研制做了具体部署。同年，国防科委批准了弹道导弹核潜艇战术技术任务书和第一个两级固体燃料火箭的型号研制任务，我国第一代弹道导弹核潜艇正式开始研制。

根据核潜艇及其武器装备进行海上试验的需要，我国还建造了鱼雷、水声和潜地导弹三个专用试验场，为核潜艇的研制试验发挥了重要作用。

1968年11月，中国自己研制的第一艘鱼雷攻击型核潜艇在国庆之后紧锣密鼓地开工了；1969年10月，"国务院、中央军委核潜艇工程领导小组"宣告成立——在那个特殊时期，能成立一个如此高规格的单纯技术

中国"092"型弹道导弹核潜艇

中国"094"型弹道导弹核潜艇

工程领导机构是不可想象的，说明任何时候国家的安全都是最重要的。

1970年12月26日，中国核潜艇胜利下水；1971年7月1日，中国首次在潜艇上实现了以核能发电；1974年8月1日，在建军节的庆典仪式上，中国第一艘鱼雷攻击型核潜艇航行试验成功后，正式编入海军部队，该艇被命名为"长征-1"号。

从此，中国海军跨进了世界核海军的行列，开始向远洋深海迈出长征的第一步。与此同时，海军核潜艇基地配套建设到20世纪70年代中期也具备了一定的规模，保证了中国第一艘核潜艇的进驻。

中国第一代核潜艇虽然是在乱世中孕育、诞生，但中国人民热爱祖国、保卫家园的本质有效地排除了外界干扰，形成了高度的凝聚力，最终填补了中国没有核潜艇的"空白"。应该说，核潜艇的建造成功是全国大协作的结果。

中国第一艘核潜艇的研制，涉及24个省、市、自治区和21个国家部、委的 2 000 多个单位，协作规模之大在中国造船史和军工史上都是空前的。

1975 年 8 月，第一代鱼雷攻击型核潜艇完成了设备和总体定型。核潜艇的研制成功倾注了毛泽东、周恩来、朱德等中国第一代领导人的大量心血，值得欣慰的是，在他们逝世的前夕，都看到了这一天。

第三阶段：完善提高阶段（1977～1990 年）——追求齐装配套，打造"顶用"装备。

第一艘核潜艇交付使用后，还存在一些装备质量问题，还有一些重要试验没有进行。在第三阶段，海军对核潜艇装备进行了改进完善—改进提高—综合治理等不间断的齐装配套、治理改进工程，并完成了遗留的重大试验。

1976 年，国务院、中央军委决定第一代核潜艇要"抓紧解决定型遗留问题"和"不完善的地方要在后续生产中进行局部改进提高"。1977 年，国务院、中央军委"09"工程领导小组决定开展第一代核潜艇的改进完善

中国第一代弹道导弹核潜艇

中国弹道导弹核潜
艇水下发射潜地导弹出
水过程

工程，主要是解决定型遗留问题和使用中发现的影响安全可靠的技术质量问题。

1978 年改革开放以后，各项工作逐步走向正轨，中央领导强调在鱼雷核潜艇服役后，要进一步改进并验证核潜艇的作战能力，特别是要具备海上战略核反击能力。

鱼雷核潜艇服役后，大大加速了弹道导弹核潜艇的研制进度。

1981 年 4 月，中国第一艘弹道导弹核潜艇下水；1982 年 10 月，中国在改装的常规潜艇上首次成功地进行了震惊寰宇的水下发射运载火箭试验；1983 年 8 月，中国第一艘弹道导弹核潜艇交付海军；之后，又于 1984 年、1985 年在核潜艇上多次进行潜地导弹水下初期发射试验。

从 1982 年开始，中国海军和工业部门进一步开展了第一代核潜艇的改进提高和改装设备的研制，旨在原有的基础上将战术技术性能再提高一步。另外，1981 年 6 月，海军第一个核潜艇基地主体工程竣工（1984 年第二期工程开工，为将来能接纳一支核潜艇部队的进驻做准备）。

1982 年 9 月，海军第二座功率更大的长波发信台建成，改善了对远洋水下潜艇的通信。1986 年，核潜艇完成了连续 90 个昼夜的自持力考核训练航行。

1988 年是中国核潜艇研制历程中难忘的一年，这一年，鱼雷核潜艇进行了水下深潜试验、水下高速航行试验和大深度发射鱼雷试验。这些试验进一步证实了中国自己制造的核潜艇跑得远、潜得深、打得准；这一年，弹道导弹核潜艇圆满完成水下发射潜地导弹试验，结束了第一代弹道导弹核潜艇的全部试验任务；这一年，海军开始安排以提高第一代核潜艇装备安全可靠性为重点（特别是核安全）的综合治理工程。

核潜艇导弹舱装备战略核武器，使核潜艇成为真正意义上的国家隐蔽的核威慑与核反击力量，标志着中国海军的战略性突破，把中国在世界上的战略地位大大提高了一步。

核潜艇深水试验和水下发射潜地导弹试验的成功，标志着中国核潜艇的研制走完了全过程。试验证明，中国核潜艇的质量和性能达到设计要求，已经具备了实战能力，为核潜艇的作战使用取得了大量科学数据和宝贵的经验。同时，中国在这一年形成

中国"092"型弹道导弹核潜艇

中国"091"型核潜艇和"092"型核潜艇联合演习

了基本配套的核潜艇科研、设计、试验、生产、驻泊、作战训练和维修体系，推动和促进了一大批新技术、高科技项目的发展，为新一代核潜艇的研制打下了坚实的基础。

然而，即使取得了如此多的成就，我国第一代核潜艇的改进和治理工作一直在继续，中国第一代核潜艇的技术性能、作战能力和安全可靠性不断地在改进中得到提高。

第四阶段：发展壮大阶段（1991年至今）——适应未来战争，形成"规模"态势。

1990年，中国第一代的最后一艘鱼雷核潜艇下水，中央果断地表示，"核潜艇不能断线"，要求"加强核潜艇部队建设，壮我国威，壮我军威"，"为核潜艇研制再立新功"，"建设一支忠于党、忠于祖国、忠于人民的核潜艇部队"。

中国 "093" 攻击型核潜艇

　　从此，中国加快了新型核潜艇的研制工作。目前第二代核潜艇也已经批量生产、批量服役，其设施更加完善、性能更加先进，海上作战能力和核反击能力得到大幅度的提升。中国核潜艇无论在数量上还是核潜艇基地建设上，都已经形成可观的规模。

　　经过几十年的风风雨雨，中国核潜艇经历了研制、建造、使用、退役的全过程，已经锤炼出一支训练有素、保障有力的核潜艇部队，任何国家都不敢轻视这支神秘而强大的军事力量。

　　2013 年 11 月 20 日，习近

时任国家主席的胡锦涛在中国新型核潜艇里视察

中国"094"型弹道导弹核潜艇

平主席对海军某潜艇基地官兵的事迹给予充分肯定，指出在他们身上集中体现了"听党指挥的坚定信念、能打胜仗的过硬本领、英勇顽强的战斗作风、舍生忘死的奉献精神"。正是有了这样的信念、本领、作风和精神，才使得中国的核潜艇事业勇往直前。

可以肯定地说，只要战争的隐患存在，中国发展核潜艇的步伐将会永远走下去。

6.7 爱国、奋争、献身、协同

伟大的事业孕育伟大的精神，伟大的精神推动伟大的事业，贯穿核潜艇研制全过程的灵魂就是核潜艇精神。

中国核潜艇精神是客观存在的，它是中国人民自强不息、艰苦奋斗的可贵民族精神在国防建设领域的体现，其内容丰富深邃，影响久远。

中国核潜艇精神可以提炼为：责大于天的爱国精神，攻坚克难的奋争精神，无私无畏的献身精神，凝心聚力的协同精神。

这4句话可简化成"爱国、奋争、献身、协同"8个字。这几个字看起来很普通、很熟悉，但它是中国核潜艇精神的高度浓缩。

"爱国"是动力和源泉——

"核潜艇，一万年也要搞出来"的誓言，吹响了招纳爱国者的集结号。一大批为了实现中国核潜艇梦想的干部、技术人员、工人、指战员们从四面八方聚集到了一起。"热爱祖国，报效祖国"是所有核潜艇人心中贯穿的一根红线。他们这种情深似海的爱国主义精神是攻坚克难的动力，是勇于奉献的源头，是团结协作的基础。以身许国是他们身体里发出来的一种本能和自觉行为。

最初，在核潜艇战线的各个关键岗位上，主要是为共和国的解放事业浴血奋战的革命老战士。新中国成立后，他们大多是第一代核潜艇研制中的各级领导或担任核潜艇部队的中高级指挥员。他们深知新中国来之不易，

"094"型弹道导弹核潜艇首次航渡时，部分参试领导在一面国旗上签名

深切希望国家尽快强大起来。这些老战士一生为国家做两件大事,一是解放全中国,二是保卫全中国。他们把研制核潜艇作为再次拼搏的第二战场。

那些老战士们打江山、求解放、爱国家,是研制核潜艇的坚定派,更是率领核潜艇科研、生产、使用大军的领军者。就是这支主力军,在党中央一声号令下,立刻拿出当年闹革命的劲头,毫不犹豫地投入到建造核潜艇的战斗中,并把光荣传统传递给年轻的队伍。

在核潜艇建设初期的科技队伍中还有一批爱国爱民的知识分子。比如留学回国报效国家的高级专家钱学森、钱三强、黄纬禄等,他们之前人在海外,心系祖国。新中国成立的礼炮声如同召唤这些海外学子回国的集结号,他们抛弃国外优越的生活条件,纷纷回国贡献自己的智慧和知识。黄纬禄在回答青年朋友的问题时说过一句有代表性的格言:促使自己走上科学之路的最大动力是"希望以科学救国"。

新中国成立初期,国家又派出一批留学生,如后来成为核潜艇总设计师的彭士禄等人。之后,国家培养出第一批从事核潜艇研制设计的大学生。当时核潜艇核动力研究设计的主要力量来自哈尔滨军事工程学院,该院1960年招收了中国第一批核动力装置本科专业大学生,这批大学生于5年后毕业。核潜艇总体建造厂从事核反应堆安装调试的是清华大学培养的第一批核工程专业毕业生;核潜艇上第一批具有大学学历的核反应堆操作人员也来自清华大学。这些由我们国家自己培养的高科技人才带着强烈的报国之心努力学习高科技知识,毕业后大多成为我国核潜艇和核电站的创始人、领导者或挑大梁的技术骨干。

当然,为国争光的还有造船专家和造船工人。他们很多人在新中国成立前就是本行业的行家里手,转入工厂后,如鱼得水,和新中国第一代的造船工人、技术人员团结合作,以国家利益为重,甚至放弃城市和条件较好的内陆生活,聚集到条件艰苦的海岛、深山。他们说,没有什么比国家安危更重要了，一切服从祖国的召唤。

"核潜艇人"的爱国精神具体表现为强烈的使命感和责任感，他们在内心都把能从事核潜艇工作看作是为国争光，深感自己肩上有无限的责任和重担，决心不辱使命，为中国核潜艇舍出命去干。他们之所以志存高远，爱国有为，是因为他们把国家利益看得高于一切，把神圣使命看得重于泰山。这是战胜一切困难的基本精神支柱和动力。

"奋争"是核心——

奋争精神集中体现在攻克技术难关上。俗话说："万事开头难。"1958年开始核潜艇技术探讨时，中国整个国家的工业和科技条件非常薄弱，可谓一张白纸，一穷二白；原来想求助外援，但苏联停止对中国的一切技术援助，给刚刚起步的核潜艇预研带来巨大的困难，我国科研人员被迫在逆境中走上自力更生的道路。

核潜艇工程是中国核领域迄今规模最庞大、系统最复杂、技术难度最大、质量可靠性安全性要求最高的一项重点工程。周总理曾亲自对核潜艇专家说过：核潜艇很复杂，比两弹还复杂，核潜艇就包括两弹……你们要把各方面的技术力量组织起来，做好这项工作……

最初参加潜艇核动力堆研究设计的科技人员，绝大多数都是从各专业转过来的。为了完成核动力的研究设计任务，都要从头学起，但他们具有刻苦钻研的精神和为国争光的决心。我国开始研究探索核潜艇时，可供学习参考的技术资料是少之又少，特别是核动力方面的资料更缺。各承担单位发动大家按各自专业搜寻国外报道的蛛丝马迹，哪怕得到一张有参考价值的照片和玩具模型都如获至宝，反复琢磨研究。

这项空前复杂的工程在比较短的时间里不断取得历史性突破，一个极其重要的原因在于：中国核潜艇人敢于攻坚、勇于创新。从陆上的各生产

核潜艇研制初期使用
这种手摇计算机

厂家、设计研究所到海上的核潜艇、远洋测量船，再到天际太空，都留下了核潜艇人攻坚的印迹，洒下了核潜艇人登攀的汗水。他们知难而进，顽强拼搏，在重重困难面前百折不挠，在道道难关面前没有退缩，以惊人的毅力和勇气战胜了各种难以想象的困难。

第一代核潜艇研制初期，计算绘制工具和试验设施简陋落后，从事核潜艇设计计算时，大量的数据都是用计算尺甚至算盘计算的，有的还要用笔算等手段来完成。以后才有了少量的手摇计算机，有时计算一个方案要不停地摇一个月，其艰难程度可想而知。第一艘核潜艇实行边研究、边设计、边基建、边试制、边生产的"五边"方针，争取了大量的时间。

核潜艇工程的成功经验告诉我们，无论过去、现在还是将来，自力更生、艰苦奋斗、尊重科学、敢于碰硬永远是我们战胜一切困难、夺取事业胜利的重要法宝。

中国核潜艇诞生和发展的历程，是一部可歌可泣的艰苦创业史，体现了一种奋争精神。之所以说"奋争"而不用"奋斗"，是因为"奋争"在表达"奋斗"精神的同时，体现了与时间赛跑、"只争朝夕"的紧迫感。"奋争"两个字里包含着"创业、自立、奋斗、拼搏、求实、

中国第一艘弹道导弹核潜艇在试航中（摄于 20 世纪 80 年代初）

攀登、创新"等丰富的含义。

"献身"是境界——

核潜艇的"三性"决定了核潜艇人必须具备更大的牺牲精神。这"三性"是：深海环境的危险性、水下作战的毁伤性以及核动力装置放射性潜在的危害性，所以这也锤炼了核潜艇人特有的牺牲精神和奉献精神。在核潜艇初期的研制、试验和训练中，工作环境恶劣、处境险峻。加之当时物质匮乏，补助微薄，报酬极少。但核潜艇人用顽强的意志，默默地承担着个人及家庭的各种困难，自觉地做着自我牺牲。他们以苦为荣，以苦为乐，常年超负荷工作，真正做到了"三不"，即不畏苦和累、不怕伤和死、不为利和名。

1965 年是核潜艇总体建造厂真正开始起步的一年，那个年代，生产和生活条件极为简陋。厂区没有道路，没有围墙，没有大门，没有厂房，一片荒芜，杂乱不堪。

初建的核潜艇基地，是一片芦苇丛生的海湾。没有住房，大家自己动手在盐碱滩、芦苇荡上建工棚；直到1975年，进驻基地的数百名技术保障人员还居住在破工棚里，夏天蚊虫叮咬，又热又潮；冬天用砖头堵死透风当时的通信很落后，打一个特急长途电话要等半个小时到一个小时，加急电话要排两三个小时，如果是普通长途电话就得等5个小时左右，现在看来真是不可想象。长期生活在大城市的外地同志，一到这个荒僻的地方，衣食住行都不适应。主食是红高粱米，从南方来的同志吃不惯粗粮，副食供应也十分单调，一天到头都是白菜萝卜和土豆，春节供应酱豆腐都要作为喜讯贴出通知。

的窗户，烤火取暖。夏天台风一来，海水倒灌进水井，井水变得又苦又咸。当时不论战士还是干部，都睡上下铺，没有桌椅，只能趴在床上看书写字。当时器械不足，因陋就简，创造条件也要上；没有车辆，官兵在严冬顶着寒风步行上艇保养机械；20世纪80年代初，由于洗消条件差，艇员在大冬天也用刺骨的凉水洗消。

核潜艇是一种危险程度较高的军事装备，比如人员要在承受高压的潜艇里生活，潜艇存在核辐射，如果不慎可能对人员造成伤害；潜艇发生事故后的危害程度更严重（比如核事故、沉艇事故）；事故涉及的人员更多（每艘核潜艇编制100多人）；救援难度更大，影响也更广泛。在核潜艇工程建设、试验训练中，都可能面临对人员的伤害危险，关键时刻还要舍身抢修排险。在核潜艇建造中，也可能碰上危险，进入堆舱排除故障是经常的事情，甚至冒着高温、强辐射，钻进蒸发器里堵管……和平年代照样需要这种大无畏的献身精神。

核潜艇在试验和训练使用中，考验更加严峻。核潜艇深潜试验要下潜几百米，大气压力增加数十倍。由于是试验，不定因素很多，美国一艘"长尾鲨"号核潜艇就是在深潜试验时失事，艇毁人亡的。所以这种试验确实是一种生死的考验，核潜艇多次进行深潜试验，随艇下海的一百多名试验人员和指战员不怕苦、不怕死，每人都做好了牺牲的准备，很多人留下遗书，义无反顾地下潜到海洋深处。

在"长征-3"号核潜艇90昼夜长航考核试验中，艇员克服身体耐力的极限，不顾危险和对身体的危害，一往无前。特别是发生故障时，更是如此。比如在长航中，一个电动桥管阀卡死，只有进堆舱人工打开桥管阀。

为了进堆舱排除故障，艇员分批冲入堆舱，每个艇员出来时都累得汗流浃背。最后机电长、业务长、实习艇长也先后进了堆舱。进堆舱检修机械，好比上战场刺刀见红。

核潜艇上的危险和风险是显而易见的，核潜艇人发扬为国献身的精神，一不怕苦，二不怕死，敢为人先，表现了大无畏的革命气概。

从事中国第一艘核潜艇研制建造的老一辈同志里，只有极少部分领导和专家被人所知，而更多的同志都默默无闻，为了祖国的核潜艇事业，核潜艇人淡泊名利，不计报酬，无私奉献。他们就像核潜艇一样，献身大海，长期隐身甘当无名英雄，但他们不忘初心，毫无怨言，从不反悔以前的选择。

核潜艇90昼夜长航中，很多艇员有这样的豪言壮语："长航好比上战场，战场不是市场，不是谈交易的地方。如果花钱雇我们，给多少钱也不去！为待遇去长航，是对我们核潜艇艇员的亵渎！"被称为"驾驭中国核潜艇第一人"的杨玺将军，是唯一参加过第一代核潜艇所有重大试验和训练的人，可谓功绩卓著，给多高的奖励也不为过，但他不争名利，直至退休也仅仅获得了一个三等功。

核潜艇人献出了青春年华，献出了聪明才智，献出了汗水热血，有的甚至献出了宝贵的健康和

破解核盾牌的"安全密码"

"谨小慎微，精益求精"，这是写在某潜艇基地技术监测室大门上的字。核安全事关国家安危，必须确保万无一失。基地官兵用细节上的苛刻，破解了核盾牌上的"安全密码"。

核潜艇的"保健医生"——高级工程师吴水海手持专业仪器，穿梭于各种电气设备之间。突然，监测仪发出了"嘟、嘟"的报警声。他小心地一寸一寸地移动着仪器，报警信号的频率也随之发生变化，在信号频率最高的地方，经仔细检查，确认是冷凝器传热管出了问题。隐患得到了及时排除。这样的监测巡查每天都在进行，在基地大家称吴水海他们是"核潜艇保健医生"。近年来，基地已经建立了基地、大队、艇上三级监测体系，装备了一系列检测维修的先进设备，配备了便携式检测设备，使用这批装备的专业队伍和他们的执著精神，极大地增强了装备故障的预测预报能力，防患于未然。

攻克世界性核退难题——核潜艇退役处置是公认的世界性难题。目前世界上对反应堆大多是海上处理法、浅土掩埋法等简易处理法，后续会带来一系列安全问题。而基地某核退大队，提出了"安全彻底处置法"。"核退"处置技术在我国属空白，国际上也没有现成的技术可借鉴。大队长孔劲松是位核专家，面对如此技术空白，他和他的团队踏上了不分白天黑夜的探索之路。通过不懈努力，在短短几年时间里，与其他部门一起先后突破12项关键性技术，攻克了这一难题，使我国成为世界上具备成功实施

核潜艇安全退役的国家之一。

一根头发丝和一颗螺丝钉——核潜艇基地组建以来，在核潜艇装备使用和管理上树起一条铁规：第一细，第二实，第三不能有说不清的问题。官兵始终坚持"慎之又慎、万无一失"的安全理念和"零容忍、零借口、零差错"的工作标准，以万分的努力做到万无一失。精细化管理在某导弹技术总站显得尤为突出。一次，身着全封闭服装的官兵，正在对某新型战略导弹进行"体检"，就在各单位上报导弹准备完成情况时，阵地指挥员卢明章突然把所有官兵集中起来，手里夹着一根头发丝，严厉地说：一根不起眼的头发丝，如果掉进导弹的重要部位，就可能影响导弹的技术参数，成为战场失利的罪魁祸首。他亲自监督，全线"返工"。

防微杜渐才能保证核安全。某核潜艇一次小修后，技术保障大队士官刘辉在对调节空压机等设备抽检时，发现一台机器少装了一个螺丝。大队领导大动干戈，安排技术骨干力量进舱开展地毯式检查。整整忙碌了16天，最终找到了那枚丢失的螺丝。打那以后，他们又多了一条"铁规"：新安装设备必须进行全面安全排查。

日月更迭，"大洋黑鲨"犁浪蹈海；时光流转，"水下蛟龙"仗剑待命。近半个世纪以来，核潜艇安全航行百万海里，出色地完成了一系列重大任务，在走向远海大洋的征程中留下了一道道闪亮的航迹。

（摘自央视网 记者 李文亮 有删改）

生命。献身精神在中国核潜艇研制建造和使用中表现得特别突出，这种可贵可敬的精神境界，体现了核潜艇人特有的思想觉悟和精神修养，而不是一般意义上的奉献。

"协同"是保障——

大力协作的精神是成功研制出核潜艇的重要保证。中国第一代核潜艇在研制、试验、训练中，团结协作、同舟共济、同心同德，从上到下拧成一股绳，发扬了高度协同的精神。

不仅在领导部署中上下一心，在制造过程中也是高度地协调合作。中国第一艘核潜艇上的每一块钢板、每一台设备和零部件都是清一色的中国原创原装，使用的材料有1 300多个规格品种，装艇设备、仪器仪表达2 600多项、46 000多台件，电缆300多种，各种管材270多种。全国共有2 000多家工厂、研究单位、大专院校、军队单位参与了核潜艇的研究、设计、试验、试制和生产，涉及24个省、市、自治区和21个国家部、委，其规模之大在中国造船史和军工史上都是空前的。

对于这样一项技术难度大、涉及专业门类广、进度安排紧的跨行业、跨部门的系统工程，各部委、省市、研究院所、工厂院校等自觉服从大局，即使在"十年内乱"期间也不例外。所以，如果没有全国大协作的精神和"一盘棋"的规划，就无法攻克技术上的坚固"堡垒"。

中国核潜艇是中华民族聚合力的结晶，中国核潜艇，凝聚着千千万万个科学家、干部、工人、水兵为之付出的心血，正是他们的团结一致，才产生巨大的能量，闯过了核潜艇研制中的重重难关，最终为国家奉献出第一艘核潜艇。

中国核潜艇精神是爱国主义、集体主义、社会主义精神和科学精神的具体展现，是中国人民在 20 世纪为中华民族创造的新的宝贵精神财富。这种非凡的精神促进了国防力量的发展，带动了科技尖端事业的步伐；造就了一批吃苦耐劳、勇于创新的科技队伍；大大增强了中国人民的信心，保卫了蒸蒸日上的社会主义建设。

今天，面对世界科技革命的深刻变化和迅猛发展，新一代的核潜艇工作者，传承并发扬核潜艇精神，继续攀登世界科技高峰。他们像前辈那样，凭着那么一个信念、那么一股干劲、那么一片热情、那么一种精神，不断把核潜艇事业推向更加辉煌的明天。

核潜艇上升起国旗

附表一

美国弹道导弹核潜艇性能简表

发展代数		级别(型号)名	总数(艘)	在役(艘)	正常排水量(吨)		艇长×型宽(米)	航速(节)		潜深(米)	主动力	主要武器	人员编制(名)	服役时间(年)	备注
					水上	水下		水上	水下						
第一代	1	"华盛顿"	5	0	6 019(标准)	6 888	116.3×10.1	20	31		1座S₅W压水堆，2台齿轮蒸汽轮机，15 000马力，单轴	"北极星"战略导弹16枚；鱼雷发射管4具，"MK59"鱼雷，"沙布洛克"反潜兵器	112	1959～1961	在"鲣鱼"级的基础上加导弹舱；服役后期改为攻击型核潜艇，有3艘曾改为攻击型核潜艇
第二代	2	"艾伦"	5	0	6 955	7 880	125×10.1	20	30	300	同"华盛顿"级	"北极星"战略导弹16枚；鱼雷发射管4具，"MK48"鱼雷	126	1961～1963	服役后期改装为攻击型核潜艇；2艘改装为蛙人运输艇
第三代	3	"拉菲特"	31	0	7 330	8 250	129.5×10.1	18	25	300	1座S₅W压水堆，2台齿轮蒸汽汽轮机，15 000马力，单轴	"北极星-3"战略导弹16枚，后改为"海神"战略导弹（带10个分弹头）和"三叉戟-1"导弹（带8个分弹头）；鱼雷发射管4具，"MK48"、"MK65"鱼雷	143	1963～1967	有蓝色组和金色组两组艇员。1994年有2艘改装为蛙人运输艇
第四代	4	"俄亥俄"	14	14	16 600	18 750	170.7×12.8	24		244	1座S₈G型自然循环压水反应堆，2台蒸汽轮机，60 000马力，单轴	"三叉戟-1"(前8艘)或"三叉戟-2"(后10艘)战略导弹24枚（每枚8个分弹头）；鱼雷发射管4具，"MK48"、"MK68"鱼雷	155	1981～1997	于2007年底将前4艘改装为可发射154枚对陆"战斧"导弹的巡航导弹核潜艇

附表二

美国攻击型核潜艇性能简表

发展代数	级别(型号)名	总数(艘)	在役(艘)	正常排水量(吨)		艇长×型宽(米)	航速(节)		潜深(米)	主动力	主要武器	人员编制(名)	服役时间(年)	备注
				水上	水下		水上	水下						
1	"鹦鹉螺"	1	0	3 530	4 040	97.4×8.4	>20	23	210	1座S_2W型压水堆，2台齿轮蒸汽轮机，双轴，15 000马力	鱼雷发射管6具(艏部)，携反舰、反潜鱼雷(可备鱼雷18枚)	105	1954	世界第一艘核潜艇(试验艇)
2	"海狼"	1	0	3 720	4 280	102.9×8.4	>20	>20	210	1座S_2G钠冷反应堆，后改为S_2WA型压水堆；2台齿轮蒸汽轮机，双轴，15 000马力	同"鹦鹉螺"号	105	1957	试验艇，世界上首次采用钠冷金属堆；全艇分隔为五个舱室
第一代 3	"鲹鱼"	4	0	2 570	2 861	81.5×7.6	>20	>25	210	前2艘艇装S_3W型压水堆(1座)，后2艘艇装S_4W型压水堆(1座)，2台齿轮蒸汽轮机，双轴，6 600马力	鱼雷发射管8具(艏艉6具533毫米，2具480毫米)反潜鱼雷、备用鱼雷14枚	95	1957~1959	1958年完成了潜艇史上首次水下横渡大西洋的航行；全艇分隔为5个舱室
第二代 4	"鲣鱼"	6	0	3 075	3 513	76.7×9.6	16	30	213	1座S_5W型压水堆，2台齿轮蒸汽轮机，单轴，15 000马力	鱼雷发射管6具(艏部)；反潜鱼雷	94	1959~1961	首次采用水滴形外壳，S_5W标准型紧凑布置压水堆，全围壳舵和5叶侧斜螺旋桨

附表二（续）

发展代数	级别（型号）名	总数（艘）	在役（艘）	正常排水量（吨）		艇长×型宽（米）	航速（节）		潜深（米）	主动力	主要武器	人员编制（名）	服役时间（年）	备注
				水上	水下		水上	水下						
第二代 5	"海神"	1	0	5 940	7 780	136.2×11.3	>27	>20		2座S₅G型压水堆，2台齿轮蒸汽轮机，双轴 34 000马力	鱼雷发射管6具（艏4艉2）；"MK14/16"型反舰鱼雷、"MK37"型反潜鱼雷	172	1959	首次装2座反应堆；是第一艘对空预警核潜艇；首次零环球潜航83天零10小时，后改为攻击型核潜艇
6	"白鱼"	1	0	2 317	2 640	83.2×7.1	>15	>20		1座S₅C型压水堆，透平电机，2 500~4 500马力，单轴	鱼雷发射管4具（艏部）；"MK14/16"型反舰鱼雷、"MK37"型反潜鱼雷；"沙布洛克"反潜导弹	56	1960	首次采用电力推进，首次把艇艏空间让给声呐基阵，而把鱼雷发射管移至艇舯部外斜10°
第三代 7	"长尾鲨"	14	0	3 750	4 300	84.9×9.6	15	30		轴功率为15 000马力，其他同"鲣鱼"级	533毫米鱼雷发射管4具（舯部）；"MK48"鱼雷；"沙布洛克"反潜导弹	127	1961~1967	首艇"长尾鲨"号于1963年进行深潜试验时沉没
第四代 8	"鲟鱼"	37	0	4 250	4 780（改装后为4 960）	89（改装后为92.1）×9.7	15	30	400	1座S₅W型压水堆，2台蒸汽轮机，15 000马力，单轴	"沙布洛克"火箭（1990年淘汰）；"鱼叉"反舰导弹；鱼雷发射管4具（舯部）；"MK48"、"MK63"鱼雷；20世纪80年代末装备"战斧"型对舰巡航导弹	107	1967~1975	首次装备"鱼叉"型反舰导弹和"战斧"型巡航导弹；5艘加装蛙人输送舱，后9艘艇因装声呐使尺寸有所增加，见括号号内数据

附表二（续）

发展代数	级别（型号）名	总数（艘）	在役（艘）	正常排水量（吨）		艇长×型宽（米）	航速（节）		潜深（米）	主动力	主要武器	人员编制（名）	服役时间（年）	备注
				水上	水下		水上	水下						
9　第四代	"一角鲸"	1	0	5 284（标准）	5 830	95.9×11.5	20	25	400	1座S₅G型自然循环压水堆，2台蒸汽轮机，17 000马力，单轴	"鱼叉"、"战斧"型反舰导弹；鱼雷发射管4具，"MK48"鱼雷	129	1969	首次采用自然循环压水堆（取消主泵和齿轮箱）；首次使用单壳体艇体
10　第四代	"利普斯科姆"	1	0	5 813（标准）	6 480	111.3×9.7		>25		1座S₅WA型压水堆，直流电力推进，单轴	"战斧"、"鱼叉"型反舰导弹，533毫米鱼雷发射管4具（舯部），"沙布洛克"反潜导弹	129	1974	采用自然循环能力较好的压水堆和电力推进，噪声大为降低，被称为"安静艇"
11　第五代	"洛杉矶"	62	41	6 082	6 927	110.3×10.1		32	450	1座S₆G型自然循环压水堆，2台蒸汽轮机，35 000马力，单轴，1台辅助推进电机，325马力（242KW）	"沙布洛克"反潜导弹（1990年淘汰）、"战斧"型对陆对舰巡航导弹；鱼雷发射管4具（舯部），"MK48"鱼雷	133	1976～1996	首次批量采用紧凑式自然循环压水堆；从第32艘开始改装为可垂直发射"战斧"导弹的发射筒（12具），从第40艘开始，在外壳加装消声瓦，同时将围壳舵改为艏水平舵
12　第六代	"海狼"	3	3	8 060	9 142	107.6×12.9		39	594	1座S₆W型压水堆，2台蒸汽轮机，45 000马力，单轴，泵喷射推进	鱼雷发射管8具，"战斧"型对陆、对舰两用和巡航导弹，"MK48"鱼雷等50件武器	134	1997～2005	是美历史上航速最高、下潜最深，载武器最多的潜艇，决定只制造3艘

附表二（续）

发展代数	数	级别（型号）名	总数（艘）	在役（艘）	正常排水量（吨）		艇长×型宽（米）	航速（节）		潜深（米）	主动力	主要武器	人员编制（名）	服役时间（年）	备注
					水上	水下		水上	水下						
第七代	13	"弗吉尼亚"	10	10		7 800	114.9×10.4		34	250	1座S9G型自然循环压水堆，2台蒸汽轮机，40 000马力，单轴，泵喷射推进。服役期内无需换料	12具"战斧"型对陆巡航导弹垂直发射管，4具鱼雷发射管，共携带"战斧"导弹、"鱼叉"反舰导弹和反潜导弹38枚，"MK48"鱼雷	134	2004	使命是浅海活动，因此下潜深度和航速降低，噪声更小；配可回收的特种人员运载器和从鱼雷管发射无人飞行器及人空中潜水器

美国巡航导弹核潜艇性能简表

	级别(型号)名	总数(艘)	在役(艘)	正常排水量(吨)		艇长×型宽(米)	航速(节)		潜深(米)	主动力	主要武器	人员编制(名)	服役时间(年)	备注
				水上	水下		水上	水下						
1	"大比目鱼"	1	0	3 850	5 000	106.6×9.0	>15	>20		1座S_3W型压水堆，2台齿轮蒸汽机，双轴，7 000马力	2座"天狮星-2"型巡航导弹（水面发射）；鱼雷发射管6具（艏4艉2），"MK14/16"型反舰鱼雷，"MK37"型反潜鱼雷	98	1960	第一次在核潜艇上装备巡航导弹，后改为攻击型核潜艇
2	"俄亥俄"	4	4	16 600	18 750	170.7×12.8		24	244	1座S_8G型自然循环压水反应堆，2台蒸汽轮机，单轴，60 000马力	可发射154枚"Block-4"型对陆"战斧"导弹；兼作特种部队运输艇；鱼雷发射管4具，"MK48"、"MK68"鱼雷	155	1981～1984	2007年底由前4艘"俄亥俄"级弹道导弹核潜艇改装而来

附表四

苏联／俄罗斯弹道导弹核潜艇性能简表

发展代数	级别名	序号	型号名	总数（艘）	在役（艘）	正常排水量（吨） 水上	水下	艇长×型宽（米）	航速（节） 水上	水下	潜深（米）	主动力	主要武器	人员编制（名）	服役时间（年）	备注
第一代	"H" "旅馆"	1	"H-1"	1	0	3 500	4 000	105×10	20	25	240	2座VM-A型压水堆，2台蒸汽轮机，双轴，30 000马力	"SS-N-4"型战略导弹3枚（水面发射）；533毫米雷发射管6具，406毫米鱼雷发射管4具	90	1960	是核潜艇级与常规潜艇"N"级潜艇"G"级结合的产物
		2	"H-2"	6	0	3 700	4 100	105×10	20	25	240	同"H-1"型	"SS-N-5"型战略导弹3枚（水下发射）；533毫米雷发射管6具，406毫米鱼雷发射管4具	90	20世纪60年代中期	由"H-1"型改进，导弹更加先进，且可水下发射
		3	"H-3"	1	1	6 350		130×9.2		25		2座VM-A型压水堆，2台蒸汽汽轮机，双轴，30 000马力	"SS-N-8"型战略导弹6枚（水下发射）；533毫米雷发射管6具，406毫米鱼雷发射管4具	90	1970	水下发射装置增加到6座，导弹射程增大，由一艘"H-2"型改装

附表四（续）

发展代数	序号	级别名	型号名	总数（艘）	在役（艘）	正常排水量（吨）		艇长×型宽（米）	航速（节）		潜深（米）	主动力	主要武器	人员编制（名）	服役时间（年）	备注
						水上	水下		水上	水下						
2 第二代	4	"Y" "扬基"	"Y"	34	0	8 500	10 300	141×11.6	16	26	320	2 座 VM-4/2 型压水堆，2 台蒸汽轮机，双轴，30 000 马力	"SS-N-6" 型战略导弹 16 枚；鱼雷发射管 6 具	109	1967～1978	导弹发射装置增至 16 座，导弹性能提高；为水滴型改形，有一艘改为 "SS-N-12 管" 新型导弹（又称巡航导弹潜艇 "Y-2" 型）；另有约 10 艘被改为攻击型核潜艇或其他特殊用途艇
3 第三代	5	"D"	"D-1"	18	0	8 700	10 200	140×12	19	25	300	2 座 VM-4B 型压水堆（155MW），2 台蒸汽轮机，双轴，37 400 马力	"SS-N-8" 型战略导弹 12 枚；533 毫米鱼雷发射管 4 具，400 毫米鱼雷发射管 2 具，18 枚鱼雷	120	1972～1978	12 座导弹发射装置。该级采用惯性星光一次导弹系统，首次制导导弹命中率大大提高

附表四（续）

发展代数	级别名	序号	型号名	总数（艘）	在役（艘）	正常排水量（吨）		艇长×型宽（米）	航速（节）		潜深（米）	主动力	主要武器	人员编制（名）	服役时间（年）	备注
						水上	水下		水上	水下						
第三代	"德尔塔"	6	"D–2"	4	0	9 700	11 750	155×12	19	24		2座VM–4S型压水堆（155MW），2台蒸汽轮机，37 400马力	"SS–N–8"型战略导弹16枚，可带3个集束式分弹头；533毫米鱼雷发射管4具，400毫米鱼雷发射管2具，18枚鱼雷	130	1973～1975	增至16座导弹发射装置，艇加长15米
		7	"D–3"	14	6	10 550	13 250	160×12	14	24	300	2座VM–4S型压水堆（180MW），2台蒸汽轮机，37 400马力	"SS–N–18"型战略导弹16枚，每枚导弹带7个分弹头；533毫米鱼雷发射管4具，400毫米鱼雷发射管2具，16枚鱼雷	130	1976～1982	因导弹尺寸加长，使导弹舱非耐压壳加高2.5米。使用5叶螺旋桨
		8	"D–4"	7	7	10 800	13 500	166×12	14	24	300	2座VM–4SG型压水堆（180MW），2台蒸汽轮机，37 400马力	"SS–N–23"型战略导弹16枚，每枚带4～10个分弹头；"SS–N–15"型反潜导弹，533毫米鱼雷发射管4具，650毫米鱼雷发射管2具，18枚鱼雷	135	1985～1992	导弹性能提高；设声呐拖曳装置；甲板斜坡段加装丁声呐导流罩。鱼雷发射管移至艇舯部

附表四（续）

发展代数	级别名	型号名	总数（艘）	在役（艘）	正常排水量（吨）水上	水下	艇长×型宽（米）	航速（节）水上	水下	潜深（米）	主动力	主要武器	人员编制（名）	服役时间（年）	备注
4 第四代	"台风"	9 "T"	6	2	18 500	26 500	171.5×24.6	12	25	300	2座VM-5型压水堆，2台蒸汽轮机，双轴，81 600马力	"SS-N-20"型战略导弹20枚（每枚10个分弹头）；"SA-N-8"型对空导弹；鱼雷发射管6具，鱼雷和"SS-N-15"型反潜导弹22枚	175	1981~1989	只造6艘。配有20座导弹发射装置，且全部移至艇前半部。是世界上最大的核潜艇
5 第五代	"北风"	10 "台风"	3	3	14 720	17 000	170×13	15	26	450	2座KTP-6型压水堆，2台蒸汽轮机，单轴，泵喷射式推进装置	"SS-N-30"型战略导弹，每枚10个分弹头；"SS-N-15"型反潜鱼雷，533毫米鱼雷发射管2具，650毫米鱼雷发射管4具	107	2013	1996年开工。导弹更先进，后续艇的艇身增长，导弹数量增至16枚。自持力100天

苏联／俄罗斯攻击型核潜艇性能简表

发展代数	级别名		型号名	总数（艘）	在役（艘）	正常排水量（吨）		艇长×型宽（米）	航速（节）		潜深（米）	主动力	主要武器	人员编制（名）	服役时间（年）	备注
						水上	水下		水上	水下						
第一代	"N"、"十一月"	1	"N"	13	0	4 200	5 000	109.7×9.77		30	350	2座 VM-A 型压水堆，2台蒸汽轮机，双轴，30 000马力	鱼雷发射管8具	86	1958～1963	
	"645"	2	"645"	1	0							一座 BT-1 型液态金属冷却堆，双轴	同"N"级		1963	苏联第一艘液态金属冷却的试验性核潜艇，1968年因核事故退役
第二代	"V"、"维克托"	3	"V-1"	16	0	4 300	5 300	94×10.5	26	32	400	2座 VM-4P型压水堆（155MW），1台蒸汽轮机，单轴，30 000马力	鱼雷发射管6具，"53-65K"、"СЭТ-65"型鱼雷；后几艘艇上装备"SS-N-15"型反潜导弹	90	1967～1974	首次使用单推进轴；共有7个舱室，2台辅推装置
	"V-2"	4	"V-2"	7	0	4 700	5 800	103×10.6	30		400	2座 VM-4P型压水堆（155MW），1台蒸汽轮机，单轴，30 000马力	鱼雷发射管6具，"53-65K"、"СЭТ-65"型鱼雷，"SS-N-15"型反潜导弹。共携18枚各种导弹和鱼雷	100	1972～1978	外壳贴消音橡胶板；增加了一个舱室（共8个）；2台辅推装置

附表五（续）

发展代数	级别名	型号名	序号	总数（艘）	在役（艘）	正常排水量（吨）水上	正常排水量（吨）水下	艇长×型宽（米）	航速（节）水上	航速（节）水下	潜深（米）	主动力	主要武器	人员编制（名）	服役时间（年）	备注
第二代		"V-3"	5	26	6	4 850	6 300	107×10.6	10	30	400	2座VM-4P型压水堆（155MW），2台蒸汽轮机，31 000马力，单轴。同轴双反转4叶桨	"SS-N-21"型对陆巡航导弹；"SS-N-15/16"型反潜导弹，533毫米鱼雷发射管4具，650毫米鱼雷发射管2具，共携24枚各种导弹和鱼雷	98	1978～1992	可发射远程对地巡航导弹；外形较为光滑、低矮；外壳、艉部贴有敷设阻流面；拖曳声响收放装置2台辅推装置
	"A" "阿尔法"（4）	"A"	6	7	0	2 700	3 600	81.5×9.5	20	42	900	1座BM40/OK-550型液态金属反应堆，2台蒸汽轮机，68 000马力，单轴；辅推装置2台	533毫米鱼雷发射管6具，携18枚"SS-N-15"型反潜导弹；另装载"53-65K"型反潜鱼雷	40	1971～1983	主要用于反潜，首次采用钛材耐压壳；首次设置漂浮救生舱；是迄今世界上航速最高的潜艇之一。后几艘改为压水堆、钢壳
第三代	"S" "塞拉"（5）	"S-1"	7	2	0	7 200	8 100	107.0×12.5	10	34	750	1座VM-5型压水堆（190MW），1台蒸汽轮机，47 500马力，单轴	"SS-N-21"型对陆巡航导弹；"SS-N-15/16"型反潜导弹，533毫米鱼雷发射管4具，共40件武器	61	1986～1987	大量采用降噪措施，是隐蔽性极好的核潜艇
		"S-2"	8	2	1	7 600	9 100	111.0×14.2	10	32	750	1座VM-5型压水堆（190MW），1台蒸汽轮机，47 500马力	"SA-N-58"型空空导弹；650毫米鱼雷发射管4具，533毫米鱼雷发射管4具，共40件武器	61	1990～1993	比"S-1"增加1个生活舱，降噪、抗损性能有所提高

附表五（续）

发展代数	级别名	型号名	总数（艘）	在役（艘）	正常排水量（吨）水上	正常排水量（吨）水下	艇长×型宽（米）	航速（节）水上	航速（节）水下	潜深（米）	主动力	主要武器	人员编制（名）	服役时间（年）	备注
6	"M""麦克"	9 "M"	1	0		9 700	110×12		38	1 000	1座液态金属反应堆，60 000马力，单轴	"SS-NX-21"对陆巡航导弹；"SS-N-15/16"反潜导弹；533毫米鱼雷和650毫米鱼雷发射管共6具	95	1984	是现今世界上已服役核潜艇中潜得最深的艇。在指挥台围壳中设置有漂浮救生艇
第四代	"AK""鲨鱼"	10 "AK-1"	13	6		9 100	103×14	10	28	450	1座VM-5型压水堆(190MW)，2台蒸汽轮机，47 600马力，单轴	"SS-N-27"反舰导弹；"SS-N-21"型对陆巡航导弹；"SS-N-15/16"型反潜导弹；"SA-N-5/8"型对空导弹；"AK-2"型	62	1985~1995	该级艇是"V-3"型的改进型
		11 "AK-2"	3	3	7 500	9 500	110×14	10	28	450	1座VM-5型压水堆(190MW)，2台蒸汽轮机，47 600马力，单轴	650毫米鱼雷发射管4具，533毫米鱼雷发射管4具（"AK-2"型为8具533毫米鱼雷发射管），共40件武器		1996~2012	前两艘艇延长3.7米，以改善噪声测量空间。在耐压壳体与非耐压壳体间布置有鱼雷发射管

附表五（续）

发展代数	级别名	型号名	总数（艘）	在役（艘）	正常排水量（吨） 水上	水下	艇长×型宽（米）	航速（节） 水上	水下	潜深（米）	主动力	主要武器	人员编制（名）	服役时间（年）	备注
8 第五代	"亚森""白蜻树"	12 "亚森"	1	1	5 900	8 600	111×12	17	31	600	1座KTP-6型一体化压水堆（195MW），2台蒸汽轮机，43 000马力，单轴。堆芯寿命25~30年。泵喷推进	"SS-N-27"型巡航导弹垂直发射管8座，8具鱼雷发射管，导弹24枚，可携带鱼雷30件，"SS-N-15"型反潜导弹等武器；指挥台围壳内布置的垂直发射的"针"式防空导弹	80	2012	世界上最先进的多用途攻击型核潜艇之一。计划建7艘。从第2艘"喀山"号开始，艇长119米，排水量13 800吨，装配新型航迹跟踪系统和航迹探测装置（可探测3天内的航迹）
9 第六代	"马驹"	13 "旋转木马"	0	0	7 500	10 700	122×14	18	50	3 000		"SS-N-24"型远程巡航导弹垂直发射管24具；4具鱼雷发射管，可发射"SS-N-15/16"型反潜鱼雷导弹，超高速鱼雷等。指挥台围壳内装8枚"针"式潜对空导弹	56		磁流体推进，没有水平舵，只有稳定翼，噪声80分贝，将是潜得最深、最安静的潜艇。1988年开工，2003年8月8日下水，但至今未服役

苏联／俄罗斯巡航导弹核潜艇性能简表

发展代数	级别名		型号名	总数(艘)	在役(艘)	正常排水量(吨)		艇长×型宽(米)	航速(节)		潜深(米)	主动力	主要武器	人员编制(名)	服役时间(年)	备注
						水上	水下		水上	水下						
第一代	"E" "回声"	1	"E-1"	5	0	4 600	5 200	115×9.2	20	28	300	2座VM-A型压水堆,2台蒸汽轮机,双轴,30 000马力	6具"SS-N-3"型反舰巡航导弹(水面发射);鱼雷发射管艏533毫米6具,艉400毫米4具	92	1960 ～ 1962	该型艇20世纪70年代中期曾改装为鱼雷攻击艇
		2	"E-2"	29	0	4 800	5 800	119×9.2	20	24	300	同"E-1"型	8具"SS-N-12"型或"SS-N-3A"型反舰巡航导弹(水面发射);鱼雷发射管6具	90	1963 ～ 1967	比"E-1"型增加2具水面发射导弹筒(共8具)。有3艘曾携带"箭-3m"型对空导弹18枚
第二代	"C" "查理"	3	"C-1"	12	0	4 000	5 000	94×9.9	17	24	300	1座VM-4型压水堆,1台蒸汽轮机,单轴,15 000马力	8具"SS-N-7"型反舰巡航导弹(水下发射);鱼雷发射管6具,"SS-N-15"型反潜导弹	100	1968 ～ 1972	可水下发射导弹;1988～1991年曾租给印度1艘
		4	"C-2"	6	0	4 400	5 500	102×9.9	17	24	400	同"C-1"型	8具"SS-N-9"型反舰巡航导弹(水下发射);鱼雷发射管6具,"SS-N-15"型反潜导弹	90	1974 ～ 1980	导弹比"C-1"型更先进,艇增长8米

附表六（续）

发展代数	级别名	型号名	总数（艘）	在役（艘）	正常排水量（吨）水上	水下	艇长×型宽（米）	航速（节）水上	水下	潜深（米）	主动力	主要武器	人员编制（名）	服役时间（年）	备注
3 第二代	"P" "神父"	5	1	0	5 500	7 000	109×11.6		44	800	2座V-5压水堆，2台蒸汽轮机，60 000马力双轴	10枚"SS-N-9"型反舰巡航导弹；鱼雷发射管4具，"SS-N-15"型反潜导弹	85	1969	试验艇，导弹发射筒比"C"级多2具（共拢10具）。是迄今世界上航速最高的潜艇
4	"O" "奥斯卡"	6	2	0		12 500	143×18.3	19	24	300	2座VM-5型压水堆（380MW），2台蒸汽轮机，90 000马力双轴	24枚"SS-N-19"型垂直发射反舰巡航导弹；"SS-N-15/16"型潜导弹，533毫米鱼雷发射管各4具，反潜导弹、鱼雷28枚	130	1981~1982	对舰巡航导弹发射筒增加到24座，导弹性能提高
第三代	"O-2"	7	11	7	13 900	18 300	154×18.2	15	28	300	2座VM-5型压水堆（380MW），2台蒸汽轮机，98 000马力双轴	"SS-N-19"型垂直发射反舰导弹24枚；"SS-N-15/16"型反潜导弹，"SA-N-8"型对空导弹发射架1座，533毫米鱼雷和650毫米鱼雷发射管各4具，可携带反潜导弹、鱼雷28枚	107	1985~1997	艇长增加11米。拟换装"SS-N-27"型远程巡航导弹。是世界上最大、威力最强的巡航导弹核潜艇。拟建12艘

附表七

英国弹道导弹核潜艇性能简表

发展代数	级别（型号）名	总数（艘）	在役（艘）	正常排水量（吨）		艇长×型宽（米）	航速（节）		潜深（米）	主动力	主要武器	人员编制（名）	服役时间（年）	备注
				水上	水下		水上	水下						
第一代	"决心"	4	0	7 500	8 400	129.5×10.1	20	25		1座PWR-2型压水堆，1台蒸汽轮机，15 000马力，单轴	美国"北极星"或"三叉戟-1"型导弹16枚；鱼雷发射管6具	143	1967~1969	
第二代	"前卫"	4	4		15 900	149.9×12.8	20	25	350	1座PWR-2型压水堆，2台蒸汽轮机，27 500马力，单轴，泵喷射式推进装置	美国"三叉戟-2"型战略导弹16枚，每枚8~12个分弹头，鱼雷发射管4具，可发射"虎鱼MK24-2"反潜/反舰鱼雷和"鱼叉"反舰导弹	153	1993~1999	反应堆与艇同寿命，服役期不用换料。自持力70昼夜

英国攻击型核潜艇性能简表

发展代数	级别（型号）名	总数（艘）	在役数（艘）	正常排水量（吨）		艇长×型宽（米）	航速（节）		潜深（米）	主动力	主要武器	人员编制（名）	服役时间（年）	备注
				水上	水下		水上	水下					
第一代 1	"无畏"	1	0	3 500	4 000	81×9.8		30		1座 S₅W 型压水堆，1台蒸汽轮机，单轴，15 000马力	鱼雷发射管6具	88	1963	试验艇
第一代 2	"勇士"	5	0	4 300（标准）	4 900	86.9×10.1		28		1座 PWR-1 型压水堆，1台蒸汽轮机，单轴，15 000马力	鱼雷发射管6具；MK8和"MK24"型鱼雷，共携带26枚	116	1966～1971	仿造 S₅W 型堆，并进行了改进。据悉从第3艘"丘吉尔"号开始改装为喷泵射式推进
第二代 3	"快速"	6	1	4 400（标准）	4 900	82.9×9.8		30	300	1座 PWR-1Z型压水堆（寿期12年），2台蒸汽轮机，单轴，泵喷射式推进装置	"鱼叉"对舰巡航导弹；鱼雷发射管5具；最后服役的2艘可发射"战斧"型巡航导弹	116	1973～1981	自行设计新堆型，推进器有几艘的加消声瓦；由喷旋桨改为泵喷射式推进，艇水平舵位置下移。1987～1998年进行过改装。
第三代 4	"特拉法尔加"	7	7	4 740	5 208	85.4×9.8		32	300	1座压水堆，2台蒸汽轮机，15 000马力，单轴，泵喷射式推进装置	"战斧"型巡航导弹；"鱼叉"对舰巡航导弹；鱼雷发射管5具；"虎鱼"型、"旗鱼"型鱼雷	130	1983～1991	改进反应堆性能（如延长寿期）；全部加消声瓦；首艇仍采用7叶螺旋桨推进（从第3艘开始首次使用泵喷射推进），首次使用浮筏减振和新型减速齿轮
第四代 5	"机敏"	2	2	6 500	7 800	97×11.27		29	300	1座 PWR-2型压水堆，2台蒸汽轮机，单轴，泵喷射式推进装置，一台辅助推进装置	"战斧 Block-3"型巡航导弹；"鱼叉"型对舰巡航导弹；"旗鱼"型反潜/反舰线导鱼雷，鱼雷发射管6具，共载38枚雷弹	98	2010	耐压船体采用流行的垂直建造方式；新型堆芯与艇同寿命；采用光电桅杆；噪声更小；计划建6艘

法国弹道导弹核潜艇性能简表

发展代数	级别名（型号）	总数（艘）	在役（艘）	正常排水量（吨）		艇长×型宽（米）	航速（节）		潜深（米）	主动力	主要武器	人员编制（名）	服役时间（年）	备注
				水上	水下		水上	水下						
第一代	"勇士"	5	0	8 045	8 940	128.7×10.6	20	25	250	1座PAT型半一体化压水堆，2台汽轮交流发电机，1台发动机，16 000马力，单轴	"M20"型战略导弹16枚，后改为"M4"导弹，每枚6个分弹头；533毫米鱼雷发射管4具，"SM39"、"L5"、"F17"型反舰导弹、鱼雷共18枚	135	1971~1980	导弹换装后统称"不屈"级
第二代	"不屈"	1	1	8 080	8 920	128.7×10.6	20	25	250	1座半一体化压水堆，2台汽轮发电机，1台发动机，16000马力，单轴	"M4"型战略导弹16枚，2001年换装"M45"型导弹（6个分弹头）；鱼雷发射管4具，"SM-39"、"L5"、"F17"型反舰导弹、鱼雷共18枚	130	1985	提高了围壳舵的高度；导弹性能提高
第三代	"凯旋"	3	3	12 640	14 120	138×12.5	20	25	500	1座K15型一体化压水堆，自然循环能力达49%；2台汽轮交流发电机，1台发动机，41 500马力；泵喷射式推进	"M45"型战略导弹16枚，拟换装"M51"型导弹（6个分弹头）；鱼雷发射管4具，"SM39"型反舰导弹、"L5Mod3"型鱼雷共18枚	130	1997~1999	第4艘"可畏"号，装"M51"导弹，其他三艘计划在2018年之前改装完毕

附表十

法国攻击型核潜艇性能简表

发展代数	级别(型号)名	总数(艘)	在役(艘)	正常排水量(吨) 水上	水下	艇长×型宽(米)	航速(节) 水上	水下	潜深(米)	主动力	主要武器	人员编制(名)	服役时间(年)	备注
第一代	"红宝石"	6	6	2 410	2 670	73.6×7.6		25	300	1座CAP型一体化自然循环压水堆(48MW),2台汽轮交流发电机,1台发动机,9 500马力,单轴	鱼雷发射管4具,"SM39"型反舰导弹,"L5"型和"F17"型鱼雷共14枚;或可装32枚FG29型水雷	66	1983~1993	世界上最小的攻击型核潜艇,并首先采用一体化反应堆
第二代	"梭鱼"	0	0	4 650	5 100	99×8.8		25	350	1座K15改进型一体化压水堆(150MW),高速时使用泵喷射式推进,巡航时使用电力推进	鱼雷发射管4具,"SM39"改进型反舰导弹,"F17"型中型鱼雷,对陆攻击巡航导弹,共20件武器	60		拟建6艘,首艇于2007年开工,耗资6亿欧元;采用X型艉舵,可携带一艘小型潜艇运送10名特种部队士兵

附表十一

印度核潜艇性能简表

发展代数	级别（型号）名号	总数（艘）	在役（艘）	正常排水量（吨）		艇长 × 型宽（米）	航速（节）		潜深（米）	主动力	主要武器	人员编制（名）	服役时间（年）	备注
				水上	水下		水上	水下						
第一代	"歼敌者"号	1	0		6 000	艇长 104		24			"K-15" 弹道导弹 12 枚，射程 700 千米	100		1998 年开工，2009 年 7 月 26 日下水，尚未服役

注：印度于 2012 年 4 月租用了一艘俄罗斯 "AK-2" 型 "猎豹" 号攻击型核潜艇，租期 10 年。

附表十二

各国核潜艇弹道导弹性能简表

国别	型号	全长（米）	直径（米）	当量（分弹头×万吨）	射程（千米）	圆概率误差（米）	制导方式	火箭（级）	推进剂	重量（吨）	装备时间（年）	装备艇
美国	"北极星" "A-1"	8.69	1.37	1×50～60	2 200	3 000	惯性	2	固体	12.7	1960	"华盛顿"
	"北极星" "A-2"	9.40	1.37	1×80～100	2 800	2 000	惯性	2	固体	13.5	1962	"华盛顿" "艾伦"
	"北极星" "A-3"	9.85	1.37	3×20	4 600	1 500	惯性（集束）	2	固体	15.8	1964	"华盛顿" "艾伦" "拉菲特" "决心"（英）
	"海神" "C-3"	10.36	1.88	10×5	4 630	1 100	惯性分导	2	固体	27	1971	"拉菲特"
	"三叉戟-1"（"C-4"）	10.4	1.88	8×10	7 400	450	星光-惯性（分导）	3	固体	31.5	1979	"拉菲特" "俄亥俄"
	"三叉戟-2"（"D-5"）	13.42	2.108	8×15	12 000	90	星光-惯性（机动）	3	固体	58.9	1989	"俄亥俄" "前卫"（英）
苏联/俄罗斯	"SS-N-4"（水面发射）（萨克）	11.8	1.3	1×100	560	3 700	惯性	1	液体	13.6	1961	"旅馆-1"
	"SS-N-5"（塞尔布）	12.9	1.4	1×80	1 420（改进后为1 600）	2 700	惯性	1	液体	19.7	1963	"旅馆-2"
	"SS-N-6"（1）（索弗莱）	9.65	1.65	1×100	2 400	2 700	惯性	1	液体	14.2	1968	"扬基-1"
	"SS-N-6"（2）	9.65	1.65	1×100	3 000	1 852	惯性	1	液体	14.2	1974	"扬基-1"
	"SS-N-6"（3）	9.65	1.65	13×20	3 000	1 300	惯性（集束）	1	液体	14.2	1974	"扬基-1"

附表十二（续）

国别	型号	全长（米）	直径（米）	当量（分弹头×万吨）	射程（千米）	圆概率误差（米）	制导方式	火箭（级）	推进剂	重量（吨）	装备时间（年）	装备艇
苏联／俄罗斯	"SS-N-8"（1）	13	1.8	1×80	7 800	400	星光—惯性	2	液体	33.3	1972	"旅馆-3""德尔塔-1"
	"SS-N-8"（2）	13	1.8	2×50	9 100	400	星光—惯性（集束）	2	液体	33.3	1974	"德尔塔-1""德尔塔-2"
	"SS-N-8"（3）	13	1.8	3×20	9 100	440	星光—惯性（分导）	2	液体	33.3	1977	"德尔塔-2"
	"SS-NX-17"（"鹬"）	10.6	1.54	1×100	3 900	460	惯性（计算机辅助）	2	固体	26.8	1977	"扬基-2"（仅供试验用）
	"SS-N-18-1"（"波浪"）	14.1	1.83	3×20	6 500	900	星光—惯性（分导）	2	液体	35.3	1977	"德尔塔-3"
	"SS-N-18-2"	14.1	1.83	1×45	8 000	900	星光—惯性	2	液体	35.3	1978	"德尔塔-3"
	"SS-N-18-3"	14.1	1.83	7×10	6 500	900	星光—惯性（分导）	2	液体	35.3	1980	"德尔塔-3"
	"SS-N-20"（"鲟鱼"）	16	2.4	10×20	8 300	500	星光—惯性（分导）	3	固体	90	1983	"台风"（间隔15秒）
	"SS-N-23"（"轻舟"）	14.8	1.9	4×25	8 300	500	星光—惯性（分导）	3	液体	30	1986	"德尔塔-4"

附表十二（续）

国别	型号	全长（米）	直径（米）	当量（分弹头×万吨）	射程（千米）	圆概率误差（米）	制导方式	火箭（级）	推进剂	重量（吨）	装备时间（年）	装备艇
苏联／俄罗斯	"蓝天"（"轻舟"的改进型）	14.8	1.9	10×25	8 300	250	星光—惯性（分导）	3	液体	30	2007	"德尔塔-4"
	"SS-N-28"（"巴尔克"）	15.6	2.1	12×20	10 000	100	星光—惯性（分导）	3	固体	55.4	2003	拟装"北风"级，后因试验失败而放弃
俄罗斯	"SS-N-30"（"布拉瓦"）	12.1	2.1	10×55	8 000	80	星光—惯性（分导）	3	固体	36.8	2013	装在"北风"级、但在"台风"级试验
法国	"M-1"（原子弹）			1×50	2 500			2			1971	"可畏"
	"M-2"（原子弹）			1×50	3 000			2			1974	"可畏"
	"M-20"	10.8	1.5	1×100	3 000		惯性	2			1977	"可畏"
	"M-4"	11.05	1.93	6×15	A型 4 000 B型 5 000	<1 000	惯性（分导）	3	固体	35	1985	"可畏""不屈"
	"M-45"	11.05	1.93	6×15	6 000		惯性（分导）	3	固体		1997	"不屈""凯旋"
	"M-51"	12	2.3	6×15	8 000~10 000	300	卫星／惯性（分导）	3	固体	56	2010	"凯旋"

注：未注明"原子弹"的均为氢弹。

附表十三

各国核潜艇巡航导弹、反潜导弹性能简表

国别	型号	类型	射程(千米)	飞行高度(米)	精度(米)	威力(千克炸药)	制导方式	速度(马赫)	质量(千克)	长度(米)	直径(米)	翼展(米)	动力装置	装备时间(年)	备注
美	"鱼叉 UGM-84A"	战术对舰	120	15~61		227	巡航段惯导，末段主动雷达	0.75	683.3	4.64	0.343	0.91	固体火箭助推器、涡轮喷气发动机	1981	大多数核潜艇鱼雷发射管发射
	"战斧 BGM-109A"	战略对陆	2 500	7.62~152.4	30或80	20万吨"W80"核弹头	惯导，地形匹配	0.72	1 443	6.24	0.527	2.65	固体火箭助推、涡扇发动机	1984	用鱼雷管或垂直筒发射
	"战斧 BGM-109B"	战术反舰	450	15~60		454(半穿甲型)	巡航段惯导，末端主动雷达	0.72	1 443	6.24	0.527	2.65	固体火箭助推器、涡轮喷气发动机	1983	可海陆空发射
国	"战斧 BGM-109C"	战术对陆	900	海7~15 地15~60 山区150	<10	454(高能战斗部)	惯导，地形匹配，景象匹配	0.72	1 452	6.1	0.527	2.65	固体火箭助推、涡扇发动机	1985	可海陆空发射
英国	"战斧 Block-3"	战术对陆	1 600	15~150	3~6		惯导，地形匹配，景象匹配，卫导	0.72					固体火箭助推器	1995	可海陆空发射，配装了延时引信
美国	"战斧 Block-4E"	战术对陆	1 600	3 000										2010	用于"特拉法尔加"和"俄亥俄"
	"沙布洛克"反潜导弹	战术反潜	40~56.5			40(载荷为"MK44/MK46"鱼雷)	出水前及空中飞行时惯性，入水后主被动声呐	空中超音	1 814	6.4	0.33	0.533(火箭发动机)	空中飞行第一段为固体火箭发动机；第二段为惯性滑翔	1965	只装美国各型潜艇

附表十三（续）

国别	型号	类型	射程（千米）	飞行高度（米）	精度（米）	威力（千克炸药）	制导方式	速度（马赫）	质量（千克）	长度（米）	直径（米）	翼展（米）	动力装置	装备时间（年）	备注
苏联	"SS-N-3A"（"沙道克"）	战术反舰	450	4 000		1 000（或35万吨核装药）	中段无线电、自动驾驶仪；末段主动雷达	1.3	5 300	10.3	0.975	3.7	固体发动机、涡喷发动机	1962	装"J"、"G"级常规潜艇和"E-1"级，水面发射
	"SS-N-7"（"紫晶石"）	战术反舰	65	60		500（或20万吨核装药）	惯导、末段主动雷达或红外	0.95	2 900	6.7	0.76	4.5	固体火箭发动机、固体火箭助推器	1968	装"C-1"级，水下40米热发射
	"SS-N-9"（"海妖"）	战术反舰	110	20~130		500（或35万吨核装药）	自动驾驶仪、中继修正、末段主动雷达	0.9	3 300	8.8	0.76	2.5	固体发动机、固体火箭助推器	1973	装"P"级和"C"级，热发射
	"SS-N-12"（"玄武岩"）	战术反舰	550	10 000		1 000（或35万吨核装药）	惯导、指令修正、主动雷达	2.5	4 800	11.7	0.88	2.6	涡轮喷气发动机、火箭助推器	1973	装"C-2"级，热发射
俄罗斯	"SS-N-15"（"海星"）、"SS-N-16"（"壮马"）反潜导弹	战术反潜	45			"15"型带"16"型核弹头、型携带鱼雷	惯性控制系统		2 200	8.0	0.533			1974	从"V"级开始装各级核潜艇。"SS-N-15"也被称为"暴风雪-53"
	"SS-N-19"（"花岗岩"）	战术反舰	550	20 000		750（或35万吨核装药）	惯导、指令修正、主动雷达	2.5	3 730	10	0.85	2.6	涡喷发动机、火箭助推器	1980	装"奥斯卡"级。首次垂直发射，冷发射
	"SS-N-21"（"石榴石"）	战略对陆	3 000	200	150	20万吨核装药	惯性、地形匹配、景象匹配	0.7					涡喷发动机、火箭助推器	1981	现代改击型核潜艇

附表十三（续）

国别	型号	类型	射程（千米）	飞行高度（米）	精度（米）	威力（千克炸药）	制导方式	速度（马赫）	质量（千克）	长度（米）	直径（米）	翼展（米）	动力装置	装备时间（年）	备注
苏联／俄罗斯	"SS-N-24"														装"Y"一艘
	"SS-N-27"（"宝石"）	战术反舰	＞3 000		4～8			2.5							装"奥卡-2"、"亚森"、"AK"等
	"SA-N-8"（"箭头"）	战术对空	4.5		1			1.4	16	1.42	0.072		固体火箭发动机	1981	装"台风"、"奥斯卡"、"AK"等
	"针"式	战术对空	5 000							1.673	0.072				装"亚森"
法国	"SM-39"（"飞鱼"）	战术反舰	50	15		165	巡航段惯性，末段主动雷达	0.93	652	4.9	0.35	0.98	固体火箭发动机	1985	装备艇

注：马赫＝导弹移动速度／声速，声速＝340米／秒（空气温度15℃时）。

附表十四

各国核潜艇主要鱼雷性能简表

国别	型号	装备时间(年)	长度(米)	直径(米)	总重(千克)	装药量(千克)	航速(节)	航程(千米)	潜深(米)	发射方式	引信	制导方式	制导作用距离(米)	动力	备注
美国	"NT-37-2C"	1975	6.09	0.533 4	约700	150	42	18.5	370	潜舰—潜舰		线导加主被动声自导	2 000	活塞发动机	第三代线导鱼雷，来自"MK-37-1"线导鱼雷
	"MK-48-0"		5.8	0.533 4	1 600	120	50	46	600	潜舰—潜舰	近炸与触发组合	线导加主被动声自导	在750米深度不小于3 600米	活塞发动机	第四代线导鱼雷；泵式推进器；从3型开始装新型电子系统，具有发射后不管的工况
	"MK-48-1"	1971	6.2			267	50	46	600						
	"MK-48-2"	1977				267	50	46	914						
	"MK-48-3"	1982	5.8			120	55	38	914						
	"MK-48-5"		5.85			350	65	50	1 000						
俄罗斯	"САЭТ-60"	1960	7.87	0.533 4	1 905	300	35 / 42	15 / 13		潜—潜舰	触发与非触发	音响自导		电动机、海水电池	此前还有"САЭТ-50"单平面鱼雷和"АЭТ-53"热动力鱼雷
	"САЭТ-80"	1980	7.9	0.533 4	2 000	200	45	20	>400	潜—潜面		线导加双平面主被动声自导		电力推进	能在全部作战应用深度保持航行特性；装有尾流制导
斯	"53-65K"	1965	7.95	0.533 4	2 100	300	45	19	4～14	潜—潜舰	触发与非触发	尾流自导		燃气轮机，对转桨；燃料为煤油、氧和水

附表十四（续）

国别	型号	装备时间（年）	长度（米）	直径（米）	总重（千克）	装药量（千克）	航速（节）	航程（千米）	潜深（米）	发射方式	引信	制导方式	制导作用距离（米）	动力	备注
俄罗斯	"71"	1971	7.9	0.533 4	1 750	>200	40 35	15 25	400	潜—潜舰		线导加双平面主被动声自导		电力推进	线长 20 千米
	"65-76"	1976	11	0.65	4 500	450~500 或核装药	30 50	100 50	400	潜—潜舰	触发与非触发	尾流自导、声自导		燃气轮机，泵喷射推进器，过氧化氢和煤油混合剂	
英国	"Mk-24"（"虎鱼"）	1974	6.464	0.533 4	1 550	340	25 24	12.8 35	600	潜—潜舰	触发与非触发	线导加主被动声自导		电动机、银锌电池	改进的型号增加了反舰能力和航自发射
	"旗鱼"	1994	7.0	0.533 4	1 850	300	65 20	22 65	900	潜—潜舰	触发与非触发	线导加主被动声自导		汽轮机	装备各艇。是目前航速最快的鱼雷
	"L-5"	1976	4.4	0.533 4	935	150	35	9.5	500	潜舰—潜舰	触发与非触发	主被动声自导	1000	电动机	装备各艇
法国	"F-17P"	1980	5.62	0.533 4	1 320	250	35	18	500	潜舰—潜舰		线导加主被动声自导	~2000	高速电动机、银锌电池	装备各艇
	"F-17-2"		5.4	0.533 4	1 400	250	40	20	600			线导加主被动声自导	1000	汽轮机	能在不同深度实施搜索；从 1994 年开始装尾流制导

注：此表参考了 2014 年张文玉等编著的《潜艇发展百问》。